动画与数字媒体专业系列教材

数字三维设计
从创意到创作

阮　婷　余日季　编著

清华大学出版社

北 京

内 容 简 介

本书是一部融合设计思维与数字三维软件技术的实践指南。全书分为"创意生发""设计感触""元素演绎"三个篇章，深入探讨数字三维设计从概念生成到创作实现的全过程。书中涵盖设计思维、视觉元素、建模思路、光影处理、材质风格，以及构图布局、元素关系和综合创作的理论与实践方法。不仅以理论与案例并行的方式指导读者掌握核心技能，更融入了当下 AI 技术介入数字三维设计的应用范式，展现人机协同智能体创作的广阔前景。

本书适合对数字三维设计感兴趣的学生、设计师和创意从业者，全书绝大部分案例内容配有数字在线课程讲解及大量思维导图、知识图谱等数字在线资源。通过阅读本书，不仅可以理解技术逻辑，更能启发创意思维，探索三维艺术的无限可能。

图书在版编目（CIP）数据

数字三维设计从创意到创作 / 阮婷 , 余日季编著 . 北京 : 清华大学出版社 , 2025. 7.
（动画与数字媒体专业系列教材）. -- ISBN 978-7-302-69810-4

Ⅰ. TP391.414

中国国家版本馆 CIP 数据核字第 2025X0Z893 号

责任编辑：谢　琛　郭　赛
封面设计：徐若昭
责任校对：韩天竹
责任印制：刘　菲

出版发行：清华大学出版社
　　　　　网　　　址：https://www.tup.com.cn，https://www.wqxuetang.com
　　　　　地　　　址：北京清华大学学研大厦 A 座　　　　邮　　编：100084
　　　　　社 总 机：010-83470000　　　　　　　　　　邮　　购：010-62786544
　　　　　投稿与读者服务：010-62776969, c-service@tup.tsinghua.edu.cn
　　　　　质量反馈：010-62772015, zhiliang@tup.tsinghua.edu.cn
印 装 者：大厂回族自治县彩虹印刷有限公司
经　　销：全国新华书店
开　　本：185mm×260mm　　　　印　　张：17　　　　字　　数：337 千字
版　　次：2025 年 8 月第 1 版　　　　　　　　印　　次：2025 年 8 月第 1 次印刷
定　　价：79.00 元

产品编号：105456-01

媒介与社会一体同构是眼下正在发生的时代进程，技术融合、人人融合、媒介与社会融合是这段进程中的新代名词。过往，媒介即讯息，媒介即载体。现今，媒介与社会一体同构，定义新的技术逻辑，确立新的价值基点，构建新的数字生态环境，也自然推动新的数字艺术与数字产业进化。

2016 年，数字创意产业已经与新一代信息技术、高端制造、生物、绿色低碳一起，并列为国民经济的五大新领域，被纳入《"十三五"国家战略性新兴产业发展规划》中。2021 年，《中华人民共和国国民经济和社会发展第十四个五年规划和 2035 年远景目标纲要》（简称《纲要》)用一整篇、四个章节、两个专栏的篇幅，围绕"数字经济重点产业""数字化应用场景"等内容，对我国今后 15 年的数字化发展进行了总体阐述，提出以数字化转型驱动生产方式、生活方式和治理方式的多维变革，来迎接数字时代的全面到来。此外，《纲要》中列举了数项与"数字艺术"相关的重点产业，并规划了"智能交通""智能制造""智慧教育""智慧医疗""智慧文旅""智慧家居"等与"数字艺术"相关的应用场景，这些具体内容的展望为"数字艺术"的教学、研究和实践应用提供了广袤的发展空间。

20 世纪 50 年代，英国学者 C. P. 斯诺注意到，科技与人文正被割裂为两种文化系统，科技和人文知识分子正在分化为两个言语不通、社会关怀和价值判断迥异的群体。于是，他提出了学术界著名的"两种文化"理论，即"科学文化"（Scientific Culture）和"人文文化"（Literary Culture）。斯诺希望通过科学和人文两个阵营之间的相互沟通，促成科技与人文的融合。半个多世纪后，我国许多领域至今还存在着"两种文化"相隔的局面。造成这种隔阂的深层原因或许有两点：一是缺乏中华优秀文化，特别是中国传统哲学思想的引导；二是盲目崇拜西方近代以来的思想和学说，片面追求西方"原子论——公理论"学术思想，致使"科学主义——技术理性"和"唯人主义"理念盛行。"科学主义——技术理性"主张实施力量化、控制化和预测化，服从于人类的"权力意志"。它使人们相信科学技术具有无限发展的可能性，可以解决一切人类遇到的发展问题，从而忽视了技术可能带来的负面影响。而"唯人主义"表面上将人置于某种"中心"的地位，依照人的要求来安排世界，最大限度地实现了人的自由。但事实上，恰恰是在人们强调人的自我塑造具有无限的可能性时，人割裂了自身与自然的相互依存关系，把自己凌驾于自然之上，这必然损害人与自然之间的和谐，并最终反过来损害人的自由发展。

当今世界，随着互联网、人工智能、大数据、新能源、新材料等技术在社会多个层面的广泛渗透，专业之间、学科之间的边界正在打破，科学、艺术与人文之间不断呈现出集成创新、融合发展的交叉化发展态势。自然科学与人文学科正走向统合，以人文精神引导科技创新，用自然科学方法解决人文社科的重大问题将成为常态。伴随着这一深刻变化，高等教育学科生态体系也迎来了深刻变革，"交叉学科"所带动的多学科集成创新正在引领新文科建设，引领数字艺术不断进行自身改革。

动画、数字媒体是体现科学与艺术深度融合特色的交叉学科专业群，主要跨越艺术学、工学、文学、交叉学科等学科门类，涉及的主干学科有戏剧与影视（1354）、美术与书法（1356）、设计（1357）、设计学（1403）、计算机科学与技术（0812）、软件工程（0835），并且同艺术学（1301）、音乐（1352）、舞蹈（1353）、信息与通信工程（0810）、新闻传播学（0503）等学科密切相关。它们以动画，漫画，数字内容创作、生产、传播、运营及相关支撑技术研发与应用为主要研究对象，不仅在推动技术与艺术融合、人机交互、现实与虚拟融合等方面具有重要作用，更在讲好中国故事、传播中国文化、构建人类命运共同体等方面扮演重要角色。

在新文科建设赋能学科融合的背景下，教育部高等学校动画、数字媒体专业教学指导委员会本着"人文为体、科技为用、艺术为法"的理念，积极探索人文与科技的交叉融合。让"人文"部分涵盖文明通识、中华文化与人文精神等；"科技"部分涵盖三维动画、人机交互、虚拟仿真、大数据等；"艺术"部分涵盖美学、视觉传达、交互设计与影像表达等。为了应对时代和媒介进化的挑战，教学指导委员会组织全国本专业领域的骨干教师编写了这套"动画与数字媒体专业系列教材"，希望结合《动画、数字媒体艺术、数字媒体技术专业教学质量国家标准》推动课程建设和专业建设，为这个专业群打造符合这个时代的高等教育"数字基座"，进一步深入推动动画和数字媒体专业教育的教学改革。

教育部高等学校动画、数字媒体专业教学指导委员会主任委员
中国传媒大学党委书记
廖祥忠
2024 年 1 月

前 言

当我们谈及数字三维设计时，往往想到的是一项依赖复杂工具和精湛技术的技能。然而，设计不仅是技术的表现，更是创意的生发与人类情感的延伸。

本书的诞生源于一个简单的愿望——为读者提供一本像儿童探索现实三维世界一样开启数字三维世界的学习指南，所以我们为基础建模设计了四个儿童游戏形式的思路：搭积木、做蛋糕、缝娃娃、捏橡皮，分别对应了孩童时期最常见的积木拼搭组合、食物制作模拟、玩偶穿搭照顾、揉捏多彩陶泥，并进一步在此基础上延伸出对光影、色彩、材质与构图的学习，力求既能启发创意，又能提升读者的实践能力。

在这个人工智能与数字技术迅速发展的时代，设计师的角色不仅是创造者，更是创新的推动者。本书中，我们将从设计思维的多维理解入手，逐步带领读者探讨三维设计的流程、工具与方法。全书分为十讲，循序渐进地介绍从创意的萌发到复杂创作的实现，同时辅以丰富的案例分析与视觉练习，让理论与实践相辅相成。同时，我们特别关注人工智能技术在设计中的应用，展示其如何成为设计师的灵感伙伴。此外，我们在案例的设计上融入了家乡特色食物、地域历史建筑和文旅宣传服务，切实将为家国设计、为人民创作等观念融入设计理念，并依托超星学银在线国家一流课程《数字三维设计》对应制作了在线数字视频资源及持续更新的多模态知识库、AI智能体助学等内容，读者可拓展探索学习。

感谢动画与数字媒体专业系列教材编委会、湖北大学本科生院和湖北大学文化科技融合创新研究中心给予的资助，感谢本书副主编余日季教授，以及帮助整理文字与设计完善案例的研究生阮旖旎、李晓蝶、刘倩、张玎祎和朱一珂。希望本书能够成为读者探索三维设计的启蒙指南，引导读者从创意到创作提升技术理解力与视觉思维、涵养审美与社会责任感，开拓数智时代设计语言创新的无限可能。

阮 婷

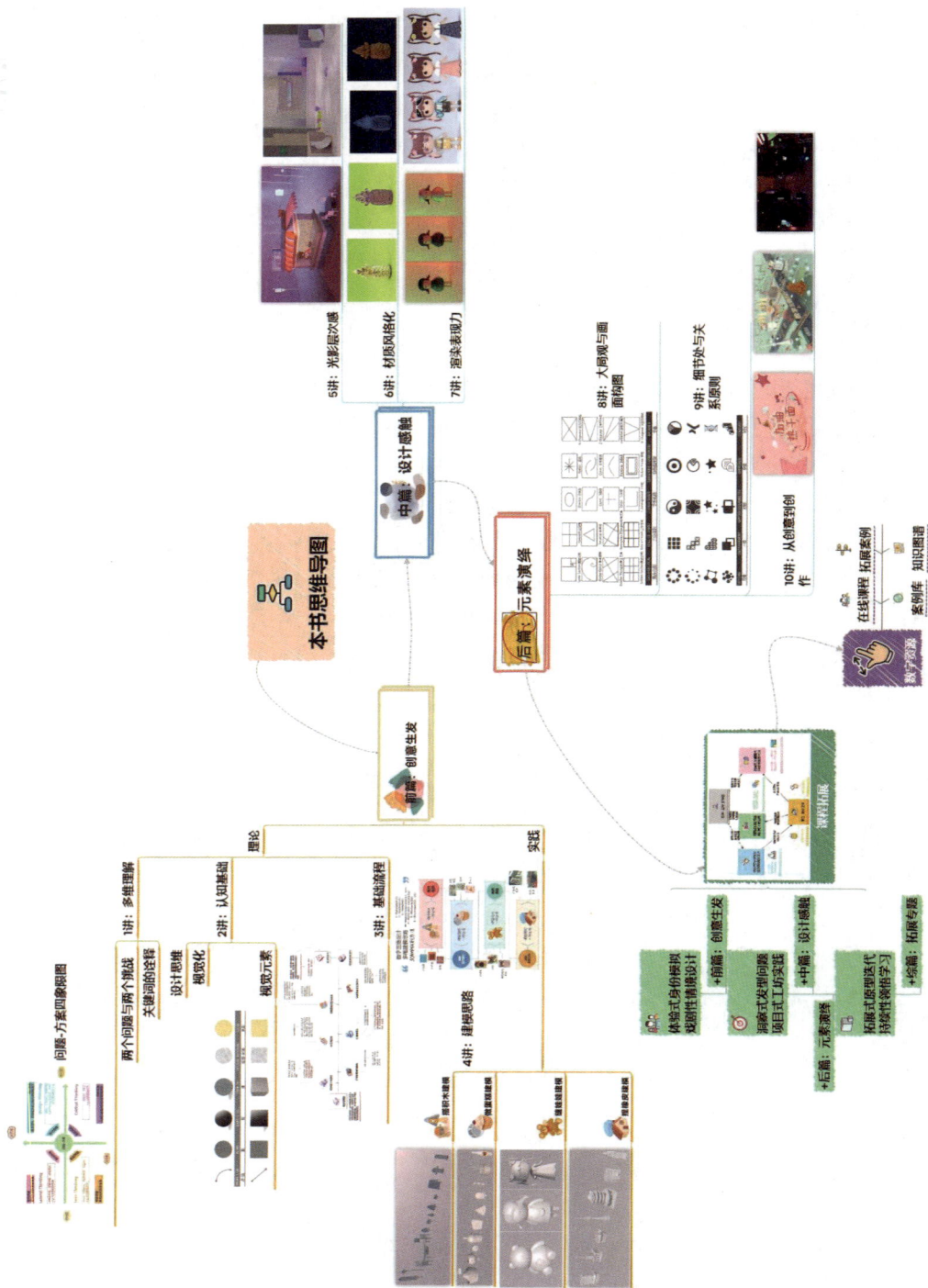

本书思维导图

前篇：创意生发

理论

1讲：多维理解
两个问题与两个挑战
关键词的诠释
设计思维
视觉化

2讲：认知基础
视觉元素

3讲：基础流程

4讲：建模思路

实践

问题·方案四象限图

中篇：设计感触

5讲：光影层次感

6讲：材质风格化

7讲：意象表现力

8讲：大局观与画面构图

9讲：细节处理与系原则

10讲：从创意到创作

后篇：元素演绎

数字资源

在线课程　拓展案例
案例库　知识图谱

本书总思维导图

+前篇：创意生发
体验式身份模拟　搭建创意性情境设计

+中篇：设计感触
洞察式发现问题　项目式工匠实践

+后篇：元素演绎
拓展式造型迭代　持续性领悟学习

+综篇：拓展专题

课程拓展

VI

目　录|

中篇　设计感触

后篇　元素演绎

数字三维设计从创意到创作

前篇　创意生发

第一讲 │ 创意生发：数字三维设计多维理解

一、"问题－方案"的四象限图

如果把世界上出现过的问题和对应的解决方案简单地划分为横纵两个坐标轴，横坐标代表问题，纵坐标代表解决方案，正方向代表新问题和新解决方案，负方向代表旧问题和旧解决方案，那么我们可以得出一个简单普遍的"问题－方案"四象限思维矩阵图，这种按新旧时间逻辑区分象限的方式与传统数学不同，如图1-1-1所示。

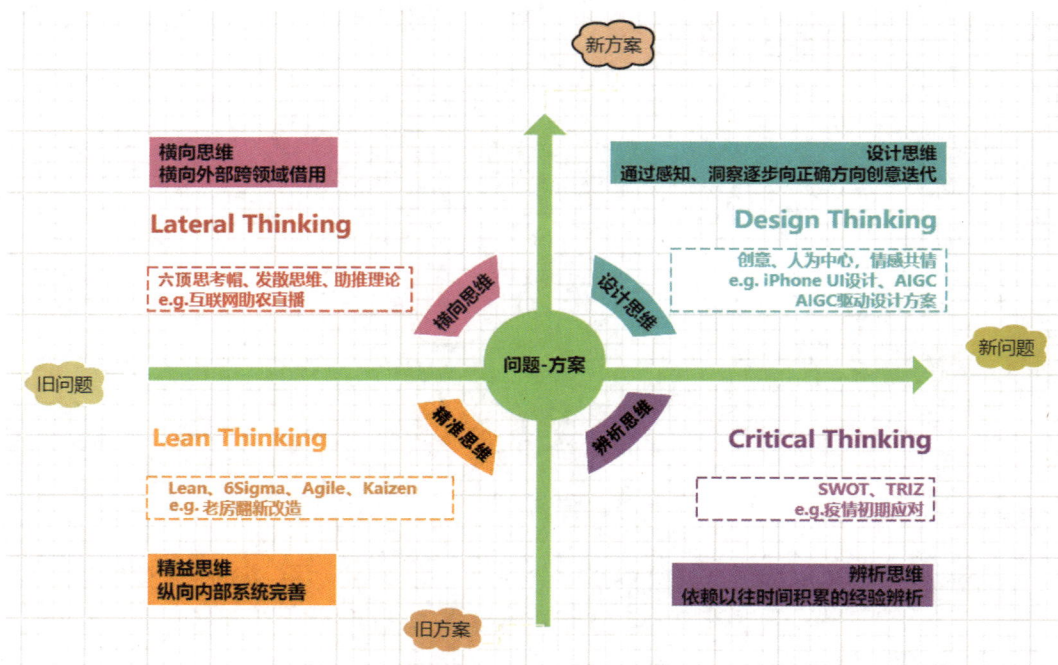

图　1-1-1

📖 第一象限

左上角区域可以称为横向思维（Lateral Thinking），解决问题的核心目标在于探索创意，寻求非线性和新颖的解决方案。借用较新的方法来横向跨领域解决一些已知的旧问题，比如商品销售缺乏投入宣传的广告资金就是一个常见的商品营销经济旧问题，而"互联网＋"思维则是一个可见的新解决方案，通过社交媒体短视频或者移动互联网直播来助力农产品营销，这就是一种类似横向跨行业借用的思维方法；再比如通过下沉社区、位置与社交关系等大数据算法来发掘"私域流量"，从而进一步拓宽营销受众对象，这也是一种典型的横向思维，即向外部跨领域的借鉴应用。当然，这里的新解决方案并不单指一种时间或者技术上的"新"，而是指虽然还未曾被应用在该领域来解决问题，但在其他领域已经获得过成功验证。发散思维[1]、六项思考帽[2]、助推理论[3]等思维方法都与这个范畴类似。

📖 第二象限

左下角区域可以称为精益思维（Lean Thinking），其核心在于优化效率，最大化资源利用和价值产出。比如老房子翻新装修，这个问题就是一个常见的生活旧问题，已知的方案也都是一些非常成熟的室内外设计解决方案。但是我们经常发现，虽然是旧的解决方案，但往往又会产生新的材料、技术，从而启发我们不断改进旧方案。这是一种纵向的、向内部系统深耕完善的精进思维。比如代表性的"精益"[4]就是一种系统性运营方法，精益的目标在于减少生产过程中的无价值浪费，从而保证长期良好运转，创造更大的经济价值，这就是一种在已知旧问题－旧方案下继续精益求精、继续完善的思维，类似的工具还有6Sigma[5]、敏捷开发[6]、改善[7]等。

📖 第三象限

右下角区域代表面对新出现的问题需要旧的解决方案，我们常常依赖辨析思维（Critical Thinking），重在厘清逻辑，深度分析复杂问题中的利弊关系。比如我们曾经

---

[1] 发散思维（Divergent Thinking），由心理学家J.P.Guilford在20世纪50年代提出。Guilford认为，智力应该被看作由多种不同能力组成，其中包括发散思维和收敛思维。为后续的创造力和智力研究奠定了基础，特别是认识到解决问题可以通过多种思维方式进行，而不是遵循单一、线性的途径，促进了对创造性思维、问题解决策略以及智力多样性的进一步研究。

[2] 六项思考帽（Six Thinking Hats）由爱德华·德·波诺（Edward de Bono）在其著作《六项思考帽》（1985年）中提出。白帽代表事实（关注数据与信息的获取与呈现），红帽指代情感（表达直觉、感受），黑帽指代谨慎（关注风险、障碍、警示），黄帽指代乐观（专注积极性、希望和机会），绿帽指代创造（寻求替代方案、新想法和创新），蓝帽意味控制（管理思考过程、总结以及下一步行动计划）。

[3] 助推理论（Nudge Theory）由行为经济学家理查德·塞勒（Richard H.Thaler）和卡斯·森斯坦（Cass R.Sunstein）于2008年共同出版的书籍《助推：关于决策的科学》中提出，核心思想是通过设计小小的推动（"助推"，改变做决策的环境或情境，即"选择架构"）来改善人们在健康、财富和幸福等方面的决策。

[4] 精益理论（Lean Thinking）最初由詹姆斯·P.沃麦克（James P.Womack）和丹尼尔·T.琼斯（Daniel T. Jones）在著作《精益思想：禁止浪费的精益生产》中提出，核心理念是在最大化客户价值的同时最小化浪费，强调持续改进、尊重人、消除一切形式的浪费，通过流程优化确保高效率和高质量生产，提高组织的整体绩效和效率。

[5] 6Sigma由美国电信巨头摩托罗拉公司在1986年提出，由工程师比尔·史密斯（Bill Smith）主导开发，采用了一种统计学上的度量标准，是通过消除缺陷和减少变异来改进业务过程的方法和工具集，强调数据驱动的决策制定和严格的质量控制，旨在减少浪费、提高生产效率和客户满意度。

[6] 敏捷开发（Agile Development）是一种软件开发方法，在2001年由《敏捷宣言》（Agile Manifesto）提出，由Kent Beck、Jeff Sutherland等17位软件开发和项目管理领域人员共同撰写，倡导个体和互动高于流程和工具，可工作的软件高于详尽的文档，客户合作高于合同谈判，响应变化高于遵循计划，旨在更有效地应对项目需求的变化和提高项目的成功率。

[7] 改善（Kaizen）在日语中意味着"持续改进"，由丰田汽车公司的工程师和管理层太田义一郎和盛田昭夫等人提出并发展完善，核心在于鼓励所有员工持续寻求改进工作流程、提高效率和质量的方法，强调小步骤的持续改进。

经历新冠病毒疫情，一个新出现的病毒，在初期没有相关的对症药物，我们只能采用戴好口罩、隔离感染人群这种非常传统的方法来进行风险控制。这类似依靠经验来应对问题，经验能够帮助人们更快地应对变化，有时经验不一定总能产生有益作用，但放在历史长河中反思，大多数情况下经验是有效的。面对新问题且短期内也无法获得新的解决方案时，我们需要从旧的解决方案里分辨优劣、权衡成败、研判利弊，这就是一种辨析思维，SWOT[1] 和 TRIZ[2] 都类似于这类范畴。

📖 第四象限

右上角区域代表新问题–新方案是一种复杂情况，因为我们往往需要阐明并验证这个新问题的存在，且已知或旧的解决方案产生的效用低下甚至不起作用，最后通过生成较之以往思路差异较大却行之有效的新解决方案来应对，倾向聚焦对象，结合多学科视角解决实际问题。比如 iPhone 手机的出现，一种具有完全不同以往诺基亚等机械键盘式的纯触控 UI 界面，并把手机应用平摊在桌面供选择使用的新模式手机，解决了大多数人根本尚未意识到的新需求问题；再如 AIGC 人工智能生成提供了一种新的搜索、答疑、创作，乃至为各行各业提高效能的计算机辅助可行思路，来应对大多数人习以为常的上一代互联网应用时尚未能感知到的诸多不便问题。比如 AI 文字辅助文案速写、数据分析、表格绘制，AI 图像快速生成并迭代多种可视化风格的视觉方案来进行设计流程的驱动，AI 视频辅助移动互联短视频内容创作等。这种情况我们可以称为设计思维（Design Thinking），它通过环节性引导方案向正确方向迭代，逐步排除备选方案，得出最终策略原型。强调用户体验与人类个性化情感，强调人的创造力、洞察力、判断力和主观能动性。

📖 Tips

当然，在问题–方案的四象限图中，不同思维方法之间并不是绝对泾渭分明的。有时也会出现同一个框架的不同层面、同一个系统的不同部分之间采用了完全迥异的解决思路。基于具体问题具体分析的原则，不同问题的复杂性决定了解决方案和所应用的思维方法不是一成不变的，它必然也是多元多维、相互交叉融合的。

二、"两个问题"与"两个挑战"

面对复杂的新问题–新方案所涉及的设计思维，尤其本书所涉及的"数字三维设计"领域，对有些同学来说可能是全新领域。而面对一门新课程或者耳闻过的新领域时，

[1] SWOT（Strengths, Weaknesses, Opportunities, Threats）分析是一种广泛用于战略规划和管理的框架，帮助组织识别其内部的优势和劣势以及外部的机会和威胁，在 20 世纪 60 年代初通过斯坦福大学的管理顾问阿尔伯特·汉弗莱团队研究项目发展而来。

[2] TRIZ，俄语"理论解决发明问题"的缩写，由苏联发明家和科学家根里希·阿奇舒勒及其同事在 1946 年提出，它是一套创新和问题解决的方法论。核心思想在于创新问题通常可以通过应用一组已定义好的解决原则来解决，这些原则是从以往的成功发明中总结出来的。

很多同学会想到两个问题。

问题一：学这个干什么？

问题二：这是什么？

📖 第一个问题

我们现在来看第一个问题："学这个干什么？"简单来说，这个问题在一定程度上等同于大家司空见惯的"学习目的"。而当这四个大字打出来时，很多同学会在心里疑惑："这不是一个小学命题作文吗？"

可能各位同学小时候都写过一篇文章，叫作《我的理想》，我想成为一个什么样的人，或者我将来从事什么职业。不管你小时候是想成为作家、画家、艺术家、设计师还是科学家，总之不管你有什么想法，最纯粹的一点都离不开进入社会、工作赚钱、安身立命、养活自己，而当进入工作岗位中，你会发现现实社会往往是结果导向的，比如你可能会面临以下情况。

已有知识：春来江水绿如蓝。

现实需求：绿色在什么情况下像蓝色？

📖 第一个挑战

这是我们所生存的剧烈变革的社会带来的第一个挑战：变化频繁，规则失效。我们经历过的传统教育会重视知识的掌握，包括现在的社会环境和教育期待也倾向于全民、普惠、大众的知识科普和文化熏陶，就如前文"春来江水绿如蓝"这类熟记的诗词知识点。而事实上，在工作中遇见的现实需求却是"绿色在什么情况下像蓝色"？所以如果当被问及，可能会有无数种回答。比如色彩感知的主观性、特定物理光照条件、化学实验环境、文学情感象征、影像艺术表达……如果是在设计师、艺术家、程序员等职业思维中，解答的字体颜色、字号大小甚至表达的语言逻辑都可能不尽相同，一个现实需求会对应无数种解答。

这是当今正在面临的一个新状况，变化越来越频繁，以往社会和时代所熟悉和固定下来的规则可能都已失效了，这种频繁的变更甚至在短短的 2 到 5 年内让社会、经济、文化和科技的发展变革超越了前百年加起来的总和。因为我们所处的时代已经进入了"工具赋能、认知多元"的 Plus 挑战阶段，人工智能带来了工具的智能化，虚拟现实影像的真实感知已经逼近甚至偶尔越过了图灵测试的边界。如果在人生不同阶段的学习上，仍然偏重知识点学习而不是对学习能力、学习智能、学习思维的培养，很可能在五年、十年当中，今天所学的知识就已经随着时代更新被迭代了。

社会发出的"绿如蓝？"需求是脱颖而出的创意，而会使用哪些技术、用什么工具、涉及哪些知识点都不过是获取结果的不同渠道，而这些东西不仅基于技术掌握程度，更基于一个人的审美、才华、灵感、所有素养的综合积累，保持学习思维、学习智能的培养，才能在工作当中应对更多的挑战。这其实回答了我们的第一个问题：学这个做什么？为了应对日益变化的挑战格局，应以更创意、更启发的方式去提高学习的智能与思维，从而能够更好胜任工作当中的复杂问题。

我们再来看看第二个问题："这是什么？"准确地说，"设计思维是什么？"乃至进一步的"数字三维设计是什么？"

设计思维是一种以人为中心，观察用户，洞察需求，进而分析问题、提出解决的多种创意方向，并做出对应"原型"方案，进行逐步正向反馈迭代的思维方法。强调运用创新思维、结合创意方法，以实践创作解决实际问题。最早由美国哈佛大学罗维教授于1987年在其著作《设计思维》中首次提出。美国斯坦福大学在2005年建立了D.School，开展设计思维教育，旨在培养不同专业学生创新性地解决问题的能力。2007年，德国波茨坦大学建立了哈索·普拉特纳研究院，随后，越来越多的高校开展了设计思维教育，并涌现大量相关慕课，例如斯坦福大学的"设计思维行动实验室"和麻省理工学院的"领导与学习的设计思维"。设计思维集成并发展了五十年来的有效创新工具，用户体验、头脑风暴、产品迭代并将其重新整合与清晰化被广泛应用于多个领域，著名创新企业Google、SAP、BMW、IBM、DHL等均引入了设计思维理念。如CE公司医用成像设备设计师道格·迪兹（Doug Dietz）所设计的海盗船CT机，设计思维经典案例课程"为非洲家庭设计婴儿保育箱"，Airbnb公司从"数据"导向转为"用户导向"等。

目前，国内各大高校也陆续开展了设计思维相关课程，清华大学设有社会化创新的全校公共课程研习月，让全校学生作为可选学分的公选课进行学习。同济大学设计学院专门开设了设计思维相关课程并纳入培养方案体系。中国传媒大学成立了设计思维创新中心，与美国斯坦福大学、德国波茨坦大学HPI学院合作，引进设计思维原版课程，并进行本土化完善。东华大学等众多大学也都成立了创新设计思维相关项目，除了为高校学生开设设计思维课程，同时为创业孵化基地、设计思维俱乐部、国际交流等开设专题DT训练营，解决企业实际问题。设计思维不仅存在于设计应用领域，也广泛、多元、灵活地应用于产品开发、公司管理、互联网创意等领域。而随着人工智能在各行各业的变革式应用，尤其是生成式人工智能在设计领域的应用，更带来了设计思维在理念、流程、工具集、创作范式上的新变化。

📖 第二个挑战

那么为什么要谈创新方式和思维理念呢？这也来自于我们今天所面临的第二个挑战，来看看图1-2-1，当你见到这张图的时候会想到什么？

每个见到这张图的人都会有很多想法，比如有的人会想到跑道、游泳赛道、暖气片、地板、窗户，有人想到监狱、牢房……那么它本身代表什么呢？

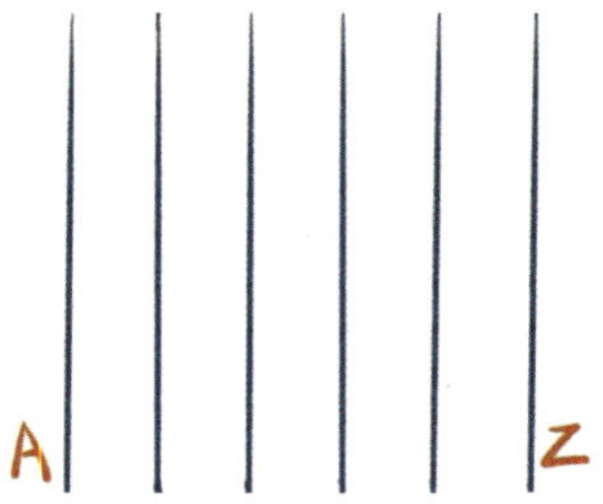

这张抽象的图本意所指代的是每个高校都有的图书馆中图书从A到Z的陈列形式。不管你刚刚想到了哪些意象，其实你会发现它们是有一些共通点的，比如非常规整的、条条框框的、有一定结构框架的，这代表着我们以往使用结构主义搭建知识体系的思维方式，即分门

图　1-2-1

别类、按图索骥。

但是在今天还有人会去图书馆查一个不知道的新词汇吗？比如"地铁老人看手机"[1]、"蓝瘦香菇"[2]等一些互联网络梗的例子。你可能只是掏出手机，"百科"一下或者"百度"一下，甚至都不会去百度，直接问问 DeepSeek、豆包，或者元宝微信搜一搜，语音问问华为助手小艺、苹果语音 Siri。当你这样做的时候，就会弹出一些解释，而在看解释的时候，会有很多蓝色的超链接出现，那么通过这些超链接，可能就会持续链接到其他领域，从而形成了图 1-2-2 所示的网状结构。

我们看到的这张网状图以很抽象的方式描绘了当下的"互联网+"思维，比如被合称为 ABCD 的技术其实都跟它有关：AI——人工智能，Blockchain——区块链，Cloud——云计算，Data——数据。在这样一个新知识结构变革当中，甚至涉及颠覆性的经济、社会、文化的复杂重构，已经很难再用以往的任何一个框架结构去限定它：可能每个"节点"之间并不存在直接的层级关系，但可链接的路径却是相通的，概念和知识点的传递以及相互融合反应也是相通的。这种从结构主义体系到互联网络体系所呈现的变化，正是我们所面临的第二大挑战：结构变革，知识膨胀。随着这种知识膨胀而来的，是信息筛选变得更为困难的局面，检索、查阅、辨析真假也带来了 Plus 版本的挑战：沟通变革，知识智能，如图 1-2-3 所示。

  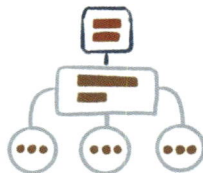

图　1-2-2　　　　　　　　　　　　　　　图　1-2-3

我们如今甚至可以放弃使用传统的网页检索工具，通过 DeepSeek、ChatGPT 等大语言模型与人工智能沟通，让知识智能化地筛选、整理、完善，结构化、体系化地供我们学习。而在此之中，辨析保持个人在思考上更具创意本身就是一种必然。

三、关键词的诠释

正在面临这些挑战、经历这些变化的年轻人、大学生、保持持续学习和终身学习的人们会呈现什么样的学习者特质呢？可能在知识、技能、情感、认知等方面都需要不断适应、调整，在新兴技术与不断变化的社会背景中，渐进式塑造甚至阶段性重组学习方式与人生轨迹。他们可能是数字化原生代，习惯于互联网络、大数据、人工智能等知识获取和筛选方式；可能拥有跨学科、多元化、情感化的思维方式，熟悉通过在线平台、社交媒体、数字工具整合信息，平衡全球化、社会变革、生态环境变化带来的不确定性和焦虑感；也可能会更倾向于自主驱动的个性化学习，愿意通过线上课程、

[1]　地铁老人看手机，网络流行词，该词原本指代的是一幅表示疑惑的表情包，这个词语也常被单独用来表示疑惑的一种情绪状态。

[2]　蓝瘦香菇为网络流行语。由广西地方口音音位的自由变体产生，"蓝瘦"即"难受"，"香菇"即"想哭"。

直播学习和虚拟课堂的形式拓宽知识领域，不仅仅因为应试或者学历，还乐于通过兴趣爱好发展"斜杠"职业，寻求归属感、认同感和情感支持。

📖 关键词的三重诠释

当教育开始反思我们所面对的学生究竟具备怎样的特质时，实际上又回到了前文提及的核心领域——创意。如何引导创新、创意和创造力？如何启发学生的创意思维和创造潜力已成为教育的重要课题。创意不仅是一瞬间的灵感乍现，更需要系统性引导和深度探索来帮助人们掌握从创意生发到创作实现的能力。在这一过程中，设计思维在过去五十年中发展和积累了一系列极具价值的有效创新工具集，并通过环节性引导方案不断向正确方向迭代。其核心在于以用户体验为核心，通过头脑风暴、方案优化、产品迭代等阶段并逐步形成最终策略原型。强调人类个性化情感，注重人的创造力、洞察力、判断力和主观能动性。

在创意生发的过程中，我们首先接触到的是学会如何挖掘和诠释关键词或者主题词。这不仅关乎如何展开创意的发散性思维联想，还涉及如何对创作进行多元化解读和表达。具体来说，关键词的创意诠释会围绕三个核心问题：是什么？意味着什么？包含着什么？这三个问题分别探讨了一个概念的本意、延伸意以及相关联的包含内容。如图 1-3-1 所示，这三个问题在不同领域有多种表述，在符号结构主义中常常以符号素、语义场、符号域来分析，或者认知语言学的本意、意指、外延义等，还可以根据不同场景交叉组合，比如分析艺术符号时的符号（文化能指）、隐喻（意义所指）、涵盖（视觉可识别）。无论是从学术还是实践角度看，这些问题都可以帮助我们更系统地拆解和理解了一个主题概念，既明确其核心意义，又挖掘出背后隐藏的多重内涵。通过这一

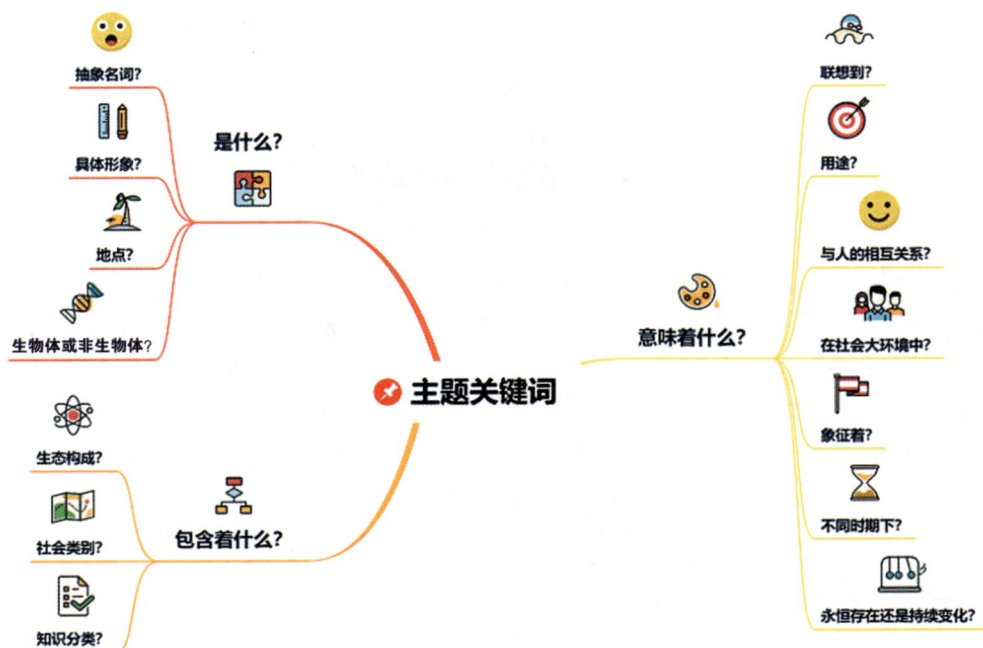

抽象名词？
具体形象？
地点？
生物体或非生物体？

是什么？

联想到？
用途？
与人的相互关系？
在社会大环境中？
象征着？
不同时期下？
永恒存在还是持续变化？

意味着什么？

⚡ **主题关键词**

生态构成？
社会类别？
知识分类？

包含着什么？

图　1-3-1

过程，我们能够更加精准地将关键词转化为创意点，为后续的创作打下坚实的基础。

📖 关键词：数字三维设计

本书的核心主题词"数字三维设计"究竟是什么呢？

数字三维设计包含三个词组。

"数字"在这里并非完全指向传统意义上的数字信号，而是更侧重于计算机生成（Computer Generation，CG）的概念。它是一种通过计算机技术生成内容的设计方式，通过科学技术与艺术创作结合，以多维视角探索创作可能。这一领域往往涉及人工智能、虚拟/增强/混合现实、游戏引擎等以计算机图形技术为核心的创作手段。

"三维"这个词让人联想到立体感、真实感和空间感，强调在视觉表现上创造出具有深度和多维体验的效果，往往与现实世界相关。

"设计"则延续了传统设计学的内涵，包括设计原则、理念、心理、色彩、形状、点线面、结构、布局等内容。

"数字三维设计"三个概念词的组合结合了以上三个内容，意味着是一种通过计算机的数字化工具和手段，探索视觉、视听语言以及空间立体表现的艺术创作方法，它呈现真实效果，也塑造空间立体影像，涵盖三维动画、三维 UI 动效三维影视、三维游戏、产品设计、工业设计等广泛领域。

艺术设计学科涉猎广泛，例如在数字影视特效领域，设计师需要掌握剪辑和视听语言工具；在视觉传达领域，会用到平面设计软件工具，如 Photoshop 和 Illustrator；UI 界面交互设计工具，如 XD、Protopie、Sketch 等，还有众多内容信息呈现领域逐渐主动或者被动地引入了三维设计元素。

具体到三维设计软件，游戏建模、工业设计、产品设计中常用的软件有 3DS Max、Maya、Rhino、ZBrush、Blender 等，以及本书重点讨论的 C4D。此外，还涉及基于游戏引擎的设计工具，如 Unreal Engine、Unity、Roblox 等。这些工具推动了不同领域的设计风格转向。同时，随着人工智能技术的发展，AIGC 辅助设计的流程也渐渐介入数字三维设计领域，如 Luma AI 的 Genie 以及 Meshy、Tripo 等。

本书后续章节将介绍更多案例，希望帮助读者培养审美素养、理解行业趋势、解析创意生发的思维模式、了解设计相关的交叉学科知识。

在日新月异的科学技术发展中，特定软件的操作技能可能会迅速迭代，但设计理念和思考方法始终相通。在数字智能社会中，通过艺术表达人类情感的方式层出不穷，但独特的创意设计却历久弥新，保持敏锐而活跃的"创意力"是应对未来复杂变化的关键能力。

【本讲重点与创意练习】
• • • • • • • •

本讲从问题与方法的四象限图谈到当代社会学习所面临的问题与挑战，并点出设计思维与创意的重要性，请分别以"大学""山水""生长"为主题关键词做创意联想视觉练习与四象限思考练习。

数字三维设计从创意到创作

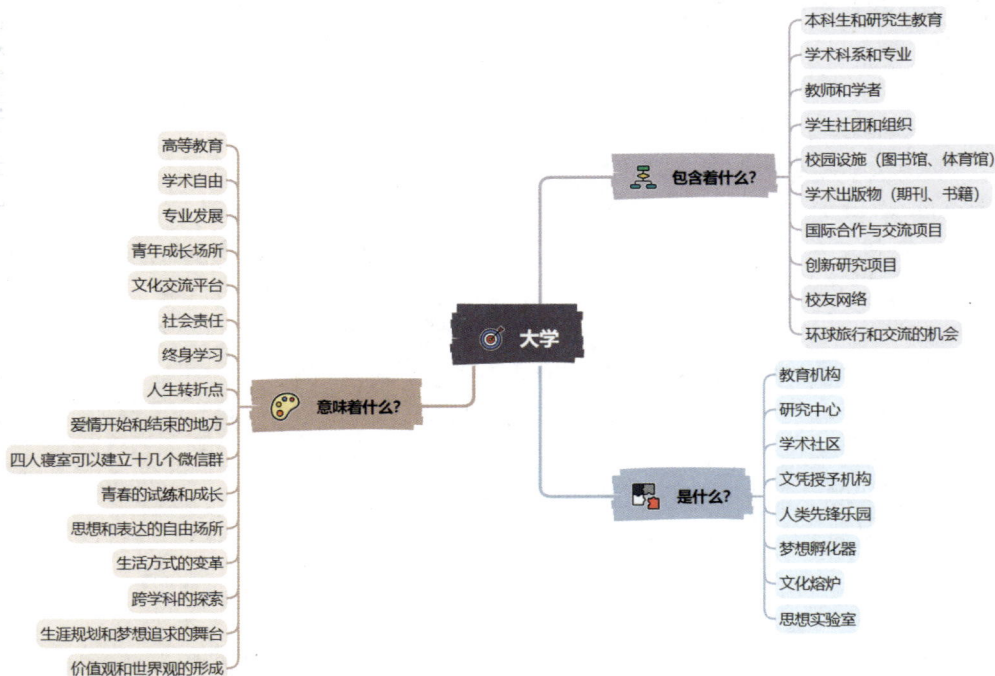

意味着什么?
- 高等教育
- 学术自由
- 专业发展
- 青年成长场所
- 文化交流平台
- 社会责任
- 终身学习
- 人生转折点
- 爱情开始和结束的地方
- 四人寝室可以建立十几个微信群
- 青春的试练和成长
- 思想和表达的自由场所
- 生活方式的变革
- 跨学科的探索
- 生涯规划和梦想追求的舞台
- 价值观和世界观的形成

大学

包含着什么?
- 本科生和研究生教育
- 学术科系和专业
- 教师和学者
- 学生社团和组织
- 校园设施（图书馆、体育馆）
- 学术出版物（期刊、书籍）
- 国际合作与交流项目
- 创新研究项目
- 校友网络
- 环球旅行和交流的机会

是什么?
- 教育机构
- 研究中心
- 学术社区
- 文凭授予机构
- 人类先锋乐园
- 梦想孵化器
- 文化熔炉
- 思想实验室

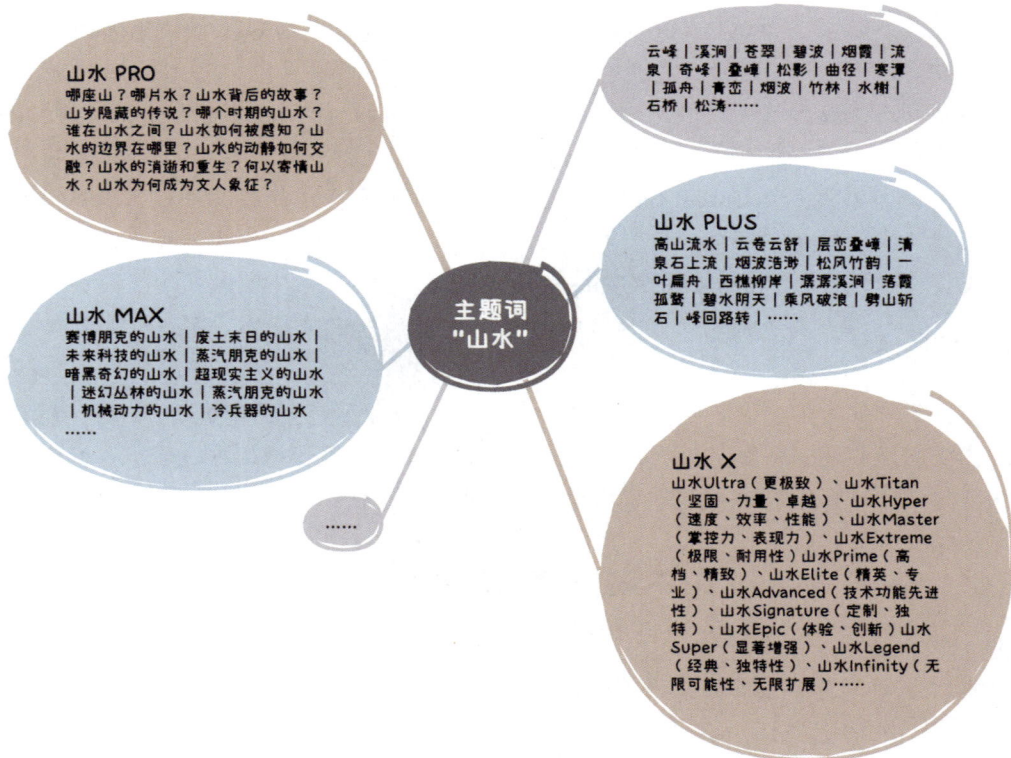

主题词"山水"

山水 PRO
哪座山？哪片水？山水背后的故事？山岁隐藏的传说？哪个时期的山水？谁在山水之间？山水如何被感知？山水的边界在哪里？山水的动静如何交融？山水的消逝和重生？何以寄情山水？山水为何成为文人象征？

云峰｜溪涧｜苍翠｜碧波｜烟霞｜流泉｜奇峰｜叠嶂｜松影｜曲径｜寒潭｜孤舟｜青峦｜烟波｜竹林｜水榭｜石桥｜松涛……

山水 PLUS
高山流水｜云卷云舒｜层峦叠嶂｜清泉石上流｜烟波浩渺｜松风竹韵｜一叶扁舟｜西樵柳岸｜潺潺溪涧｜落霞孤鹜｜碧水阴天｜乘风破浪｜劈山斩石｜峰回路转｜……

山水 MAX
赛博朋克的山水｜废土末日的山水｜未来科技的山水｜蒸汽朋克的山水｜暗黑奇幻的山水｜超现实主义的山水｜迷幻丛林的山水｜蒸汽朋克的山水｜机械动力的山水｜冷兵器的山水……

山水 X
山水Ultra（更极致）、山水Titan（坚固、力量、卓越）、山水Hyper（速度、效率、性能）、山水Master（掌控力、表现力）、山水Extreme（极限、耐用性）山水Prime（高档、精致）、山水Elite（精英、专业）、山水Advanced（技术功能先进性）、山水Signature（定制、独特）、山水Epic（体验、创新）山水Super（显著增强）、山水Legend（经典、独特性）、山水Infinity（无限可能性、无限扩展）……

……

主题词"生长"

生长PRO
谁生长？生长给谁看？生长阶段？过程如何记录？生长的代价？生长的动力来源？生长的终点？生长的隐形力量？生长的速度？生长的节奏？生长的方向？生长的选择？

生长 MAX
反卷生长、快闪生长、漫游生长、断舍离生长、盐系生长、火花生长、惊喜式生长、佛系生长、弹性生长、反向生长、即兴生长、元宇宙生长……

生长 诗词
春风又绿江南岸，拂堤杨柳正依依
野火烧不尽，春风吹又生
天街小雨润如酥，草色遥看近却无
随风潜入夜，润物细无声
一树春风千万枝，嫩于金色软于丝
竹外桃花三两枝，春江水暖鸭先知
日出江花红胜火，春来江水绿如蓝
谁道人生无再少？门前流水尚能西
千里莺啼绿映红，水村山郭酒旗风
江南无所有，聊赠一枝香

萌芽｜绽放｜滋养｜进化｜繁衍｜延展｜根植｜蜕变｜涟漪｜共生｜茁壮｜孕育｜探索｜激发｜流变｜蓄势｜觉醒｜突破……

生长PLUS
破土而出｜枝繁叶茂｜藤蔓攀缘｜香芽吐翠｜雨后新笋｜旭日东升｜百花争艳｜柳枝抽芽｜繁星闪烁｜潮涨潮落｜泉水涌动｜江河汇流｜破茧成蝶｜繁衍生息｜青苔滋生｜朝露初凝｜岩浆炽热｜时间年轮｜浪花拍岸

生长 X
原地复活、平凡爆种、早八重生、懒癌晚期、咸鱼翻身、边摸鱼边生长、打卡式生长、特种兵生长、宅家健身、数字虚拟分身、自律与放纵间反复横跳、打怪升级、精神养料、朋克养生、快乐肥宅水、熬夜泡脚、维护发际线、咖啡续命、奶茶回血……

……

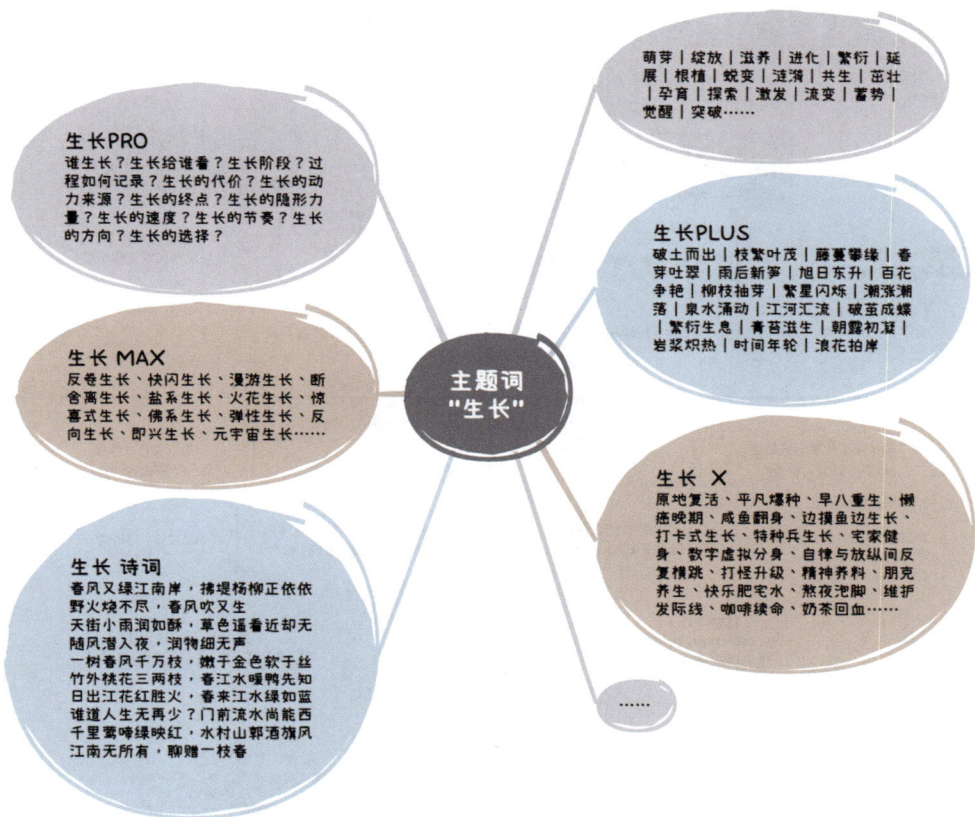

📖 **创意联想视觉练习板**

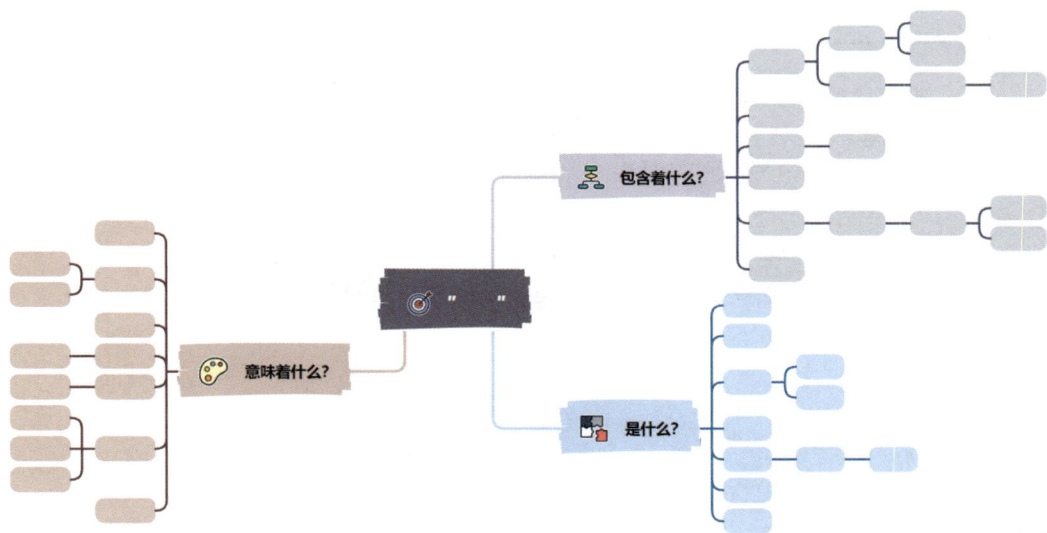

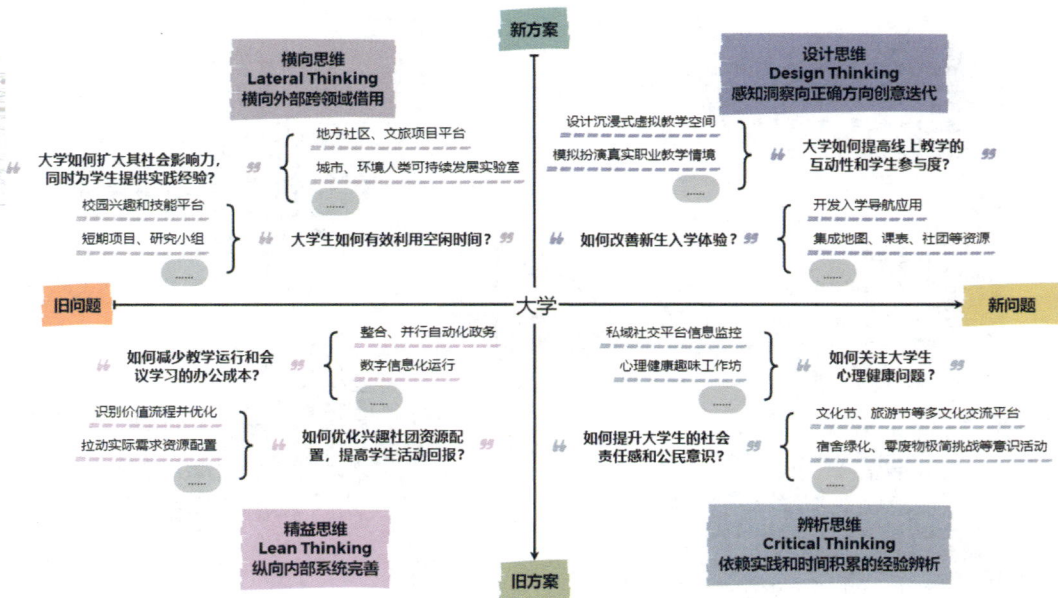

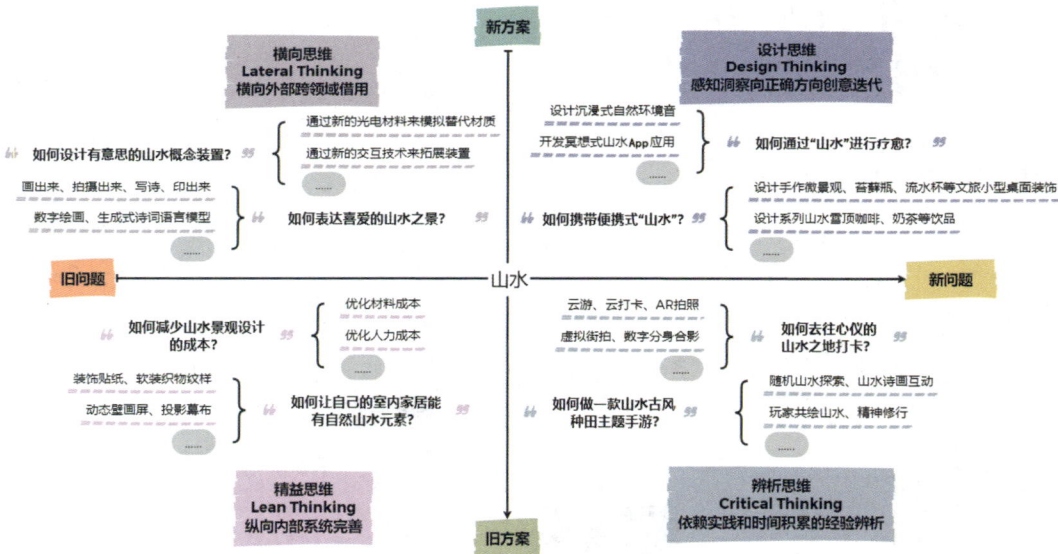

数字三维设计从创意到创作

横向思维
Lateral Thinking
横向外部跨领域借用

设计思维
Design Thinking
感知洞察向正确方向创意迭代

如何趣味性地表达生长？
- 通过融入互联网的热梗热词
- 通过融入热映中的影视剧内容

AI与大数据积累知识经验
模拟生长加速
体验式虚拟游戏体验生长浓缩

生长可以加速或者浓缩吗？

根据不同色彩材料象征不同季节
根据不同光影交互自主变化形态

可以设计一种会生长的建筑吗？

如何记录身体的生长？
- 生物数据可视化应用
- 设计穿戴式设备

旧问题 ← 生长 → **新问题**

人造物品能否模仿自然生长？
- 低面体3D打印瞬间动态
- 低分辨率具象呈现生长过程

生物传感器记录情感温度
灯光色彩反映情感阶段

情感的生长如何感知？

在线课程、兴趣社群
自律生活、断舍离反思

如何让成人业余学习成长更加高效有价值？

如何呈现文化的生长？
- 动态文化地图展现文化影响力扩散
- 文化互动时间轴呈现文化发展

精益思维
Lean Thinking
纵向内部系统完善

辨析思维
Critical Thinking
依赖实践和时间积累的经验辨析

旧方案

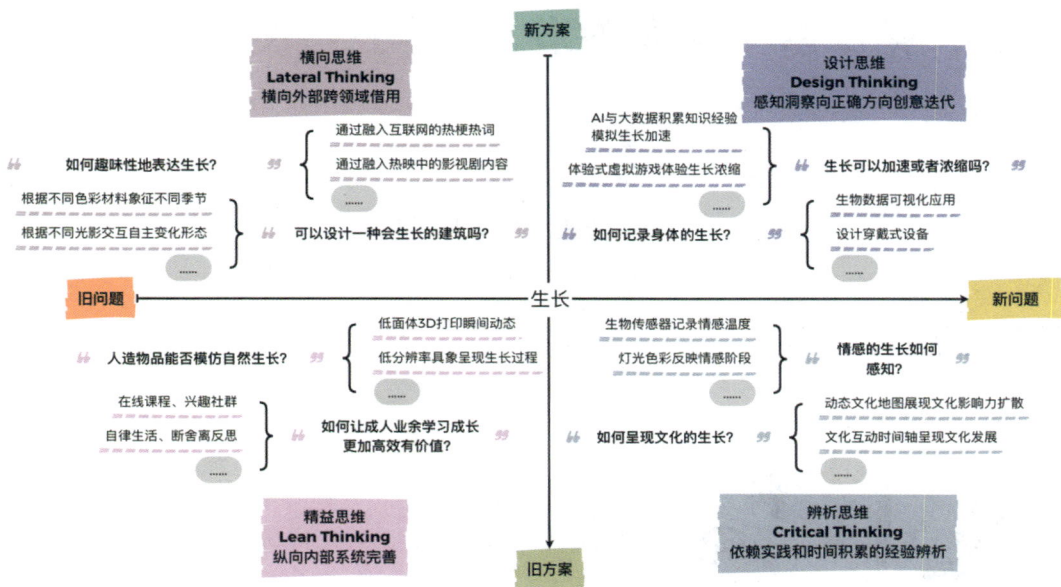

📖 **四象限思考练习板**

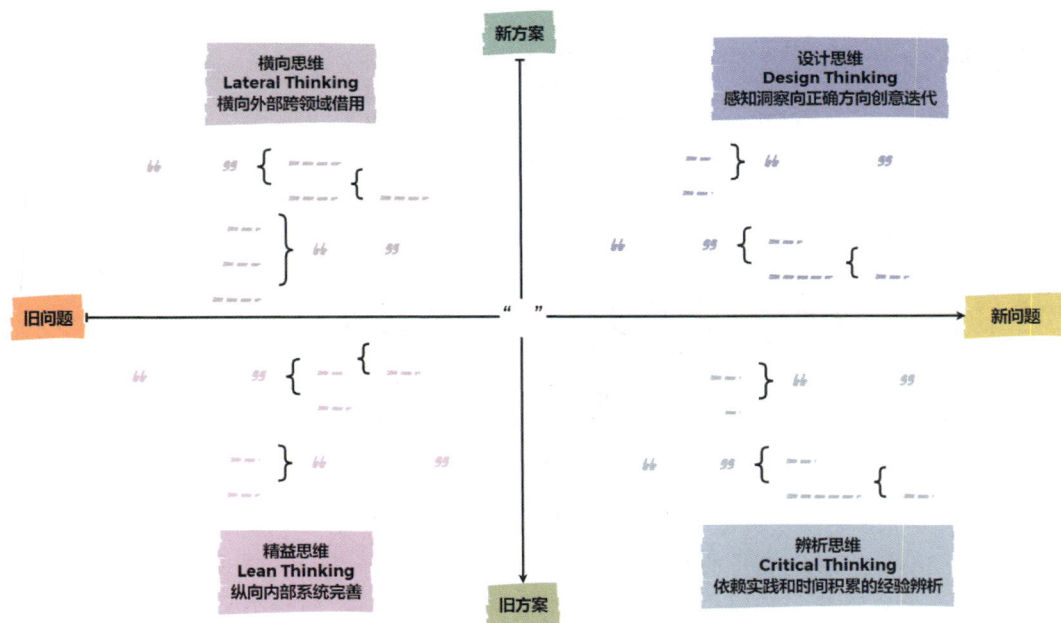

新方案

横向思维
Lateral Thinking
横向外部跨领域借用

设计思维
Design Thinking
感知洞察向正确方向创意迭代

旧问题 ← " " → **新问题**

精益思维
Lean Thinking
纵向内部系统完善

辨析思维
Critical Thinking
依赖实践和时间积累的经验辨析

旧方案

第二讲 ｜ 创意生发：数字三维设计认知基础

一、设计思维

预设情境

同学们是否在生活中遇到过以下场景。

图　2-1-1

> **第一个场景**

在工作或创作中，你脑海中翻涌着无数情绪、想法和灵感，很多 idea 到了嘴边却没有办法用语言去梳理成理性表达。内心"小宇宙"已经爆炸了、呐喊了、崩溃了，但是仍然语无伦次。甚至在与人争吵中，情绪已经到达边缘，气到发抖还是说不清楚（图 2-1-1）。

> **第二个场景**

在小组合作中，是否将大量的时间耗费在确保每个人的理解能维持在同一水平线上？有没有过表面上微笑嘻嘻，内心"桌面转体"的经历？确认、解释、协商，反复消耗耐心，默契进行一种既怕打破和谐，又无法不顾及彼此步调的表演（图 2-1-2）。

图　2-1-2

> **第三个场景**

在那些不得不表达自己的场合，为了完整呈现想法而精心制作了一份 PPT，一份因担忧自己说不清楚、忘词、关键时刻卡壳，索性在每一页的整个画面都塞满文字的安心备忘录，仿佛密密麻麻的文字筑起了一座安全堡垒，呈现出希望被看见的每个细节（图 2-1-3）。

> **第四个场景**

面对相对复杂的问题时，总渴望去找到一种更有力的方法，能够直观、有逻辑且高效地梳理信息，从而清晰地剖析问题，探索切实可行的解决方案。这不仅是一种对问题的判断力，更是一种复杂局面的掌控力，力求在纷繁中寻找条理，在困境中突破局面（图 2-1-4）。

图　2-1-3 　　　　　　　　　　　　　图　2-1-4

　　面对上述种种场景，一些研究者也试图在更高层次思考同样的问题："当传统思维方式无法应对当代社会日益复杂的问题时，该如何应对？"

　　为此，波茨坦大学 (HPI) 的 Ulrich 教授曾在斯坦福大学创立了设计思维学院，资助研究如何有效推动创新。他主张通过"全脑思维"整合左脑的逻辑分析与右脑的直觉创意，开展多维度、跨领域的创新探索，旨在利用人类与生俱来的直观表达方式为跨领域团队搭建高效的沟通桥梁。同时，倡导推行开发有效的信息梳理工具，辅助研究者与创作者更好地获取受众的注意力。

　　如今，设计思维被广泛视为一种解决问题的强有力方法，与前面章节介绍过的横向思维、精益思维、辨析思维在理论上被视为同等重要的思维方式。不仅强调用户中心、问题洞察与共情感知，还关注目标导向与功能实现，重视体验优化、流程迭代、测试反馈以及多学科团队协作。在数字设计领域，设计思维不仅是一种抽象的思维方法论，更是一种实用的工具集和范式流程，包括深度共情、精准洞悉需求、快速原型降低成本、多轮迭代优化体验、创意与科技多领域交叉协作等，能够有效帮助设计师应对复杂问题，逐步迭代优化设计。

二、视　觉　化

　　设计思维的核心要素中包含对视觉化的天然需求，可以说视觉化是设计思维不可或缺的内在机制，即并非停留在抽象概念层面，而是通过视觉化的手段将复杂的思维过程转化为直观的表达形式。无论是思维导图、情感地图，还是信息架构和原型设计，视觉化已成为通用语言辅助驱动多方协作与延展创新，不仅简化了数据捕捉洞察，更让原型成果易于传播，让思维过程具象化，可见、可感、可操作。

　　那么，设计思维是如何原生了其视觉化、图像化的基因呢？设计思维与视觉化的内在联系源远流长，早在语言文字出现之前，早期人类就通过洞穴壁画和图腾来记录当时的狩猎生活场景，以促进沟通，帮助传递信息和知识，如图 2-2-1 所示这头著名的牛。图像作为工具承载了群体交流与知识传承的使命，是人类在尚未掌握语言文字时直观且高效的思维方式，深刻契合了人类与生俱来的图像化、视觉化思维倾向。

图　2-2-1

📖 从早期洞穴壁画到现代设计思维

这种视觉化的本能延续至今，在现代，美国作家丹罗姆在其著作《餐巾纸的背面》中描述了使用简单的视觉化工具，如餐巾纸、便利贴等来有意思地记录、捕捉和表达相对复杂想法的方式。斯坦福大学鲍勃·麦金提出了基于理解和沟通的设计项目方法，爱德华·德博诺则强调横向思维的重要性，因此设计思维渐渐确定了视觉化的直观重要性，即通过交替使用左右脑来推动创新。这些方法和理论强化了设计思维中视觉化的核心基因，使其成为一个桥梁，连接跨学科和跨领域的创新。

📖 视觉化在现代数字设计领域的应用

今天，视觉化在数字设计领域不仅体现在形象和具象的图像化上，更能将抽象和非具象的信息通过视觉元素生动呈现。比如，通过数据可视化、动态图表、思维导图、知识图谱等工具，复杂信息被转化为易读取的视觉内容。全球范围内的公众平台，如央视新闻、《纽约时报》等都通过数据可视化对社会问题进行报道，瑞典公共卫生专家 Hans Rosling 通过 Gapminder 工具将全球发展数据设计展示为动态和互动图表，生动地展示各国在人均收入、预期寿命等指标上的变化趋势，让人们更直观地理解全球发展状况，在该图表中，每个气泡代表一个国家，气泡的大小对应该国的人口数量，横轴表示人均收入，纵轴表示预期寿命。通过动画效果，用户可以观察各国在不同年份的变化趋势，直观地了解全球健康与经济发展的动态关系，感兴趣的读者可以在 Gapminder 官方网站的 Tools 部分找到该互动图表，自己体验其动态效果。

📖 视觉化与设计思维未来共生发展

随着 AIGC、5G、虚拟现实和多维空间影像等技术的发展，视觉化的能力得到了极大的释放，不仅成为信息流影像短视频主力，更辅助信息内容直观表达，成为跨学科协作、跨领域创新的重要支撑。在未来，设计思维与视觉化将继续演化，成为促进创新和高效沟通的关键策略。无论是信息图表、动画交互，还是更具沉浸感的虚拟现实体验，视觉化方式都将帮助人类更清晰地思考，更深刻地交流，更迅速地创造价值。

通过视觉化这一桥梁，设计思维得以突破传统思维的限制，推动跨学科协作和多维度创新。这种从人类本能到现代科学技术的进化路径，揭示了视觉化作为信息交流与创新驱动力的重要性，并预示着其在未来科技环境中共生发展的无限潜力。

三、数字三维基本视觉元素

在数字三维设计领域，视觉元素的演化和技术的进步相辅相成，共同推动了图形和图像设计的复杂化。这些视觉元素，从基本的点、线、面，到更复杂的体、形、态，以及纹理、材质、色彩，构成了三维设计的核心元素。每一个元素不仅是视觉表达的基石，更是构建数字世界的基本符号和语言工具。

从技术视角看，三维设计的理念可以追溯到早期的艺术创作实践。空间透视法作为绘画中重要范畴，很早就开始在二维平面上创造出三维空间的视错觉。之后，摄影技术进一步推动了对现实三维空间的捕捉与表现，为三维设计发展提供了更精准的参考。进入数字时代，三维设计技术经历了质的飞跃，三维软件，如CINEMA4D、Blender、MAYA、AutoCAD等，通过立体几何建模、数字雕刻和物理渲染等功能，使设计师能够以极高的精度和复杂度创造出逼真的模型与场景，不仅优化了流程，也极大地释放了创意的可能性。

在三维设计中，理解和应用基本视觉元素至关重要。如图2-3-1所示，点与线用于定义基础结构和形态，提供空间定位和轮廓。面与形通过组合基础几何元素，构建更复杂的物体对象。体与形状强调三维空间的形状和体积感，通过二维平面图形的特殊视角光影透视增强设计的立体效果，形成类似2.5维。形与态则涉及完全三维模型对象的不同形式、状态以及更为复杂的动态甚至结构变化。纹理、材质与色彩不仅增加了视觉层次感，还决定了作品的真实感和审美价值，真实的材质模拟可以让作品呈现高度还原的光影物理效果。

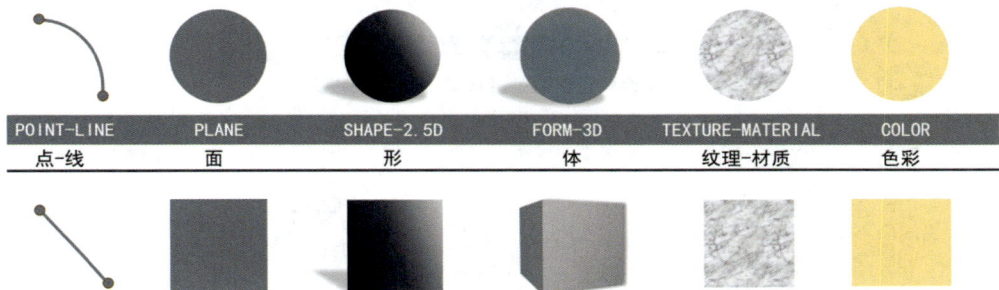

POINT-LINE	PLANE	SHAPE-2.5D	FORM-3D	TEXTURE-MATERIAL	COLOR
点-线	面	形	体	纹理-材质	色彩

图　2-3-1

数字三维设计的本质是视觉语言与技术的深度融合。视觉元素提供了构建虚拟世界的基础，而技术手段则使这些元素以更加精准的形式呈现。视觉元素从基础到复杂的逐层叠加，再到综合运用，不仅体现在传统艺术中，更是现代数字艺术和设计的基础。如今，这些元素正与AIGC深度融合，成为创作提示语（Prompt），设计师和艺术家通过输入提示语，结合已训练的三维视觉概念和技术，让AI生成高质量的视觉内容，从概念草图到成品渲染，极大加速了创作流程。深入理解这些元素的基本概念是塑造视觉语言和设计感知的重要前提。只有掌握构成视觉作品的几何、材质、光影等核心原理，才能分析其美感来源，并有效运用于创作中，从而达到知其美且能分析其何以美的高度。

📖 点与线

首先是点与线，在视觉设计领域，点是空间中的基本单位，它没有体积，仅表示位置。线由点连接形成，用于定义轮廓和边界。点与线是构建图形和图像的基础元素，无论是二维还是三维环境，它们共同构成了视觉设计的核心。在平面设计中，可以通过点与线的重复、对比和节奏，构建海报、插画中的形式美感；三维设计中，点与线可以构建模型的骨架和轮廓，奠定形态基础；建筑设计中，点与线可以呈现结构和关键支撑点；动态视觉中，点与线通过运动变化创造独特的节奏和韵律。

点和线的组合不仅是形式美学的基础，更能够赋予作品强烈的结构性与节奏感。

通过不同的排列方式和对比关系，即便是最简单的点与线设计，也能呈现优美且具有形式感的视觉效果。如图 2-3-2（a）所示，黑白相间的平行线通过规律的排列创造了一种井然有序、规律整齐的视觉效果。与此同时，人行横道上的行人以随机方式穿行，犹如散步的圆点，为静态的画面注入动态的生命力和不确定性。这种点与线结合的画面结构，使观者在感受画面形式和谐规律的同时，也体验到一种流动的节奏感和生动性。

在图 2-3-2（b~c）中，点与线不仅定义了图像的主体结构，还通过规律性的放射线条与保持一致的三角形状，形成了一种视觉吸引力强烈的几何造型。这种设计手法在图形艺术中非常常见，其目的在于引导观者视线，强化图像的组织结构和空间感。通过精确的几何对称性和线条排列，画面呈现一种充满张力的美感。

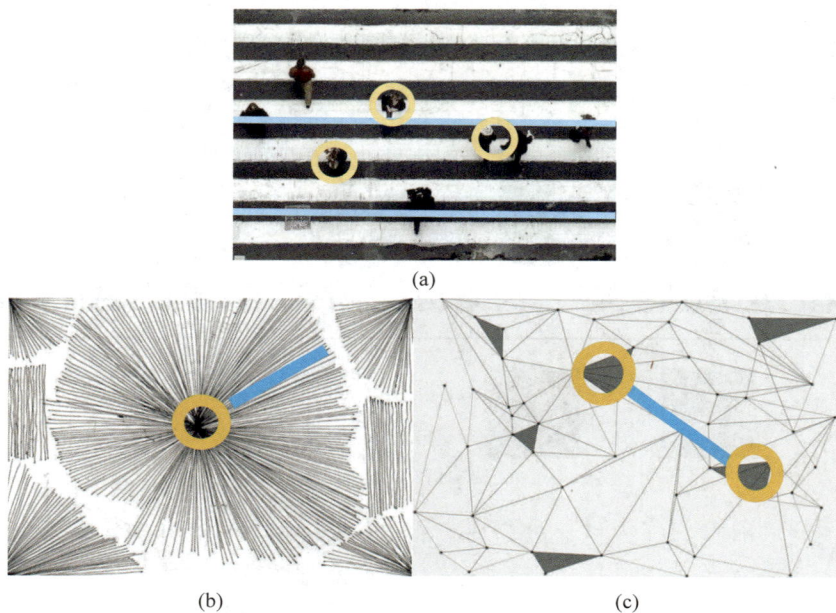

(a)

(b)   (c)

图　2-3-2

在图 2-3-3 中，曲线元素被巧妙地运用，赋予画面流动感和韵律感。与直线的规律与秩序不同，曲线以柔和的流动性，创造出更加自然且富有生机的视觉效果。流畅的曲线设计不仅美化了画面，更模拟了自然界中的动态特征，如风中摇曳的树枝呈现自然的节奏感，流水的轨迹展现连续与柔和的流动感，人体线条强调立体感和有机结构。

图　2-3-3

曲线的加入能够在视觉作品中引发观者的情感共鸣，画面更具表现力、动态感和韵律感，从而在平面上模拟三维立体的视觉效果，这种流动性的设计让观者的视线随

数字三维设计从创意到创作

曲线轨迹自然流动，形成视觉上的"旅程"。

📖 面与形

在视觉设计中，点的连接形成线，线的延展与组合构成面，而面本身并没有边界。这些面通过不同的轮廓与边界进一步塑造出具体的形状，例如正方形、三角形和圆形。这种从点到线、再从线到面的演化，是创建二维平面图形的基础。这些基本图形的变换不仅奠定了我们对符号、图标（icon）以及其他视觉识别与联想元素的认知基础，同时构成了平面设计的核心理论与实践依据。

例如，图 2-3-4 所示的系列案例展示了基础方形是如何演变为多样化图形的。在这些案例中，第二个图案既可被解读为延伸进山洞的铁轨，也可被视作灯罩下的盘香。这些图形通过对面的变形和重组，不仅展现了基础形状的丰富可能性，更体现了其作为承载意义的功能，能够转化为具有多重视觉解读的符号，这种转化既是形式化的美学探索，也是符号化意义的建构过程。

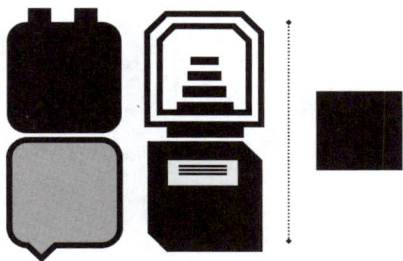

图 2-3-4

📖 形与2.5D

当对象表现为具有透视感的三维形状，并且在视觉上呈现透视质感时，这种"形"强调了视觉感知上的立体性和深度，特别是当结合计算机图形应用透视技术时，它能够有效传达形状的立体、纵深、阴影等三维特性。这种形体往往被称为 2.5D（2.5D Graphics），指在二维空间中表现三维效果的图形。

而当这样类似的图形表现出具有体积感的时候，也可以被表述为实体形状（Solid Shape），也可以看作"立体形状""镂空形状"等，是一种介于形与体之间的状态。设计中的 2.5D 效果可以通过计算机图形设计软件实现类似摄像机视角和光影效果的应用，添加摄像机视角和光影效果，从而改变图形的视觉角度，赋予二维对象透视感、体积感和阴影效果，形成具有立体视觉表现的图形。例如，使用特效合成软件 After Effects 时，即使是二维平面对象，通过 3D 摄像机的透视效果也可以在视觉上呈现三维形态。这种方法不仅增强了图形的视觉吸引力和层次感，使其生动且富有现实感，还可以显著提高设计效率，降低了实时渲染或设计制作过程中的计算成本（图 2-3-5）。

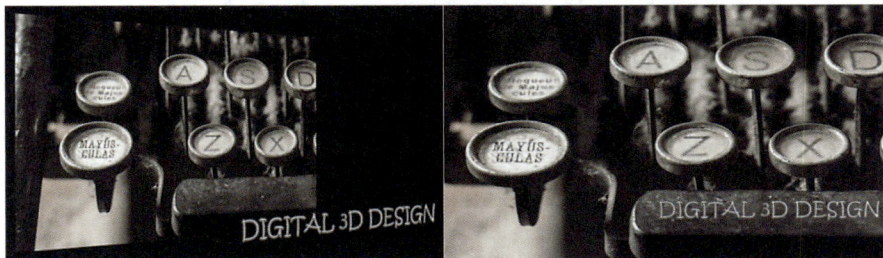

图 2-3-5

📖 体与3D

在现代视觉艺术设计与计算机图形领域，3D 的体通常指三维空间中的物体外形（Form）以及内部结构（Structure），同时会涵盖诸如姿态（Posture）或方位（Orientation）等概念。这种三维表现形式不仅再现了物体的立体外观，还囊括了其在虚拟三维空间中的属性与特征，精准呈现物体的体积、深度及位置关系。

与 2.5D 效果相比，全三维（3D）建模更专注于物体的完整形态表现，无论从哪个角度观察，都能真实再现或者表现三维特性，如图 2-3-6 所示。这种效果通常通过专业的三维建模软件实现，如 CINEMA4D（C4D）、Autodesk Maya、3DS Max 以及各种游戏引擎。这些工具不仅支持精确模拟光影效果、提供多角度的摄像机视角，还能生成在每个观察角度都保持一致性的三维实体模型，其核心优势在于全面呈现立体的视觉效果，极大地增强了空间感与细节表现，使人能够沉浸于更真实的三维视觉体验中。

图　2-3-6

三维建模技术的本质在于通过几何构建、表面纹理映射、光照与阴影处理等复杂计算机图形处理过程，使虚拟模型从视觉上逼近现实。它不仅在视觉效果上具备高度的真实感，还通过物理属性来模拟重现现实世界中的动态行为。借助高级图形算法与渲染技术，设计师能够创作出既复杂又精细的图像与动画，为观者或用户提供一个既虚拟又逼真的三维世界。这种创造欲在技术的不断演进下推动了影视制作、游戏开发、虚拟现实等多个领域的发展与创新，为数字创意产业注入了新的活力与可能性。

📖 纹理、材质与色彩

"纹理"（Texture）和"材质"（Material）这两个术语常常用来描述物体表面的视觉和触觉特性。虽然在中文中"纹理"一词通常指具有图案或质地的表面效果，但"材质"的涵盖范围更广，包含物体表面的整体质感，包括光泽、粗糙度、透明度等物理特性。

材质的选择和应用对观众的视觉感知具有显著影响，可以显著提升作品的表现力和情感深度。例如，天然材质（如木材或石材）通常带来温暖和厚实的质感；而人造材质展现出一种现代性或工业化的特征印象。有机材质（如皮肤或叶片）则体现出生命的质感与活力；而视觉几何材质（如镜面或玻璃）常用于创造抽象或现代的视觉效果。此外，特殊材质（如具有特定触感的表面）能够增强观者的感官体验，赋予作品独特的风格化特征。如图 2-3-7 所示，这些案例展示了不同材质在艺术设计中的应用方式及其独特效果。从天然材质到人造材质，从有机纹理到抽象表现，不同的材质特性不仅丰富了视觉层次，也赋予了作品多维度的表达空间。

颜色也是设计中不可或缺的核心元素，它不仅影响视觉的审美体验，还在传达情绪与营造氛围方面起着关键作用。色彩的选择与搭配直接决定了作品的情绪表达和观众的情感反应。例如，温暖的色调（如红色和黄色）通常与活力、热情相关，而冷色调（如蓝色和绿色）则带来宁静、专注或理性的感觉。

在设计中，色彩不仅是审美的工具，更是一种情绪与心理的语言。设计师通过巧妙的色彩应用可以赋予作品更加深刻的表达力，与观众建立情感上的共鸣。本书的后续章节将详细探讨色彩与材质如何在设计中共同作用，创造出丰富的视觉效果与多重情绪感触。通过合理的色彩策略，设计师能够在视觉表达中更加有效地传递意图，增强作品的感染力和氛围塑造力。

天然材质

人造材质

有机材质

几何材质

触感材质

图　2-3-7

【本讲重点及创意练习】

• • • • • • • •

本讲从设计思维与视觉化语言的重要性谈到了数字三维设计当中包含哪些基础的图形图像视觉元素。请以点、线、面、光影、材质、色彩等任意"数字三维视觉基础概念"为元素，做创意视觉拓展练习。

📖 创意视觉拓展练习参考板

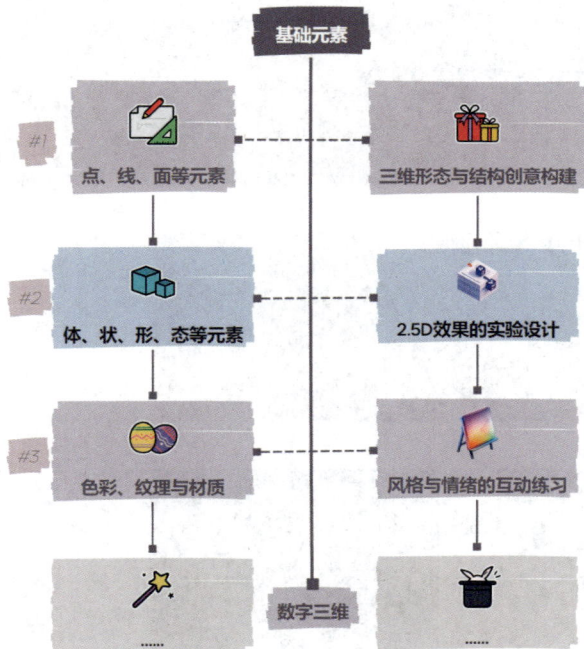

第三讲 | 创意实践：数字三维设计基础流程

一、数字三维设计智能创作

数字三维设计智能创作是围绕人机协同创作以及人机间性探讨的话题，同时是一个充满潜力和挑战的领域，涉及技术、艺术、人文等多学科领域。人机协同创作的核心问题在于角色分工、主导权的分配以及创造力的界定。AI之于人类创作者扮演的角色是工具助手、共创伙伴还是竞争对手取决于人类在概念创新、价值判断和情感表达中是否占据主导，是否决定创作的最终方向。这同时意味着取决于人类协同AI创作之于创造力的界定方式，究竟是低层次的训练还是全新的生成。人机间性正是从人机协同创作的本质探讨人与AI协同互动的关系特质和体验维度。

人机间性是间性概念的延伸，胡塞尔在其现象学研究中提出"间性"，作为理解主观经验如何在人与人之间共享的关键概念，他认为人们的主观经验可以在交互中获得意义。梅洛·庞蒂深化了间性概念，认为人类经验是通过身体与世界的互动以及与他者的关联而形成的。人机间性主要出现于人机交互、人工智能和科技哲学领域，后现象学强调技术在塑造人类经验和感知上的中介作用，这种中介性即"人机间性"的核心，比如智能助手（如Siri）被设计为通过对话、表情等方式模拟间性互动。同时，人机间性也被用于探索AI是否能成为"他者"，以及这种关系的伦理和情感意义。当前阶段，人工智能生成技术模型之于开放性创作的自由想象与效率产出上能够为协同创作快速生成素材、优化细节、提供灵感，但在之于设计所需求的目的性、功能性把控、测试及用户反馈完善上仍然依赖人类对复杂意图、行为模式、文化背景差异、心理认知图景、多层次价值观的深刻理解和细腻把握，尤其是对用户预期、社会价值的综合判断，通过真实环境的测试和反馈验证更需要人类深度参与。

目前，在数字三维设计领域，人机协同创作分为以下大致三类。

首先是工具性协同，AI被用于实现效率优化和技术支持，如建模自动化，使AI自动生成复杂的三维模型（如建筑、环境或生物结构）。再如材质与纹理生成，可以通过Adobe Firefly、MidJourney等AI创建高精度的材质贴图，包括法线贴图、凹凸贴图、光泽贴图等，并优化UV展开。物理仿真与优化，通过AI帮助实现更高效的物理仿真，如布料模拟、流体计算、刚体碰撞等。在工具性协同中，虽然AI生成的部分模型（如生物结构）普遍存在拓扑错误、材质映射偏差等问题，仍需人工修复，无法直接用于生产，但AI专注于技术性工作，减少了设计师在重复性或计算密集型任务上的投入。而设计师在工具的辅助下可以专注于创意表达和更高层次的设计目标。

其次是交互性协同。可以通过实时语言对话辅助创意探索和提供建议，如进行模型比例、形状、对称性等参数化设计与修改时，可通过ChatGPT提供参数调整建议。再如通过Unreal Engine可以提供构图或布局建议，调整场景灯光、相机角度等，以及概念探讨和创意探索，如Runway ML基于用户描述生成创意草图，转化为初步三维形态。

交互性协同创作中，AI辅助三维设计师进行动态调整和实时生成，有助于快速迭代和优化设计过程，更多地体现在"协助决策"和"触发灵感"上，而非直接完成工作。

最后是生成性协同。主要表现为AI创作雏形，而设计师继续完成二次创作。生成性协同在三维设计领域尤其显著，AI可以快速生成作品雏形，如模型、动画或者纹理，为设计师提供起点，从而可以进一步完善，如自动生成基础三维模型通过NVIDIA Omniverse结合DALL-E3D插件，或Google的DreamFusion等，AI可以基于文本描述生成初步三维模型（如简单的家具、场景或角色），供设计师进行细化和调整。再如动画和动态生成，可以通过DeepMotion或Adobe Mixamo等生成初步的骨骼动画或角色行为序列，设计师可调整动作流畅度或细节；以及复杂纹理与细节雕刻，通过MidJourney与三维软件等的结合使用，AI可为基础模型添加纹理细节，如雕刻裂缝、苔藓覆盖、机械部件等。另外，AI还可以生成游戏地编场景、虚拟环境、动画场景等，基于用户的设定，AI会自动生成复杂的场景，如科幻城市、自然景观，供设计师进一步编辑和完善。

通过人机协同AI智能创作，数字三维设计的智能创作流程能够在优化建模、仿真和材质生成等复杂类型中解放设计师，还能在游戏开发、动画制作、工业设计和虚拟现实场景中辅助设计师快速进行创意探索，激发更多的创新可能，为设计师提供更多空间去探索和实验。图3-1-1是一个典型的智能创作的流程。

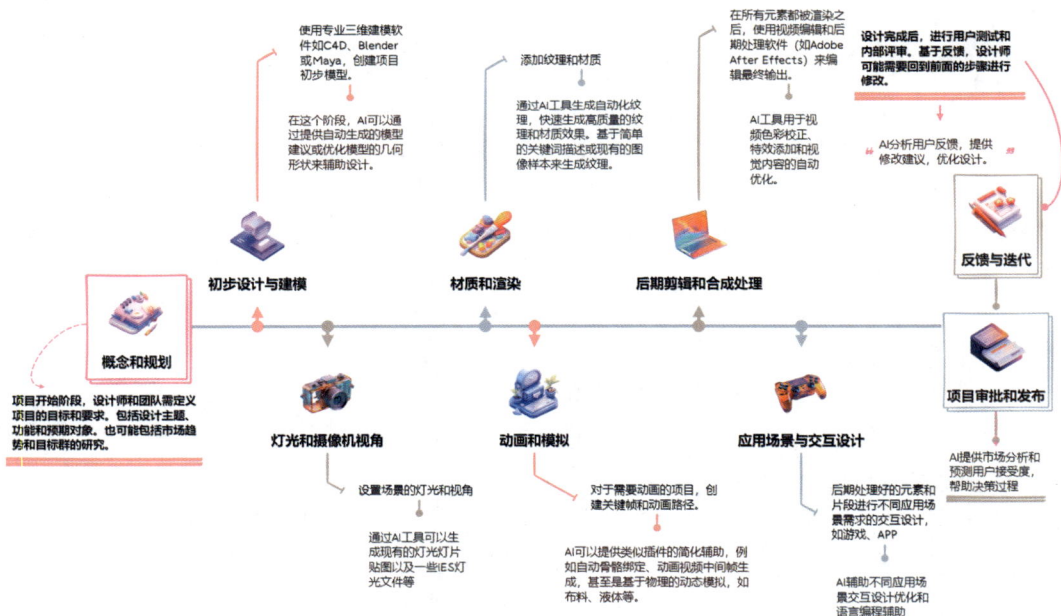

图　3-1-1

📖 项目开始阶段

① 概念和规划。

在项目开始阶段，设计师团队会定义项目的目标和要求，包括通过人与AI智能协同来发现和洞察问题，预确定设计的主题、功能和调研用户。针对设计目标和要求的不同，这个阶段也可能包括通过 AI 智能学习调研材料来辅助对市场趋势和目标用户群的社会学和量化研究与判断（图 3-1-2）。

② 初步设计与建模。

数字三维设计智能创作在于通过三维方式来完成原型和设计，并通过 AI 介入流程来辅助创作。使用专业的三维建模软件（如 C4D、Blender、3ds Max 或 Maya），设计师可以创建

图　3-1-2

项目的初步模型。在这个初步设计和建模阶段，简单的设计可以通过基础的几何体来进行构图和造型，复杂的动态设计则需要通过低精度模型，也就是低面体来初步设计。通过 AI 智能创作，可以提供自动生成的模型或者优化模型来辅助设计，也可以提供模型建议或二维设计转三维设计的初步模型来进一步完善。

在项目开始阶段的最后，可以通过已经初步设计的模型图来使用 AI 智能训练生成相关的不同风格的概念效果图来辅助最终的设计，这个训练生成步骤往往被称为垫图，如果针对相对大型的重复性设计，如游戏场景中的元素，模型训练往往可以生成一个小型的模型库（图 3-1-3）。

图　3-1-3

📖 项目制作阶段

③ 灯光和摄像机视角。

在项目正式制作阶段，模型完成后，下一步是添加灯光和摄像机，设置场景的灯光和视角。没有默认灯光，三维世界就是一片黑暗的，有了灯光，才能照亮三维世界，也可以通过一些通用的集成插件（如 Grey Scale Gorilla Light Kit Pro）来辅助设计。摄像机带来观察设计作品的不同视角，尤其是动态运动视角，流畅自然的摄像机运动也能通过一些插件预设来辅助实现，如 GorillaCam 能够提供多种预设摄像机运动、抖动等自定义控制。通过 AI 智能算法和一些软件集成的 AI 助手，可以根据场景中的物体和材质识别元素，分析光线分布，进而调整和优化灯光的强度、颜色和位置以获得最佳的视觉效果和氛围（图 3-1-4）。

④ 材质和渲染。

通过前期拟定的概念效果图来针对性地具体制作。可以通过二维或者三维软件自带的材质和纹理制作工具，也可以通过专门的材质纹

图　3-1-4

理制作和绘制工具，如 Substance Painter、Substance Designer 来完成，还可以通过 AI 智能自动化纹理生成快速生成高质量的纹理和材质效果，尤其是基于简单的描述或现有的图像样本来生成纹理。如果不包含动态设计，便可以使用三维软件自带的渲染软件或者专门的渲染软件（如 Octane、Redshift）来产生最终图像了。

⑤动画和模拟。

对于需要动态制作的项目，设计师还需要针对模型、灯光或者摄像机来创建关键帧和动画路径。通过 AI 智能创作，制作好的静态三维图像可以在这一阶段辅助生成动态效果，如自动骨骼绑定、动画生成，甚至是基于物理的动态模拟，如爆炸、烟雾、水流、布料、液体等，特别是在 AI 辅助生成角色动画，以及面部表情和身体运动捕捉方面。

⑥后期剪辑和合成处理。

在所有元素都被渲染输出之后，可以使用视频编辑和后期处理软件（如 Adobe Premiere、Adobe After Effects）来编辑最终输出。AI 智能创作可以辅助视频色彩校正、特效添加和视觉内容的自动优化。

⑦应用场景和交互设计。

数字三维设计和现实模拟密切关联，因此可以用作不同的应用场景和交互设计元素，除上文提到的特效制作和动画生成外，还有游戏开发、VR 场景、建筑和室内设计、产品设计和制造等，如 AI 智能创作能够辅助环境生成和角色设计，生成游戏世界中的环境和地形，快速创建丰富的游戏场景，优化游戏角色的外观、行为和动态。如果是针对运用交互设计环节，还涉及用户界面设计、程序化内容等，如 AI 智能推荐、实时反馈等。

📖 **项目交付阶段**

⑧反馈与迭代。

在设计基本完成后，通常会进行用户测试和内部评审。基于反馈，设计师可能需要回到前面的步骤进行修改。AI 可以辅助智能分析用户反馈，提供修改建议、优化设计等。

图 3-1-5

⑨项目审批和发布。

项目完成后要进行最终审批或者准备发布。AI 智能辅助可以提供市场分析和预测用户接受度，辅助决策过程。

尽管 AI 在三维设计中扮演了不可或缺的角色，但设计师的创意判断、艺术表达和对细节的敏锐感知仍然是不可替代的。人机协作的核心在于平衡技术与艺术，共同创造出更高质量和更有意义的设计作品（图 3-1-5）。

二、Cinema 4D 软件基础流程

接下来，本书将通过介绍三维设计软件 CINEMA4D 来帮助读者更透彻地理解数字三维设计中的一些知识原理、常见概念、技术逻辑和一般流程。

德国 Maxon Computer 公司开发的 CINEMA4D 是一款广泛应用于视觉特效、影视制作、动画、动态影像及工业设计等领域的三维设计软件。作为一款三维设计软件，CINEMA4D 拥有易于理解的技术操作逻辑，如类似矩阵制图的动态图形模块和模拟真实物理环境的动力学模块等，并能很好地和多种平面设计、合成剪辑和引擎软件兼容使用。在“数字三维设计”课程中，前四讲主要介绍数字三维设计的相关入门知识以及基于创意生成的多维建模思路，中间三讲则围绕设计感知深入探讨灯光、材质和渲染，后三讲重点分析元素组织和构图等设计元素，以及从创意到创作的全过程。如图 3-6 所示，理解数字三维设计创作的基本五步骤流程至关重要，无论是进行简单的白模设计还是复杂的角色场景动画，熟知这些流程是掌握入门技术的关键，任何技能的习得都可以通过步骤化的总结与分析来简化学习路径，这不仅为技术逻辑思维的形成奠定了良好的基础，更有助于学习新的软件技术和实时更新知识体系，将其优化、吸收和应用更新至现有流程之中，形成动态的知识图谱，积铢累寸，从而实现知识的快速吸收和学以致用（图 3-2-1）。

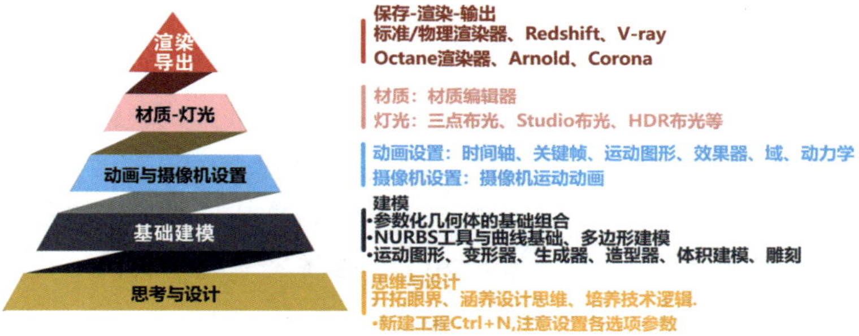

图　3-2-1

思考与设计

在设计实践中，首先是思考与初步设计的创意萌发关键环节，这一阶段强调动手之前的深入思考。为了激发创意思考，需要运用多种学习策略，以广泛拓宽视野、培养审美感知、丰富艺术设计思维。例如，通过观察对象、临摹优秀作品并加以模仿，结合提炼、分析与总结，逐步提升思维深度。此外，还需构建基于技术逻辑的思考流程，深入考量作品的空间布局、风格定位、光影效果、氛围营造，以及韵律和节奏等关键设计元素。教材中的案例呈现了多个设计思维创意练习，如通过“三个追问”来诠释和解读主题关键词，或通过命题凝练引导填空等方法提升主题表达的精准性。这些方法为创意思考提供了有效工具，可以帮助设计者在创作之初建立清晰的思路与方向。

基础建模

第二步是基础建模阶段，模型之于数字三维设计的意义如同基础线条和形状之于美术绘画。在这一阶段，需要从简单的三维几何体入手，通过排列组合或设计变形，将低面体模型逐步提升为高精度模型。这一过程中涉及多种工具的综合运用，例如参数化几何体的基础组合、曲面建模工具、生成器、造型器、运动图形、变形器、效果器和雕刻工具等，这里的图标是代表性功能组在软件界面里的显示图标，往往是该类型工具的首个典型功能的图标，如参数化几何体是立方体，运动图形是克隆功能等。这些直观的图标不仅便于用户快速识别功能类别，也可以帮助初学者理解各工具在建模流程中的作用，进而高效掌握从基础几何到复杂造型的建模方法。

📖 动画与摄像机设置、材质－灯光

一般情况下，如果是在动态设计中，通常会优先设置摄像机并调整动画轨迹，然后布置灯光，赋予颜色和材质。对于静态设计，第三步和第四步的顺序不固定，可根据具体需求灵活安排。在此阶段，主要使用灯光 💡、天空 🌐、摄像机 🎥、材质编辑器 🌑 等基础功能，并掌握相关概念。如果目标是创作动态效果，则需要深入理解关键帧动画 🎬、时间轴编辑 📊、运动图形 🌀、动力学 💫 🌿、骨骼绑定 🧍 🔧 以及摄像机运动跟踪 ◢ 🌑 等技术。这些工具和功能为动态创作提供了强大的支持，可以使设计作品更具表现力和动感。

📖 渲染导出

第五步渲染与导出阶段，这一环节通过计算机将前面设定的属性和数值转换为最终的视觉呈现。如果希望在课程结束后在设计创作领域更进一步，建议在熟练使用默认材质编辑器和渲染器的基础上，学习基于节点的材质编辑器 🎞，如功能强大的 Octane Render 🌀（OC）或 RedShift 🔴、Arnold △ 等高级渲染工具。这些工具可以帮助用户实现更加细腻和复杂的材质表现，为作品增添专业级的视觉效果。

三、艺术设计类专业常见模型类型

模型在数字三维设计中扮演着基础且关键的角色，其重要性类似于现实世界中的人类作为主体，而其他物体和生物体作为客体的关系。在数字三维环境中，人物、场景、光影等元素都可以看作各种大小不一的对象。没有这些对象，就没有可操作的设计元素，因此，模型被视为构建数字三维世界的基石。

如图 3-3-1 所示，图中展示的模型分类方法基于设计目的和需求，这种分类方式非常实用，因为它聚焦于模型的应用场景与功能，能够帮助设计师选择最适合的建模技术和工具。本书第四讲涉及多维建模环节，设计类专业主要接触的模型类型包括三种常见的类型，了解其特征有助于设计师厘清思路，以更好地适应具体的创作需求。

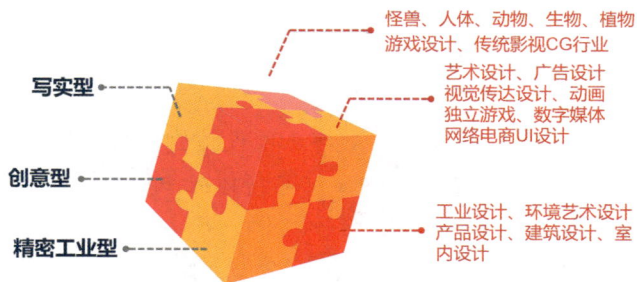

写实型
创意型
精密工业型

怪兽、人体、动物、生物、植物
游戏设计、传统影视CG行业

艺术设计、广告设计
视觉传达设计、动画
独立游戏、数字媒体
网络电商UI设计

工业设计、环境艺术设计
产品设计、建筑设计、室
内设计

图   3-3-1

📖 写实型模型

第一类是写实型模型，这类模型广泛应用于传统CG行业、游戏角色设计、影视制作和动画等领域，涵盖怪兽、人体、动物及环境设计等多种元素。例如，2009年詹姆斯·卡梅隆导演的3D电影《阿凡达》通过高度写实的角色设计，为全球观众带来了沉浸式的视觉盛宴。作为技术先锋，卡梅隆早在1997年便运用数字3D技术还原了1912年的泰坦尼克号沉船事故，并在2019年以制片人的身份推动了《阿丽塔·战斗天使》的创作，如图3-3-2所示。

图　3-3-2

在《阿丽塔·战斗天使》的制作过程中，创作团队经过无数次设计迭代，追求极致的真实细节。例如阿丽塔的头发超过13.2万根、眉毛2000根、睫毛480根，脸部与耳朵上有近50万根绒毛。此外，制作团队为了捕捉角色的表情变化，创作了2500多张面部表情的定帧图。阿丽塔的一只眼睛由近900万像素组成，甚至包括虹膜内的丝模型也被完整设计。这种对极致真实的追求不仅体现在这部影片里，也在《冰与火之歌》的怪兽、李安导演的《少年派的奇幻漂流》中的老虎，以及国产科幻大片《流浪地球》系列中得到了充分体现。

写实型模型的应用主要集中于影视作品和具有写实风格的动画、游戏影像中。从最初追求"艺术真实"，到艺术与真实并行，再到当今的"真实艺术"理念，写实型模型始终与真实审美观念密切相关。这种模型对材质、光影和渲染的要求极高，致力于通过技术和艺术的融合，带来极具说服力的视觉表现。随着实时渲染技术与生成式AI的深度融合，写实型模型的视觉表现正突破传统制作的天花板。虚幻引擎5的Nanite虚拟几何体与Lumen全局光照系统，已实现单帧数十亿三角面片的实时渲染，使《黑客帝国：觉醒》中发丝级精度的数字人能在动态光影下自然交互；NVIDIAOmniverse平台通过AI加速的光线追踪，将电影级渲染速度提升至传统流程的100倍。在细节生成层面，生成对抗网络（GAN）可自动合成超写实皮肤纹理与微观损伤，迪士尼研究院开发的NeuralFaceEditor已能通过语义指令实时调整角色面部肌肉运动。更革命性的是神经辐射场（NeRF）技术，仅需二维影像即可重建具有体积光照特性的三维模型，被《曼达洛人》剧组用于快速生成异星地貌。AI驱动的工作流革新更显著降低创作门槛——MetaHuman框架能在分钟内生成毛孔级精度的数字人，而腾讯AILab的Siren系统已实现虚拟角色的微表情语义级控制。这种技术跃进不仅使《阿凡达·水之道》的水体特效达到分子运动级的真实，更推动着虚拟制作向"感知真实"进化，为元宇宙时代构建可触摸的数字化身奠定基石。

📖 精密工业型模型

第二类是精密工业型模型，这类模型更注重功能性、合目的性以及仿真设计，广泛应用于工业设计、环境设计、人居设计、产品设计等领域。精密工业型模型通常强调一比一的精密设计，以确保模型的规范性，同时实现高度仿真功能。

此外，精密工业型模型也经常用于产品宣传，在这一场景中，画面的美观性同样举足轻重。这类模型设计在广告设计或电商设计中尤为常见，目的是通过逼真的视觉效果吸引消费者和观众。在我们的日常生活中，类似的应用随处可见，例如产品演示动画和高品质的商品宣传图，如图3-3-3所示。

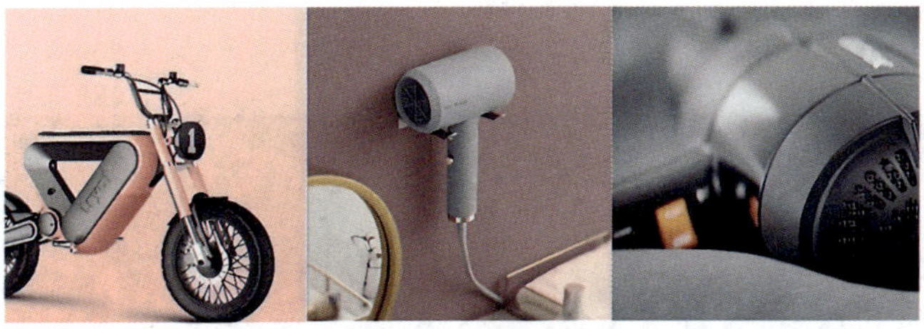

图 3-3-3

精密工业型模型既能满足设计过程中的精密技术需求，又能在视觉呈现中达到艺术化效果，是技术与美学的有机结合，为设计师提供了多样化的创作空间。

📖 创意型模型

最后一类是创意型模型，虽然从技术和风格上看，写实型模型和精密工业型模型在某些情况下也可以被视为创意型模型，甚至精密工业型模型在某些方面也可以归类为写实型模型，但创意型模型的独特之处在于其灵活性和表达重点。这类模型的关键在于根据特定场合和客户需求调整模型创作的标准，从而更灵活地展现技术与创意的结合。

与追求真实艺术的写实型模型或注重仿真还原的精密工业型模型不同，创意型更加强调艺术审美与创意表达。在这种模型中，美感、趣味性和设计意趣是主要追求，技术成为服务于创意的工具，而非唯一的核心。

创意型模型广泛应用于多个领域，包括艺术设计、展览展示、视觉传达、广告创意、视频包装、电商宣传、数字媒体、动画制作、新闻传播以及信息流创意短视频等。因此，创意型模型在设计专业的课程和案例中占据了更为重要的位置，它不仅展现了技术能力，还体现了设计师的想象力与创造力（图3-3-4）。

图 3-3-4

在学习建模的过程中，有几个要点需要注意。首先，积累案例十分重要，可以通过收集和临摹多个自己喜欢的作品来培养审美能力，并提升对模型细节和整体设计的理解。其次，在参考现实的基础上，尝试融入创意进行设计与制作。需要注意的是，任何复杂的模型都源于简单模型的组合和变形，建模的方法并非一成不变，越简洁高效的方式往往越具优势。因此，初学者应从简单的造型入手，逐步通过几何体的组合和变形构建出符合需求的三维模型。

有趣的是，建模的本质与童年时期的游戏存在共通之处。每个人小时候都曾画画涂鸦，但随着逻辑思维和语言能力的发展，这种天性常常被我们遗忘。同样，童年时期喜欢的搭积木、捏橡皮泥、照顾娃娃等活动，其实也是建模的雏形。前两者不仅是Design Thinking 工作坊中常用的原型工具，也非常适合数字三维设计学习者，它为数字三维设计提供了直观的学习途径。

如今，创建模型的方法已非常多样化，例如通过扫描真实影像提取模型，或利用语音、文字或图像来生成模型。然而，即使现代技术为设计师提供了丰富的工具和便捷的方法，但当现有的模型无法满足特定需求时，能够从基础开始创建模型的能力仍然至关重要。这不仅需要设计师对建模工具有深入的理解，还需要不断磨炼技术能力，并注重培养创新思维。

总结而言，建模不仅是技术的体现，更是创意和逻辑的融合。通过对基础技能的扎实掌握与审美能力的不断提升，每个学习者都能在数字三维设计领域中探索更广阔的可能性。

【本讲重点及创意练习】
● ● ● ● ● ● ● ● ●

本讲谈到数字三维设计智能创作流程和 CINEMA4D 软件基础流程，并着重讲到了设计类专业常见的模型类型。当模型成为形象时，具象化的形象和情境往往让人记忆深刻，机器的智能程度已经逼近图灵测试，三维影像的逼真程度已经让人眼几乎不可分辨，引起人类情感共鸣的艺术真实愈加深刻。请说说你喜欢的经典数字三维影视或动画的"角色"和"场景"，并从数字三维视觉的角度想想你为何喜欢它们。

📖 **创意视觉拓展练习参考板**

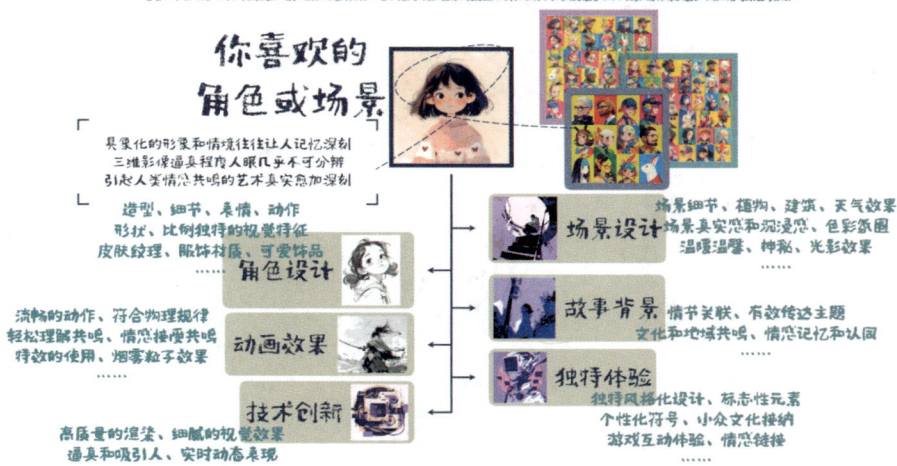

第四讲 | 创意实践：数字三维设计多维建模思路

在本讲中，我们以 CINEMA4D 软件为例，探索数字三维设计的多维建模思路。在数字三维创意设计中，一旦我们掌握了图形和图像形成的基本概念元素，便能够将初步构想通过视觉创作转化为实际的设计作品，进而完成具体的创意实践。这种从概念到实现的过程不仅呈现出技术逻辑的实用性，更提供了广阔的创作空间，让设计者在实践中不断拓展创意的可能性。

📖 SCAMPER 创意法

SCAMPER 创意法是一种用于拓展创意思维的工具，它通过七种不同策略帮助设计师从新的角度审视和改造现有对象和概念，从而激发创新思维并解决设计问题。SCAMPER 创意法由替代（Substitute）、合并（Combine）、调整（Adapt）、放大/缩小（Magnify/maga mini）、他用（Put to other uses）、消除（Eliminate）以及重置/反转（Rearrange）这七个策略的英文首字母组成。

这些策略的应用与我们学习建模的进阶思路有相似之处。如果将平面二维图形最基本的单位视为像素，那么在三维世界中，体素的存在就像一个个小立方体。而一个小立方体（Cube）蕴藏着无限可能，如图 4-0-1 所示。

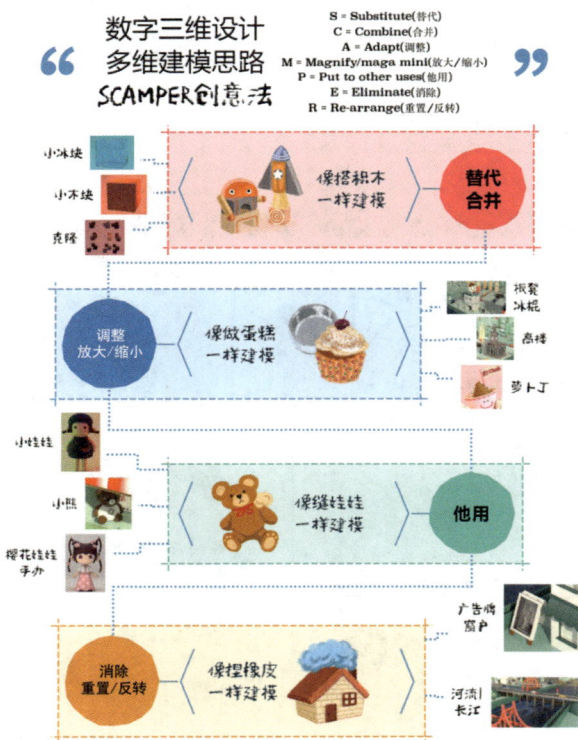

图 4-0-1

"替代"策略能够打破默认灰色小方块的视觉单调感,将它们转换成不同材质的小积木或小冰块。利用这些各具特色的小积木进行"合并",便形成了我们第一种也是最基础的建模思路:像搭积木一样建模。

通过"调整"和"放大/缩小"这些小立方体,可以构造出各种不同的造型,如板凳、台阶、桥梁、冰棍等,从而形成我们的第二种进阶建模思路:像做蛋糕一样建模。使用不同的"模具"(功能),可以制作出不同形状的"蛋糕",既可以"放大"为高楼,也可以"缩小"为撒在一碗面上的萝卜丁。

"他用"策略可以拓展创意思路,考虑立方体的多种用途,通过塑造具体的、有生命感的形象,如细化形成身体和头部的基础结构,进而设计出类似人体和动物的形象,这便是我们的第三种建模思路:像缝娃娃一样建模。

"消除"与"重置/反转"则更为自由与多变,通过多边形建模的方式实现像捏橡皮泥一样的自由创作。我们可以利用布尔运算进行"消除",如制作镂空的窗户或者挤压而成的广告牌;也可以利用"重置/反转"或综合使用多种策略,形成不同的造型与材质,如河流、长江、草地。这也是我们的最后一种基础建模思路:像捏橡皮泥一样建模。

📖 界面介绍

本书所使用的是教学版本的 CINEMA4D 2024,其基础界面布局与常见功能面板如图 4-0-2 所示。

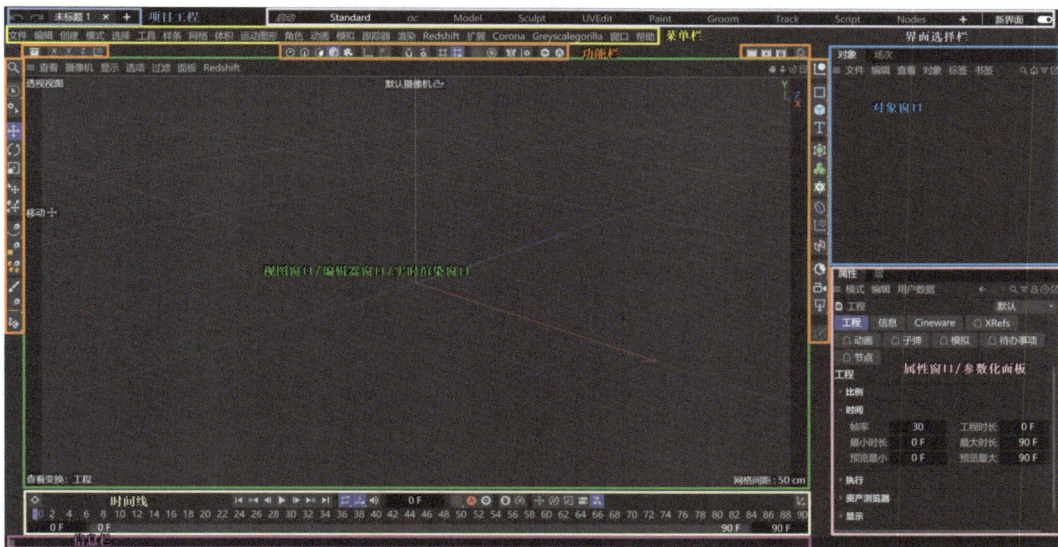

图 4-0-2

其中,绿色框部分为主要操作视图。

黄色框部分为菜单栏,几乎可以在这里找到软件的所有功能。

蓝色框部分为对象窗口,不同的操控对象以列表形式呈现,并可形成父子级关系。

粉色框部分为属性面板,用于调整当前选择对象的参数。

米色框部分为时间线,用于动态播放的时间轴控制。

紫色系列框分别为信息栏、界面选择栏、项目名称选择栏等。

R25 版本之前的软件界面采用旧版 UI 界面设计，如图 4-0-3 所示。

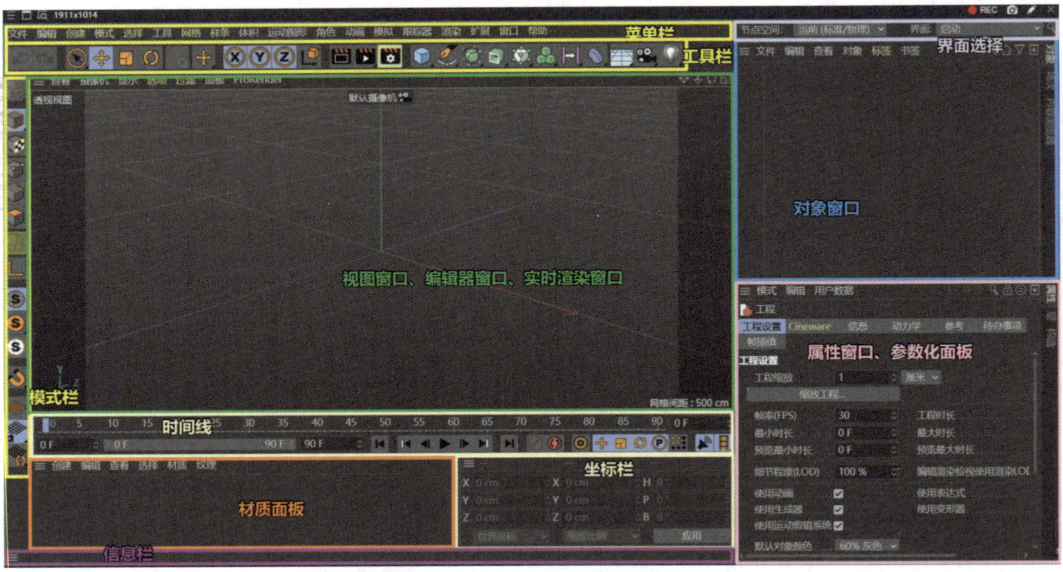

图 4-0-3

📝 除了同色系标示出的类似面板外，变化较大的是橙色框部分，该部分分为不同功能栏；在旧版本中，橙色框对应的是材质面板，功能主要分布在黄色框标示的工具栏和模式工具栏中。考虑到本书配套在线课程案例讲解的延续性，本书将兼容新版图标模式和旧版 UI 界面的讲解，采用新版图标适配于旧版 UI 布局，如图 4-0-4 所示。通过选择 新界面 🔘 开关按钮下的 Standard 模式，可切换回常用默认布局。当然，在熟悉软件之后，建议读者自定义个性化的 UI 界面。

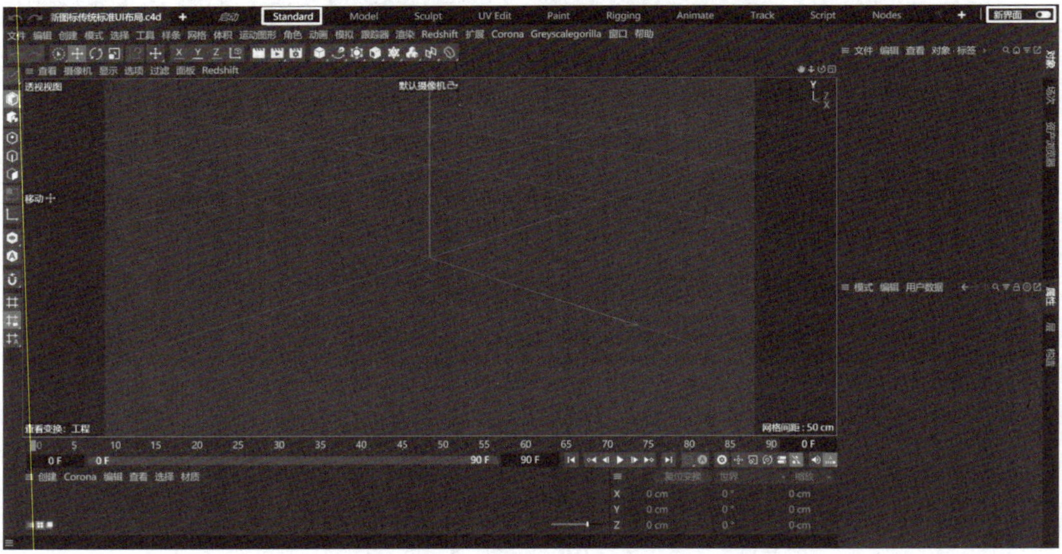

图 4-0-4

➤ **怎样控制视图？**

第一种方式：通过视图窗口右上角的 🖐️⬍🔄⊟ 功能图标，按住鼠标左键不放，可以分别对画面进行 🖐️ 平移 / ⬍ 推拉（缩放）/ 🔄 旋转 / ⊟ 切换视图的操作。

第二种方式：在默认快捷键下，可以按住数字键 1/2/3 加上鼠标左键不放，分别控制视图的平移 / 推拉（缩放）/ 旋转。

第三种方式：在默认快捷键下，按住 Alt 并按住鼠标中键 / 滚动中键 / 按住鼠标左键，分别控制视图的平移 / 推拉（缩放）/ 旋转。

➤ **怎样控制对象？**

对象控制和视图控制有所不同，视图只有一个，而对象可以同时存在多个。因此，软件提供了一套在 选择 菜单下的不同工具，用来选择不同的对象。最常用的选择工具包括 🔘 实时选择（也称为笔刷选择，默认快捷键数字 [9]）/ ▣ 框选 [0]/ ⬭ 套索选择 [8]/ ▱ 多边形选择。

在选定不同对象后，可以进行最基础的变换操作，如 ✛ 移动 [E]/ ▱ 缩放 [T]/ 🔄 旋转 [R]，还可以进行 ⬆ 放置 放置、↺ 复位变换 复位 [Alt+0]、⬚ PRS 转移 PRS 转移等。

☞ 本书中提到的功能图标名称后面的中括号内为默认模式下的快捷键，熟练掌握视图和对象控制的快捷键，有助于更便捷地从多个角度观察和控制设计对象。

一、像搭积木一样建模

每个人在童年或许都有过拼搭积木的经历，直到今天，仍有很多"成年小朋友"沉迷于乐高。"对小学生来说可能觉得幼稚，但大学生却刚刚好"似乎成为了一句行为标语。回味童年的趣味记忆，观察城市生活中常见的小物件，像搭积木一样，抽象它们的几何形态结构。通过拖拉 ⬡ 参数化基础几何体组右下角的小黑三角，可以看到不同形状的积木块原型。对这些原型进行简单组合与参数变形，然后进行拼接、搭建、穿插，就能形成像搭积木一样的建模思路，进而构建三维模型，如图 4-1-1 所示。

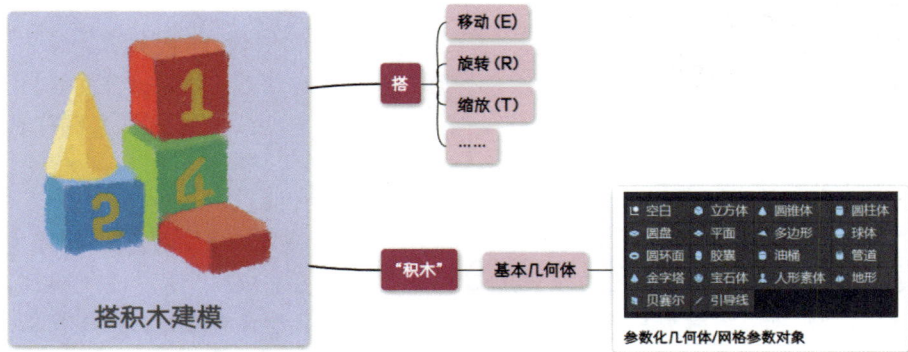

图 4-1-1

📖 搭套小树系列

从这里开始，我们将引入"原型"的概念，通过学习常见的原型造型，逐步理解如何对原型进行展开和拓展设计。

以树的原型为例，基本构建组件由一个圆柱体（树干）+ 几个球体（树冠）组成。可以通过调节圆柱体的基本属性来模拟树干的形态，进而通过改变不同的球体、锥体、角锥等形状来模拟不同类型的树冠，如图 4-1-2 所示的系列小树。

图　4-1-2

➤ 球冠小树

① 如图 4-1-2 左二的球冠小树，单击🗂圆柱体新建树干，为了避免过于锋利的边缘出现，可以勾选属性面板下的封顶 / 圆角进行倒角处理◇圆角☑。

② 单击🔵球体新建树冠，调节球体半径，在模型模式下，同时调节圆柱体高度 / 半径 / 旋转分段数值来使小树比例适宜。

③ 框选圆柱体 + 球体，右击⊞ 群组对象 群组对象 [Alt+G] 来进行编组（打组）操作。

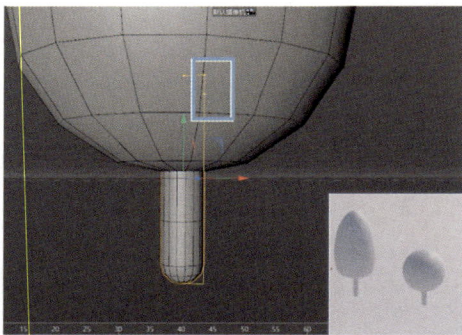

图　4-1-3

🖋 在这个案例里，①可以通过🎬渲染活动视图 [Ctrl+R] 来观察模型是否平滑，分段数越多越平滑，能以最少的编辑视图分段来呈现最佳的渲染视图效果。②可以在⬡模型模式下，如图 4-1-3 所示，通过可视化的小黄点操控工具来直观地控制圆角封顶 / 半径 / 高度等属性。③编组的作用在于将球冠小树看作一个拓展原型整体素材，用作更复杂设计中的视觉元素以进行复制粘贴 / 克隆 / 缩放等。④移动 / 缩放 / 旋转功能的快捷键操作分别是 E/S/R。

➤ 锥冠小树

① 再次巩固应用原型的思路（简单造型树 = 树干 + 树冠）。创建🔺圆锥体（树冠）和🗂圆柱体（树干），调整两者的位置（移动）和大小（缩放）。注意避免圆锥体底面边缘过于锐利，可以勾选并调节属性面板下的封顶 / 底部选项，此时在模型模式下会出现可用来调整的黄色控制点。同样，可以通过调整属性面板中的封顶 / 底面 / 圆顶的分段数使模型更加精细，如图 4-1-4 所示。

图 4-1-4

② 为了让圆锥体更平滑，可以单击对象选项中的旋转分段以增加分段数。为了减少圆锥体顶部的尖锐感，勾选封顶/顶部 顶部 ☑️ ，然后在对象选项中调整顶部半径至 3cm，并通过小黄点控制点进一步优化。圆柱体的处理方式与上述案例的步骤相同。

③ 选中树冠和树干，按住 [Alt+G] 将它们进行打组，这样便完成了一棵完整的锥冠小树，如图 4-1-5 所示。

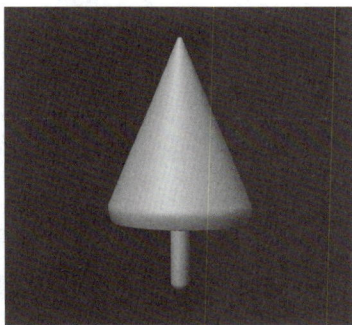

➢ **小圣诞树**

① 创建圣诞树树冠，单击 🔼 金字塔并调整尺寸。为了避免边缘过于锋利，选中金字塔对象，按住 [Alt] 并单击 🔘 细分曲面，自动创建父级对象，如图 4-1-6 所示。

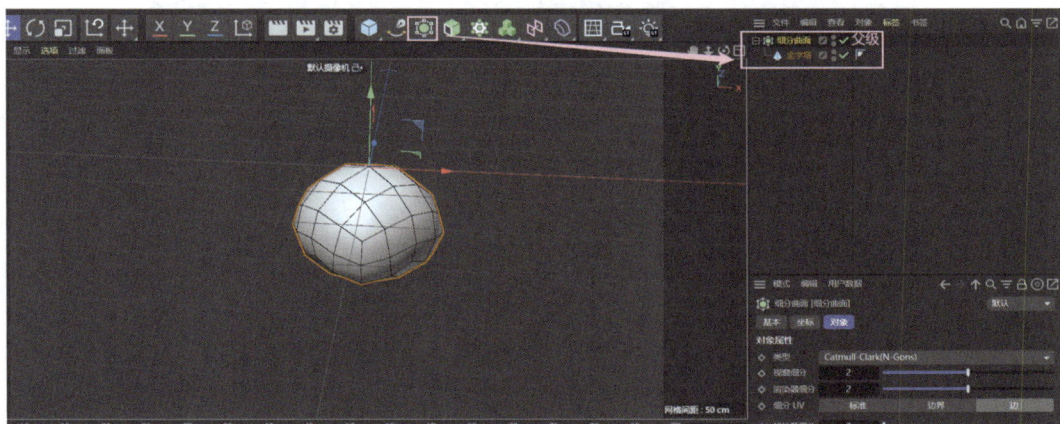

图 4-1-5

图 4-1-6

② 在模型模式下，调节金字塔的分段数，使树冠的棱角更加明显。

③ 选中第一层树冠，按住 [Ctrl] 向下复制，创建第二层树冠。框选两层树冠，使用群组对象 ⊞ 群组对象 [Alt+G] 将它们打组，调节它们的位置与尺寸，使比例更加合适，如图 4-1-7 所示。

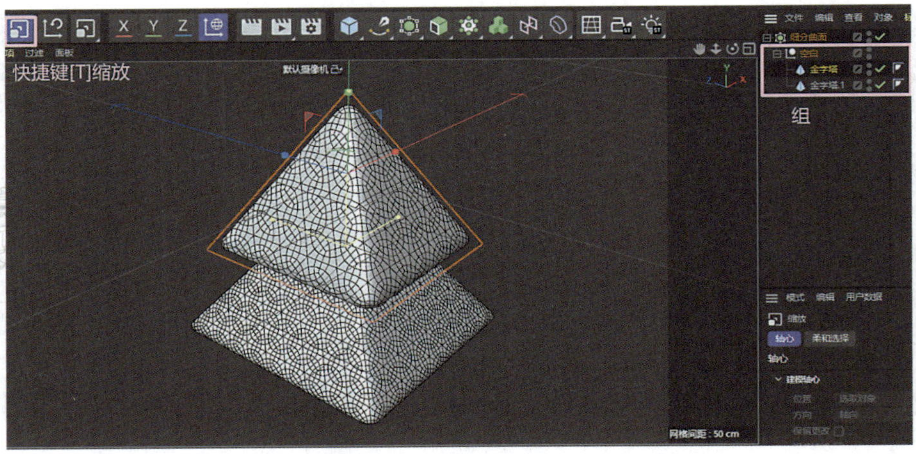

图 4-1-7

④ 🔲圆柱体树干的处理方式与上述案例相同，完成树干的制作后，框选所有对象并使用群组对象 ⊞ 群组对象 [Alt+G] 进行打组，最终效果如图 4-1-8 所示。

图 4-1-8

在这个案例中，①◉细分曲面可以用来平滑模型表面，模型对象的分段数值决定了表面的平滑程度。②由于◉细分曲面一次只能作用于一个对象，应用时可以选中多个对象，将它们 ⊞ 群组对象 打组为一个整体拓展的原型对象，可以实现父级对子级的统一层级控制，如图 4-1-7 所示。

➤ **小蘑菇**

① 单击 ◯球体创建蘑菇菌盖，在对象选项卡下的类型中选择半球体 ◇ 类型 半球体 ，此时半球体会呈现未封口的状态。

② 对该半球体进行封口。选中半球体，按住 [Alt] 并单击👕布料曲面以创建父级对象，并调节厚度参数，使半球体封口。在此基础上添加一个◉细分曲面，以平滑边缘，如图 4-1-9 所示。

③ 🔲圆柱体树干的处理方式与前面的案例类似。为了贴近现实中蘑菇菌柄较短的特点，拖动小黄点缩短圆柱体的高度。最后，框选所有对象，使用群组对象 ⊞ 群组对象 快捷键 [Alt+G] 进行打组。最终得到小蘑菇的效果，如图 4-1-10 所示。

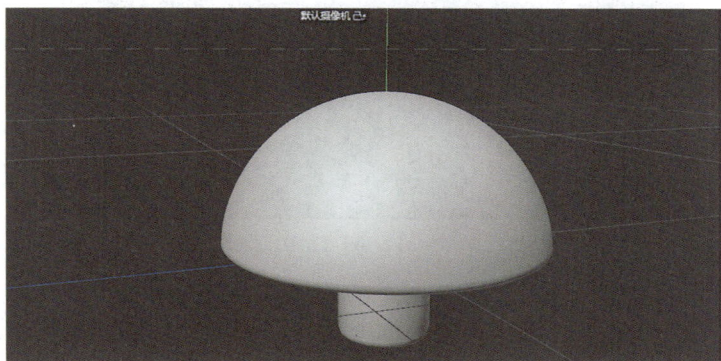

图　4-1-9

图　4-1-10

📖 搭套城市小物件

上述案例讲解了"搭积木建模"的基本原理。简而言之，这种方法通过在参数化环境中使用多个简单的几何体（如立方体）作为基础单元，逐一拼接和堆叠这些单元来完成初步的结构搭建。完成基本形态后，可以通过调整参数（如圆角、封顶、半径等）来进一步精细化和复杂化模型的细节。这种建模方式与儿童玩搭积木相似，通过简单几何体的组合即可创造出多样化的形态和场景。

➤ 球形路灯

① 创建🔵球体（作为灯泡）和🥫圆柱体（作为灯托），调节圆柱体高度，将其移动到球体底部，作为灯泡的托座。勾选属性面板中的封顶，并设置圆角 🔘圆角✅ 以平滑边缘，如图 4-1-11 所示。

② 制作灯柱。选中灯托，向下复制一份作为灯柱，调整高度和半径数值，使灯柱与灯泡的比例适宜。

③ 制作灯座。选中灯柱，再次复制两份圆柱体作为灯座，调节高度和半径后，框选所有对象，使用 ⊞群组对象 快捷键 [Alt+G] 进行打组，完成一盏灯的制作，如图 4-1-12 所示。

图　4-1-11

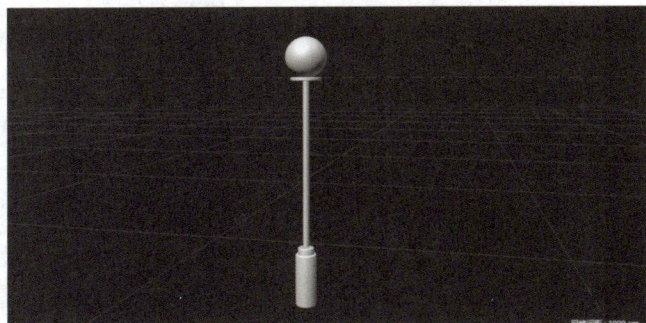

图　4-1-12

　　🖐 在这个案例中，①可以将复杂模型看作由多个简单模型搭建而成，灵活运用复制功能来代替反复创建新模型。②在制作过程中，要注意整体与细节的比例调整，构建时不断审视、调整模型的大小、形状和位置，以确保模型的整体感强且比例协调。③复制功能的快捷键为按住 Ctrl 键的同时拖动想要复制的对象进行移动。

> **消防栓**

　　① 单击🗄圆柱体创建消防栓的盖顶，调整高度等比例参数，勾选封顶/圆角进行倒角处理◇圆角☑，增加旋转分段数值，让圆柱看起来更光滑。接着，选中圆柱进行复制并稍微缩小，如之前的路灯案例一样，做出物体堆叠结构的外观。

　　② 再次复制一个圆柱体，调整封顶的分段及半径数值，使其看起来像一个椭圆形。最终效果如图 4-1-13 所示。

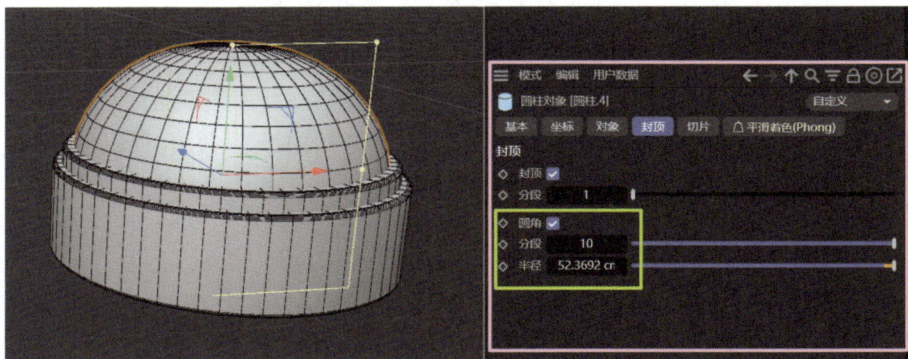

图　4-1-13

③ 制作消防栓的主体栓身和底座。复制圆柱体，拉高以完成栓身制作。通过复制和调节参数，制作出有堆叠感的底座。同时，创建一个 ⬚ 立方体来丰富消防栓的顶部结构，如图 4-1-14 所示。

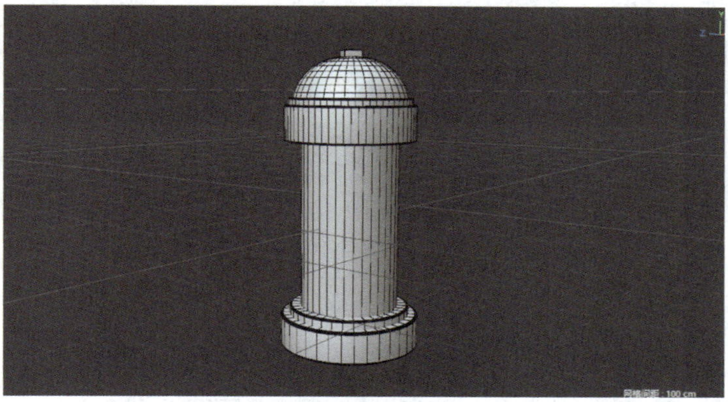

图　4-1-14

④ 制作消防栓水管的横向接口。创建一个 ⬚ 圆柱体，旋转并按住 [Shift] 键以便精确调整角度，或直接在坐标栏中修改 Y 轴角度，如图 4-1-15 所示。

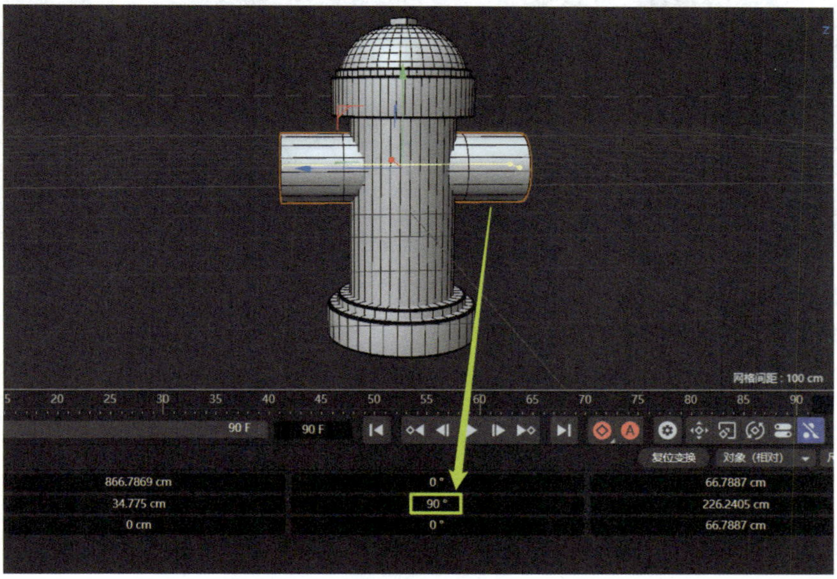

图　4-1-15

⑤ 制作细节。调节圆柱体的半径和高度，使其与整体比例适宜，将圆柱体旋转并移动到栓身的一侧，调整好位置，勾选圆角以平滑边缘，并增加旋转分段，细化两端结构的细节。

⑥ 复制栓顶上的立方体，使用 ⬚ PRS 转移将小方块的 X、Y、Z 坐标及中心与圆柱体对齐，如图 4-1-16 所示。

⑦ 使用 ⬚ 套索选择和 ⬚ 实时选择工具调整结构。套选整个水管接口的对象，按住 [Ctrl] 键沿 X 轴复制并旋转 180°，使用 ⬚ 群组对象 快捷键 [Alt+G] 进行打组。添加 ⬚ 对

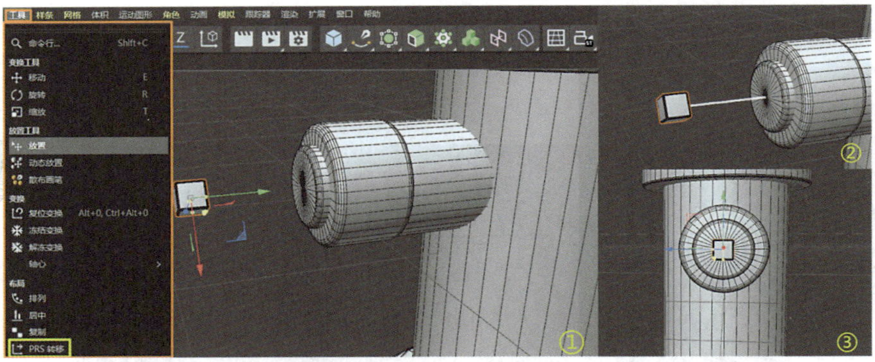

图　4-1-16

称功能，并将其设为编组的父级。再次框选所有对象并使用 ⊞ 群组对象 快捷键 [Alt+G]进行打组，完成消防栓的搭建，如图 4-1-17 所示。

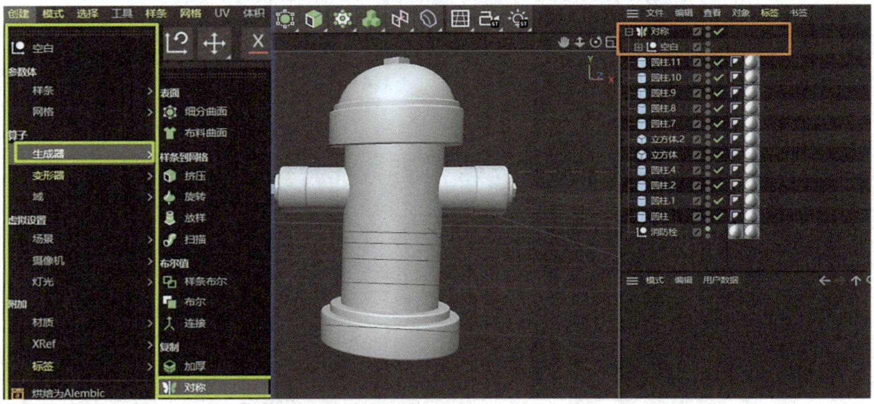

图　4-1-17

☞ 在这个案例中，①灵活掌握基本工具的快捷键可以大幅提高效率，旋转、套索选择和实时选择的快捷键分别是字母 R、数字 8 和数字 9。在使用旋转功能时，按住 [Shift]键可以以 5°的夹角精确旋转选中对象。②对齐物体时，除了在多视图中手动移动对齐，还可以使用 🦋 对称功能。选择需要对齐的组对象，添加生成器中的 🦋 对称功能，并将对称设置为组的父级，以更方便地实现对称效果。

➤ **小邮筒**

① 在开始制作邮筒模型之前，可以先通过搜索参考图像来辅助设计，图 4-1-18 左边的邮筒是该案例使用的邮筒参考图。

② 单击 🔳 圆柱体创建筒身，调整高度并适当增加旋转分段。在此基础上创建一个 🔳 圆柱体，调整高度并移动到邮筒顶部。向下复制并缩小宽度，作为投信口下端的环状结构，如图 4-1-19 所示。

③ 根据上述案例的思路，在模型模式下复制圆柱体，调整半径做出邮筒底座的堆叠效果。创建新的 🔳 立方体丰富邮筒细节，勾选圆角以平滑边缘，调整大小和厚度，效果如图 4-1-20 所示。

图　4-1-18

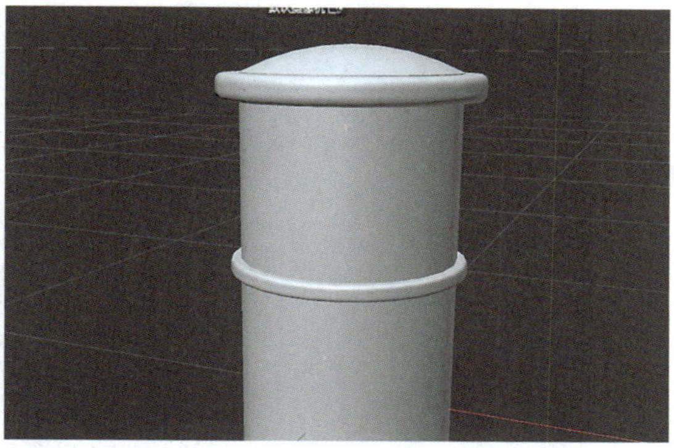

图　4-1-19

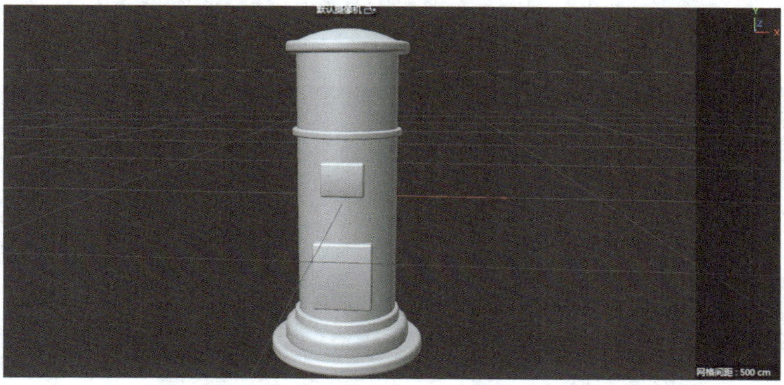

图　4-1-20

④ 创作投信口。复制 ⬛ 立方体并用 🔳 布尔工具实现内凹效果,选中筒身和立方体,将它们移动到布尔运算中作为子级,选择"A 减 B"布尔类型,注意邮筒和立方体的上下顺序,效果如图 4-1-21 所示。

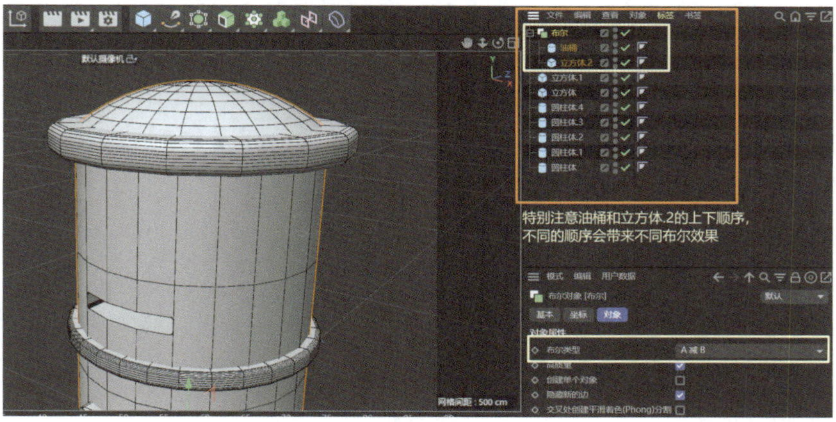

图　4-1-21

⑤ 制作邮筒顶部的球形花纹。创建 🔵 球体并进行 ⚙ 克隆,克隆功能为球体父级,调整球体的位置、大小,修改克隆数量、半径等参数,如图 4-1-22 所示。

⑥ 选中所有对象并使用快捷键 [Alt+G] 进行打组,完成小邮筒的模型制作,如图 4-1-23 所示。

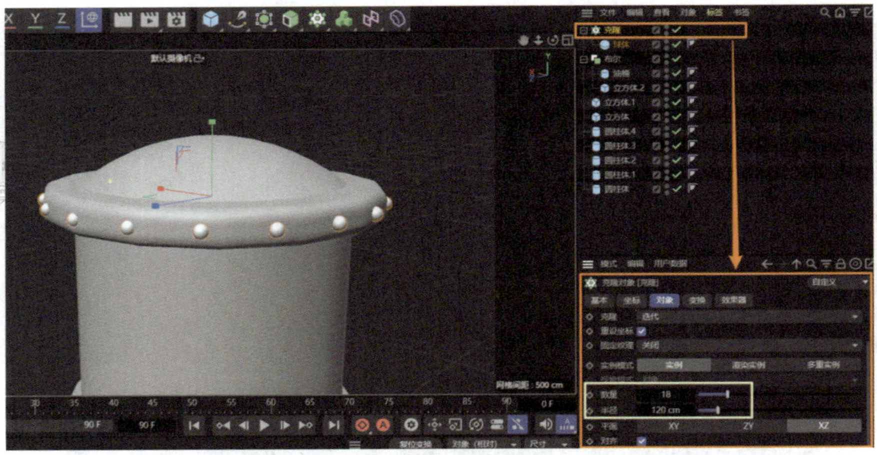

图　4-1-22

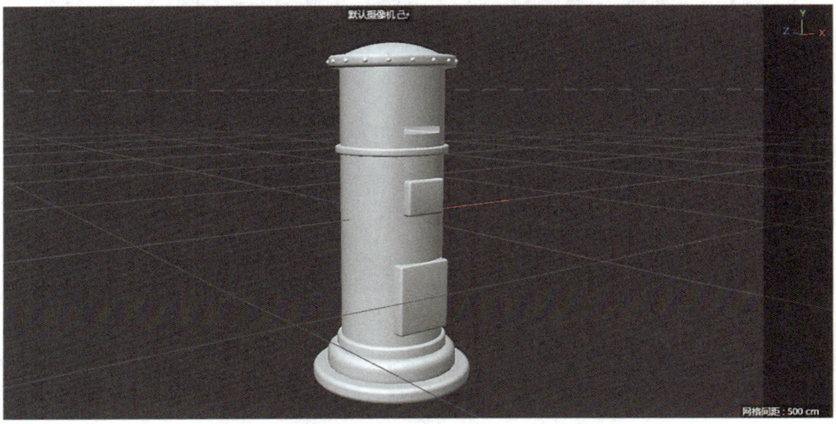

图　4-1-23

在这个案例中，①在■布尔运算时，确保两个物体有接触，并根据需求选择适当的布尔运算类型，布尔层级下的第一个物体会与第二个物体进行运算，因此二者的顺序非常重要。②■克隆可以将一个或者多个模型、群组按一定的规律分布到整个场景中，在这个克隆过程中，模型变成了运动图形，这意味着可以通过效果器对生成的运动图形进行权重影响，从而制作更加复杂的场景和动画。

> ➤ **广告牌**

① 创建■立方体作为广告牌的展示面。调节大小后复制两个支脚，确保支脚比牌面薄，勾选圆角以平滑边缘。切换到正视图，确保两个圆角的对称。

② 将广告牌转为■可编辑对象，此时对象成为一个点、线、面的集合体■，如图 4-1-24 所示。

③ 展示牌转为可编辑对象（C）后，在面模式下，选中展示牌正面，使用■嵌入工具向内挤压出新的平面，选中该面并使用■挤压工具向内推，突出纵深感。

④ 添加■倒角变形器，增加边缘细分数使效果更加精致，同时确保勾选倒角属性面板中的使用角度◇ 使用角度☑，如图 4-1-25 所示。

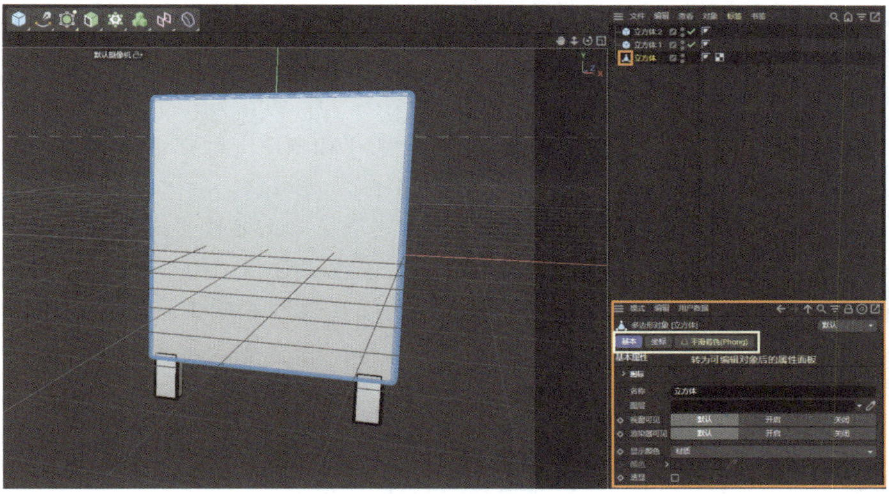

图 4-1-24

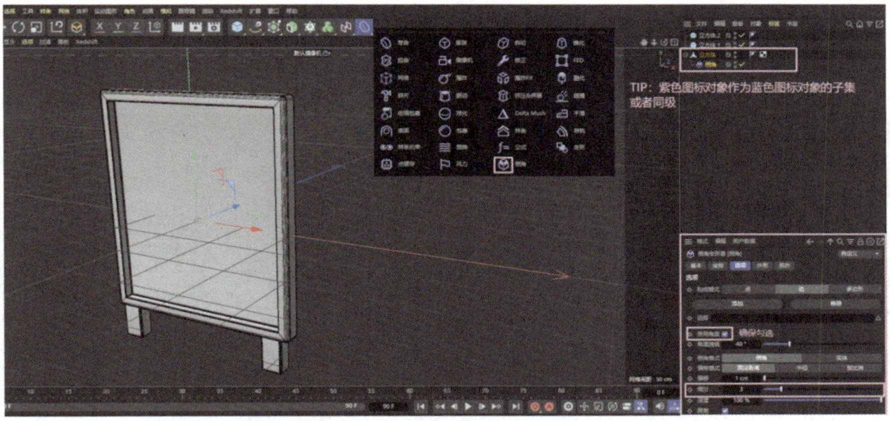

图 4-1-25

⑤ 选择对象面板中的所有对象,使用群组对象 ⊞ 群组对象 快捷键 [Alt+G] 进行打组。选中组对象后旋转,使其小幅倾斜。将组对象坐标切换为世界坐标后,水平复制出另一个展示牌并旋转 180° 以使其看起来更加自然。透视工具的参数面板和效果如图 4-1-26 所示。

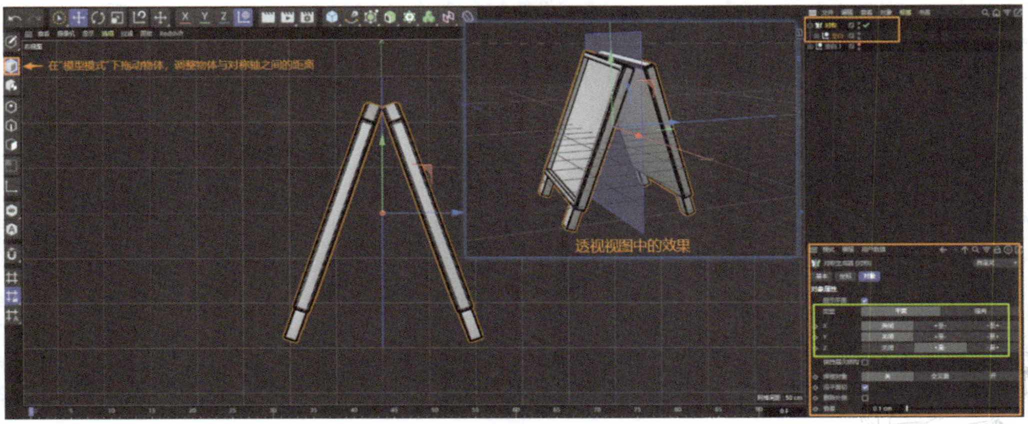

图 4-1-26

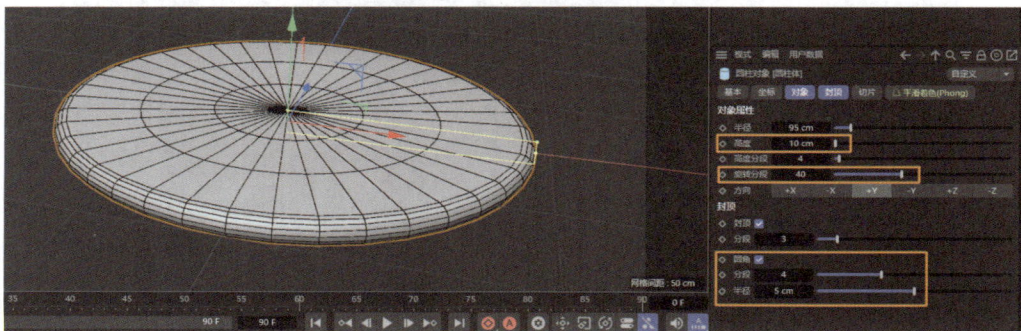

⑥ 丰富广告牌细节。创建🔵圆柱体作为两个展示牌之间的合页螺丝。切换顶视图，调整螺丝的大小和位置并使用🦋对称工具制作另一个螺丝。用群组对象⊞ 群组对象快捷键 [Alt+G] 进行打组，完成广告牌的模型制作，如图 4-1-27 所示。

☞ 在这个案例中，①参数化对象转为可编辑对象后，属性面板也发生了改变。可编辑模式下的对象具有点、线、面的选择集和编辑工具，可以辅助制作更精确的形状和细节。②变形器通常被放置在变形对象的子级中。如果需要变形多个对象，则可以放置在多个对象同级的编组中。③图 4-1-26 中除了旋转，也可以使用🦋对称工具做出同样效果。在🦋对称工具下，对称物会随着本体的调整同步变化。

图 4-1-27

> ### 小桌椅

① 制作桌面。单击🔵圆柱体创建桌面，调节大小、高度和圆角，增加旋转分段，属性面板和效果如图 4-1-28 所示。

图 4-1-28

② 复制🔵圆柱体制作桌子的桌腿和底盘，调整大小和位置。使用⊞ 群组对象快捷键 [Alt+G] 打组，完成桌子的基本搭建，如图 4-1-29 所示。

③ 通过多边形建模制作椅面。创建🔵立方体作为椅面，调节大小和厚度后转为✏️可编辑对象，在线模式下，使用🔶循环切割工具进行横切，形成一个新窄面。切换到面模式，选择窄面并使用⬡挤压工具向上挤拉出椅背，如图 4-1-30 所示。

图 4-1-29

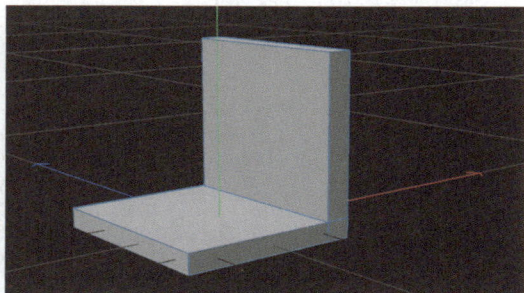

图 4-1-30

数字三维设计从创意到创作

④ 制作椅腿。在线模式下,使用 ⬡ 循环切割工具切出椅腿的四个面。切换为面模式,按住 [Shift] 键加选角落的四个面,向下 ⬢ 挤压制作椅腿。为椅子添加 ⬢ 倒角编辑器以平滑边缘,效果如图 4-1-31 所示。

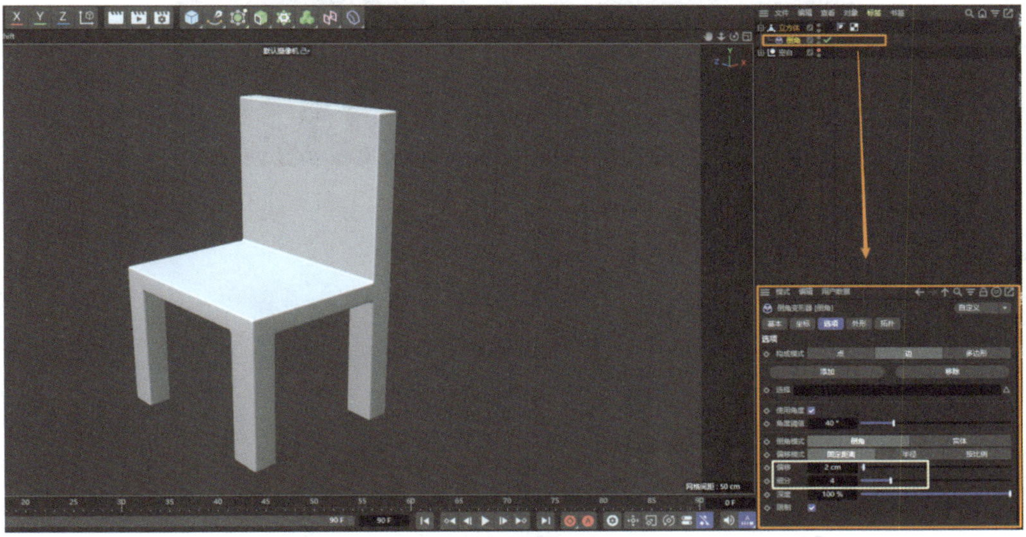

图 4-1-31

⑤ 选中椅子,使用 ⚙ 克隆工具作为椅子的父级,修改属性面板的对象 / 模式为放射,平面为 XZ,数量为 4,调节半径以设置椅子的间距。在变换标签下设置旋转 H 的角度,数值为 90°,克隆效果与属性面板如图 4-1-32 所示。

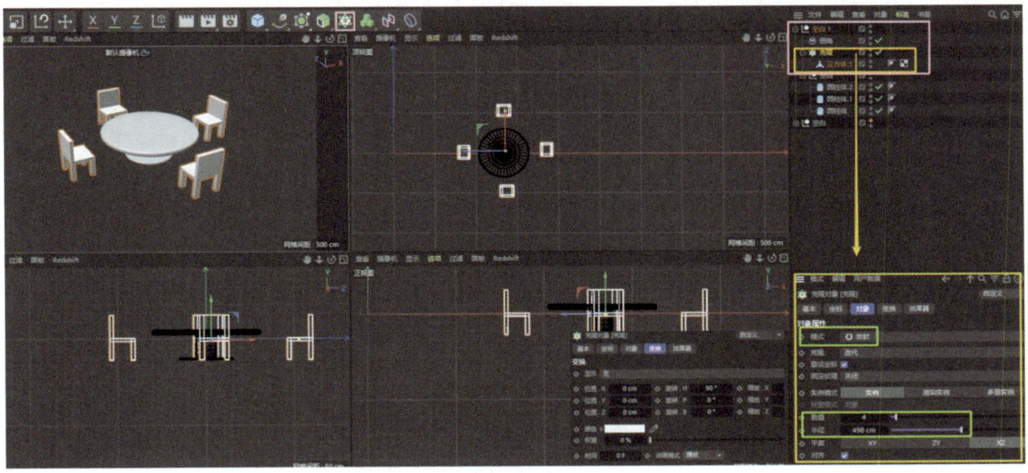

图 4-1-32

⑥ 整理桌椅的位置关系。选中桌子和四把椅子,使用群组对象快捷键 [Alt+G] 打组,再次添加 ⬢ 倒角编辑器使效果更精致,最终效果如图 4-1-33 所示。

☞ 在本案例中,①除了复制,切割和 ⬢ 挤压工具同样可以制作丰富的块面形状,注意使用时对应的点、线、面模式。⬢ 挤压的快捷键为字母 D。②如图 4-1-32 所示,制作多把椅子时,除了使用 ⚙ 克隆功能,也可以复制三把椅子后直接进入多视图视角,使用旋转和移动调整椅子的位置和朝向。

图　4-1-33

📖 白模渲染

　　白模渲染是模型完成后非常关键的一步，能帮助设计师检查模型的整体形状、比例和光照效果，确保没有明显的设计和模型问题。即使是最简单的白模渲染，也经历了灯光（包括环境）、材质、摄像机（默认）以及渲染设置的完整流程。

➤ 白模渲染设置

　　① 创建一个 🎥 摄像机，并在小方框 🎥 摄像机 ∅ ⬚ 中单击激活该摄像机，激活后，"绿色的小图标"从灰色变为白色，该摄像机会替换原视图面板中的默认摄像机。

　　② 右击新创建的摄像机，选择装配标签/保护，添加 🚫 保护标签，以防误操作后镜头移动。

　　③ 设置场景灯光。添加 🌫 物理天空，以提供光源与环境，效果如图 4-1-34 所示。

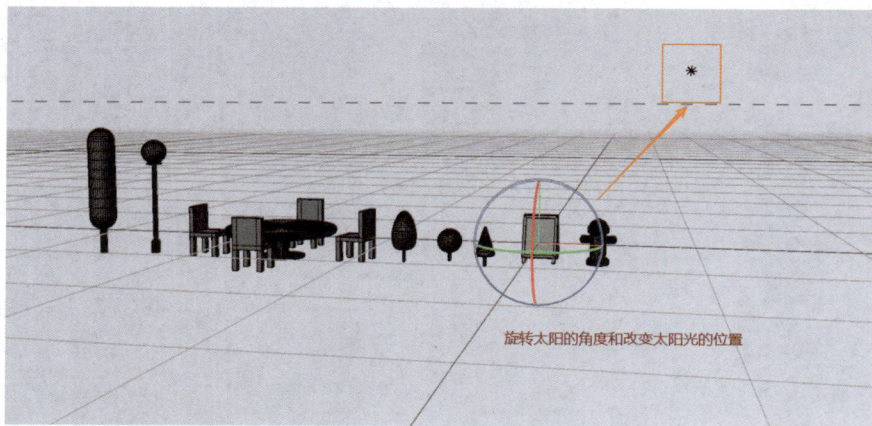

图　4-1-34

　　④ 调整太阳的角度和位置，确保渲染场景有适当的光照条件，避免过暗或者过亮的区域。双击材质面板创建默认材质球。打开 🎬 编辑渲染设置。勾选材质覆写 ☑ 材质覆写，在自定义材质一栏拖入刚创建的材质球，使模型统一附上白模材质，如图 4-1-35 所示。

　　⑤ 打开编辑渲染设置，将渲染器切换为物理，输出效果标签/宽高设置为 1920×1080，分辨率调整为 300dpi。单击效果添加全局光照，预设选择内部 - 预览（小

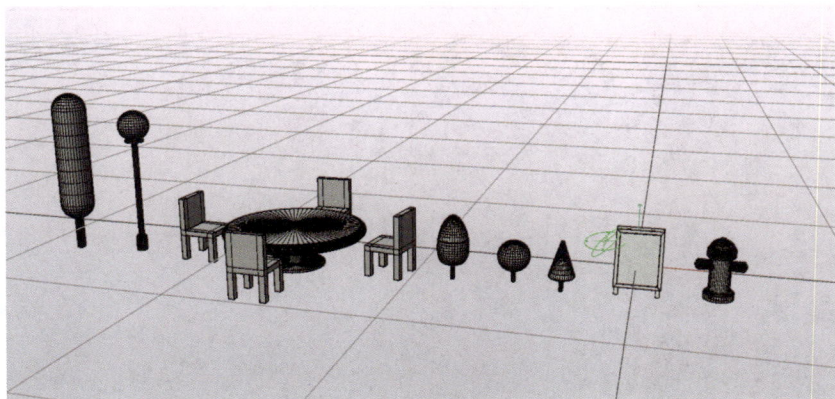

图　4-1-35

光源），设置伽马值为 1.2，再次单击效果添加环境吸收。在颜色一栏中降低灰度数值，避免渲染效果黑色阴影过重，将最大光线长度调为 10cm。

⑥ 单击 ▶ 渲染到图像查看器 [Shift+R]，效果如图 4-1-36 所示。

图　4-1-36

⑦ 为了提高渲染图的质量，可打开渲染编辑器设置采样品质为中档，在物理效果标签中，将模糊细分 / 阴影细分 / 环境吸收细分都设置为 4。单击左侧最下方渲染设置处保存预置，重命名后可设为常用的渲染设置。本案例中的渲染设置如图 4-1-37。

⑧ 当渲染图在图像查看器渲染完毕后，单击面板上的 / ⬇ 将图片另存，也可以将整个工程文件资源打包，作为个人数字预设资源使用。

☞ 在这里，①全局光照（Global Illumination，GI）和环境吸收（Ambient Occlusion，AO）是提升渲染效果的关键技术。GI 涉及光线的二次反弹算法，可以更好地模拟大自然光线的反射情况，使画面更真实，有助于改善渲染中出现的死黑情况。AO 则是光和影子对周围环境和物体状况的反应，可以对物体相接处或物体本身折角处产生的阴影进行处理，使阴影效果更真实。②伽马值可理解为灰度值，增加该参数数值可提高场景的亮度。

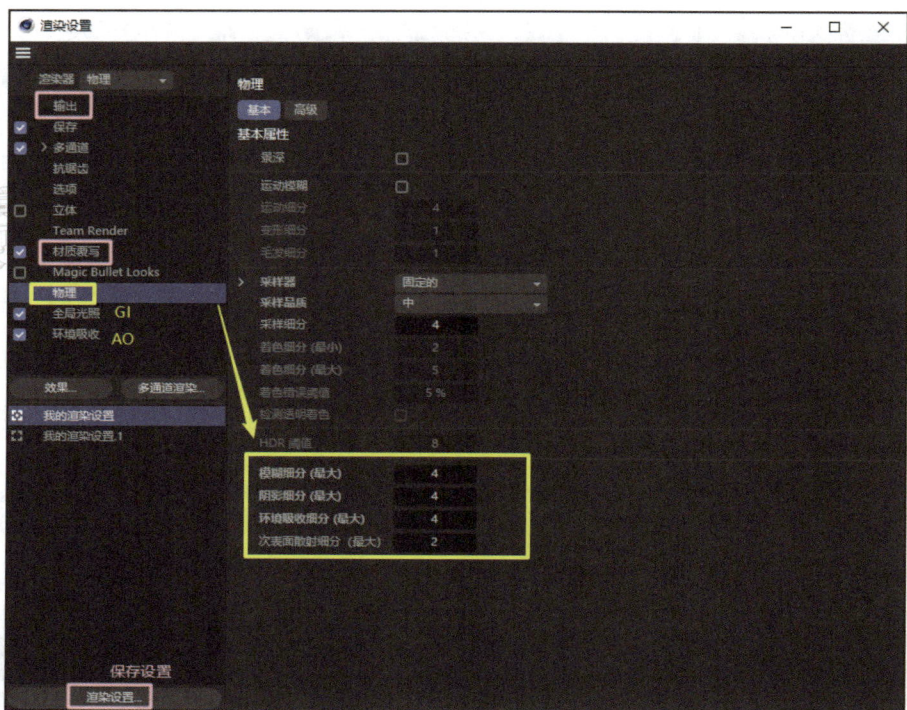

图　4-1-37

二、像做蛋糕一样建模

烘焙蛋糕、制作小饼干、手作糕点仿佛已经成为当代社会中一种富有创造性的放松爱好，"为自己撒糖，让生活发酵"似乎很好地诠释了做蛋糕的甜蜜与美好。初到大学城时尝到的有趣美食，可能是家乡的特色早点，也可能是一块奶油飘香的蛋糕，或者是"放弃不能"的各式奶茶与冰品。在日常生活中，观察这些特色食物，我们可以通过参数化样条线结合生成类工具（NURBS 非均匀有理 B 样条），配合变形器、运动图形克隆工具等进行更复杂的组合与变形，完成曲面建模。就像做蛋糕一样，样条线作为初始的模具，不同的生成工具好比蛋糕坯，可以逐步形成三维模型。这种建模方式类似于制作蛋糕的过程，通过多种组合与形态变换形成三维模型，如图 4-2-1 所示。

做蛋糕建模的基本"原型"组件可以归纳为三大类。首先，掌握样条线的绘制，它是整个建模过程的基础；其次，理解挤压、扫描、旋转、放样等常见的生成类曲面建模工具，这些工具能够将二维的样条线转换为立体的三维结构；最后，熟悉运动图形克隆和变形器等功能，它们能够增加模型的复杂度和趣味性。通过观察生活中常见的食物形态，将其抽象为简单的几何造型，并结合趣味的人格化表情进行模拟，可以创作出富有吸引力的特色设计，就像赋予了它们生命感一样，如图 4-2-2 所示系列。图 4-2-3 展示了样条线绘制的相关基础操作，可以帮助设计者了解如何开始构建基本的"模具"部分。

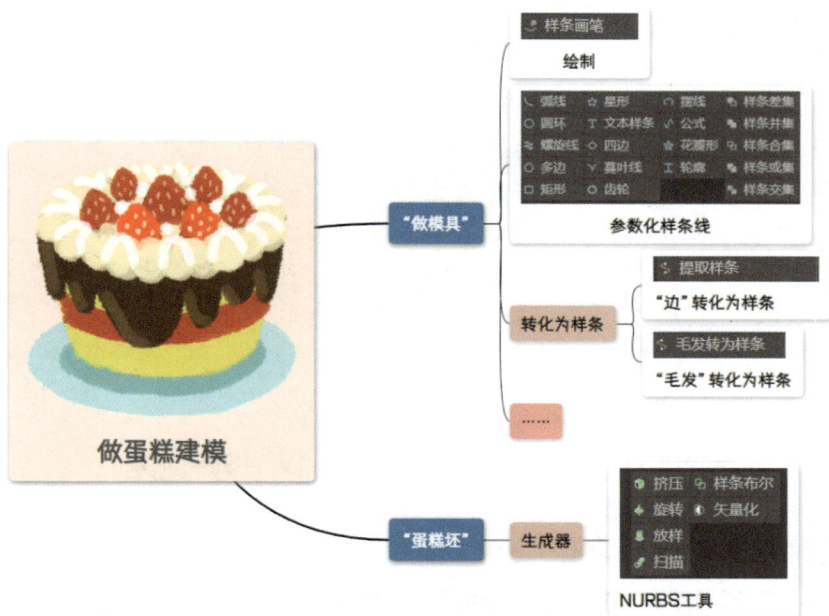

图　　4-2-1

图　　4-2-2

图　　4-2-3

📖 做点小零食

小零食的"原型"设计思路在于利用重复性元素（如圆形和方形），通过大小的渐变、堆叠和堆压来构建出多层"糕点"的造型。重复性的堆叠元素主要通过"挤压🟩"功能来实现，简洁的几何形体组合能够快速形成基础的结构。与此同时，通过添加有趣的表情等细节，可以使这些设计更具吸引力，赋予它们拟人化的特征，从而让设计富有趣味和情感（图 4-2-4）。

图　4-2-4

> ➤ 小蛋仔

① 首先，新建圆柱体🛢，在属性栏的模式中选择对象 对象 ，将方向调整至 Z 轴；然后，使用移动工具➕降低圆柱 Z 轴的数值使圆柱变薄；接着，在属性栏的封顶 封顶 中打开圆角◇ 圆角 ，增加转角的圆润度，如图 4-2-5 所示。

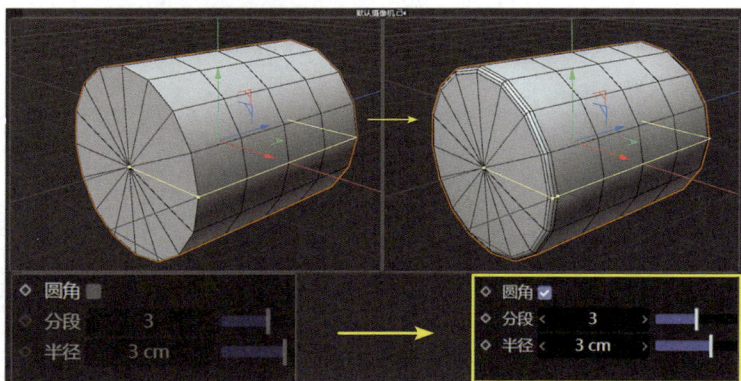

图　4-2-5

② 增加圆角半径，压缩物体中心的小黄点，调整各项参数以获得平滑的蛋清形状，如图 4-2-6 所示。

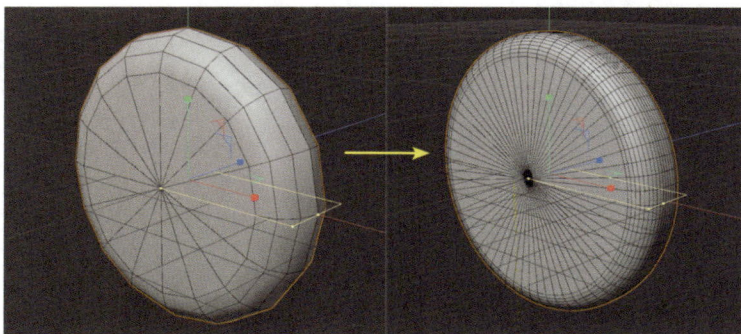

图　4-2-6

③ 选中上一步的圆柱🛢，使用移动工具➕ [E] 并按住 Ctrl 键，沿 Z 轴方向复制缩小，置于蛋清前面以制作蛋黄；再次使用相同操作，按住 Ctrl 键移动蓝色箭头复制圆柱，缩小半径并增大圆角半径，制作小蛋仔的鼻子，如图 4-2-7 所示。

图 4-2-7

④ 新建胶囊 ，按 E 键移动并缩小 [T] 物体，按 R 键旋转调整位置，调整好后按住 Ctrl 键复制胶囊，旋转并使两片胶囊交叉呈 X 形状，作为小蛋仔的眼睛。按住 Shift 键的同时选中两个胶囊打组（快捷键 [Alt+G]），并修改组名。

⑤ 得到另一侧的眼睛有两种方式。第一种：选中上一步制作的眼睛，并按住 Ctrl 键移动复制。第二种：选中眼睛，选项通过使 对称作为眼睛的父级；再次选中眼睛，使用移动工具 [E] 调整双眼之间的距离，如图 4-2-8 所示。

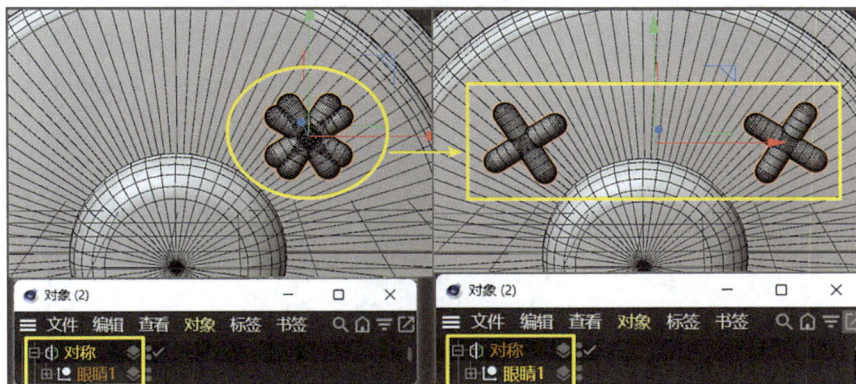

图 4-2-8

⑥ 单击鼠标中键切换为正视图，新建样条线 ，画出弧形，如图 4-2-9 所示。

图 4-2-9

⑦ 切换回主视图，保持模型模式 ◼，新建圆环截面 ◯，保持截面位于样条线的上方。调整圆环的半径，通过扫描工具形成立体的嘴巴，如图 4-2-10 所示。最后，选中创建的样条线，在点模式下 ◉ 对样条线中的各点进行调整，使其更加圆润。

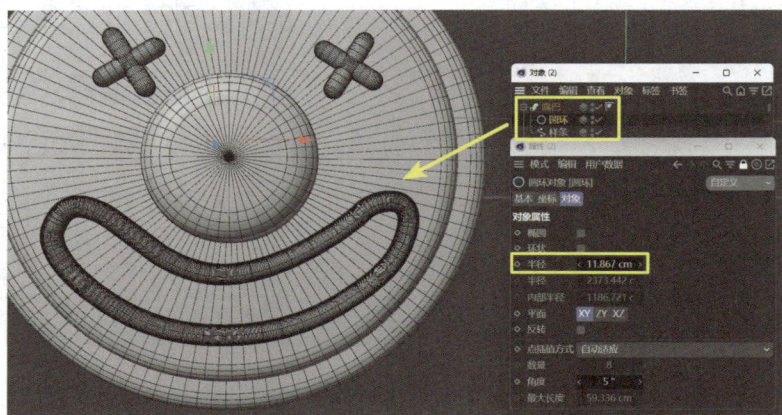

图　4-2-10

如果需要对已经完成的嘴巴进行调整，可以按 Q 键隐藏父级对象工具，以便调整细节，如图 4-2-11 所示，完成调整后，鸡蛋仔的模型如图 4-2-12 所示。

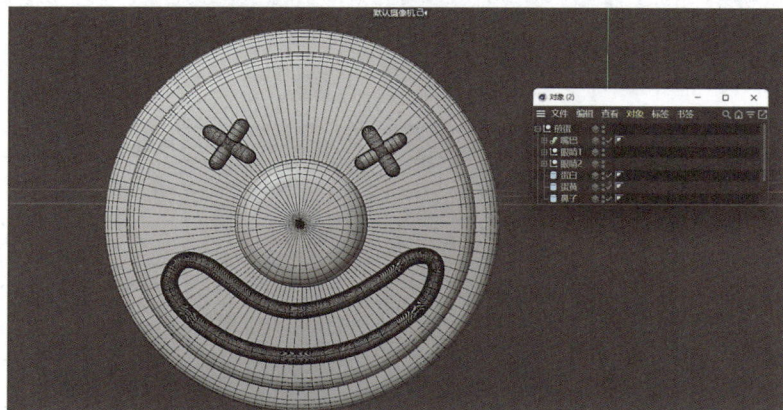

图　4-2-11

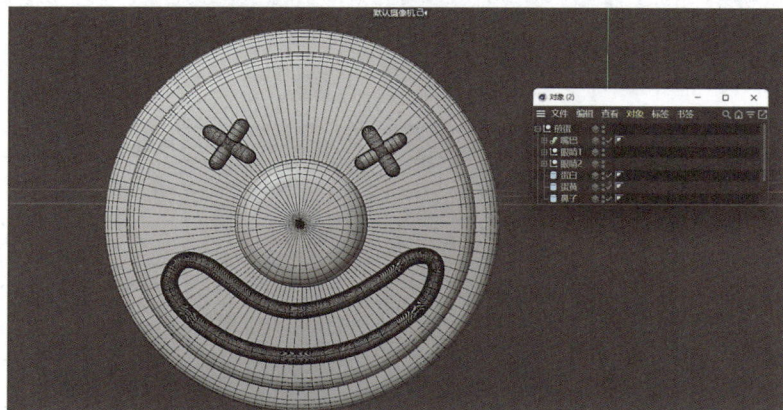

图　4-2-12

在这个案例中，①为了更清楚地查看模型的制作状态，可以打开管理器 显示 中的样条线选择 快速着色 (线条) N~D [N~D]。②通过图标设计上显示的白色线条可以看出，挤压功能 至少需要一根样条线。扫描 至少需要两根样条线，一根样条线和一个截面线条结合使用，且在对象面板中截面需要保持在样条线上面，如图 4-2-10 所示。③使用扫描工具制作的图形完成后，如果需要对样条线进行调整，可以按 Q 键隐藏父级对象工具，以进行修改，如图 4-2-11 所示。

➤ 面包片（图 4-2-13）

① 长按样条线工具，创建一个矩形样条线 □，如图 4-2-14 所示。

图　4-2-13

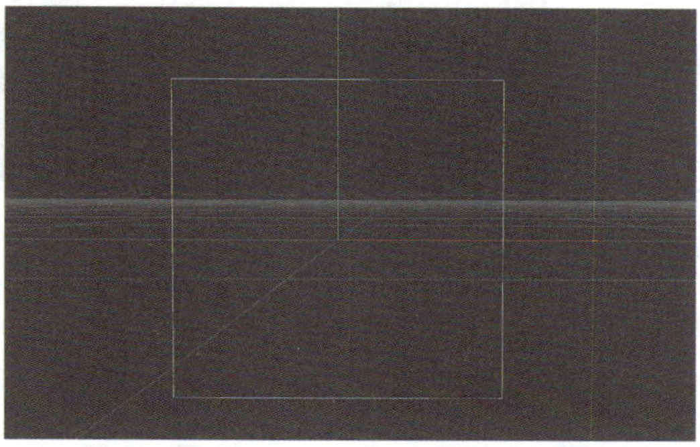

图　4-2-14

② 使用鼠标中键切换到正视图，进入点模式 ，将矩形切换为可编辑对象 [C]。按住 Shift 键同时选中矩形的四个顶点，右击选择倒角工具 倒角，并在属性栏中调整倒角半径，选择应用 应用，得到四角圆滑的方形，如图 4-2-15；然后切换到框选工具 框选，选中方形的点，使用移动工具和曲柄调节点共同调整形状，得到类似面包片的形状。

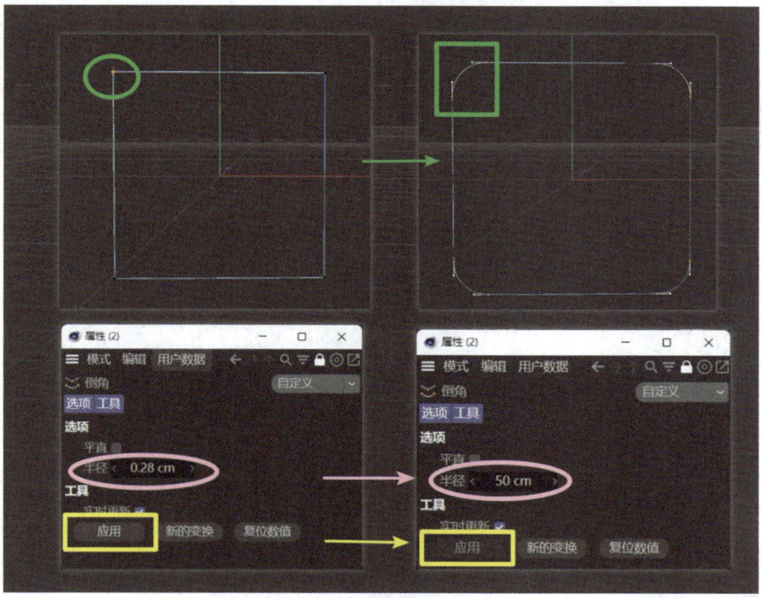

图　4-2-15

③ 按住 Alt 键新建父级并单击挤压工具█，缩小挤压对象的偏移数 偏移 并调整至适当的厚度，使用蓝色轴线（Z 轴）控制面包片厚度，如图 4-2-16 所示。

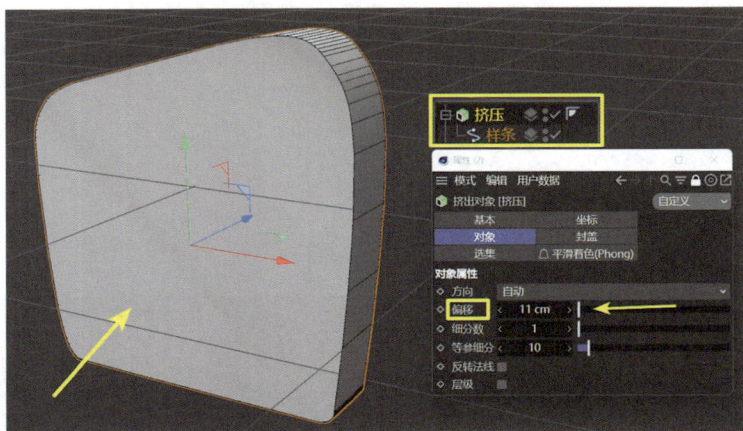

图　4-2-16

④ 单击上一步的挤压对象，勾选独立斜角控制独立斜角控制，分别调整起点和终点的倒角分段和尺寸，得到圆润的蛋糕坯，如图 4-2-17 所示。使用移动工具█并按住 Ctrl 键复制面包片，切换到缩放工具 [T] 并缩小得到雏形，如图 4-2-18 所示。

图　4-2-17

图　4-2-18

⑤ 新建球体🔵，调整半径得到眼睛；新建胶囊🔵，控制黄色小点调整成细长的眉毛；选中胶囊，在 工具 工具中选择 PRS 转移 ⤴ PRS 转移 工具，将胶囊转移到眼睛的位置，再将眉毛的位置调整到眼睛上；最后将眼睛和眉毛打组 [Alt+G]，命名为"表情组"，按住 Alt 键创建父级对称工具🔷，完成眼睛的制作，如图 4-2-19 所示。

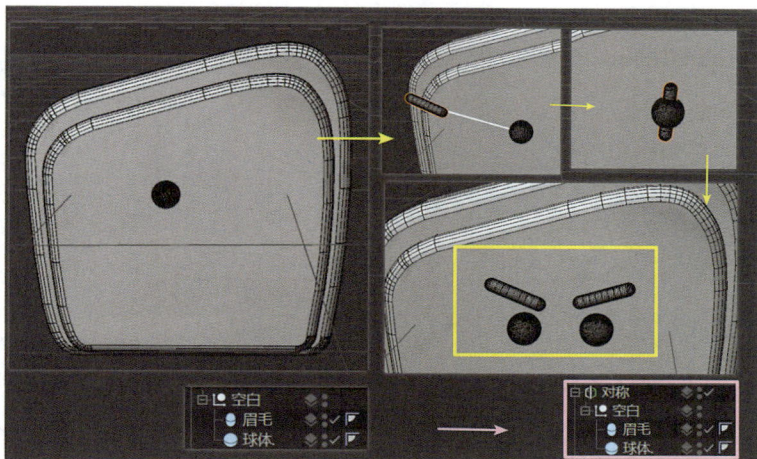

图　4-2-19

⑥ 新建圆锥🔷，在属性栏中勾选封顶 封顶 的底部 底部 并调整半径，增加圆角数值以使底部变得平滑，如图 4-2-20 所示。将圆锥放入上一步的表情组中，并使用 PRS 工具将圆锥与眼睛的中心对齐，如图 4-2-21 所示。

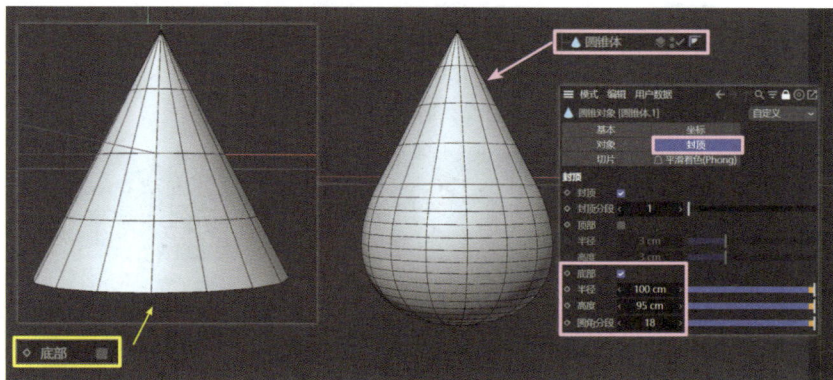

图　4-2-20

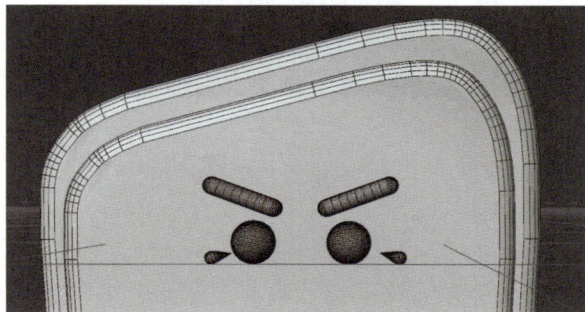

图　4-2-21

⑦ 按住 Ctrl 键向下复制眼球，在复制的球体属性栏中单击对象 对象 ，将类型调整为半球体 类型 半球体 ，在坐标中 坐标 将 R、B 的数据设置为 180° 以进行旋转；在对象的基本 基本 属性中，选择显示颜色为自定义 显示颜色 自定义 ，设置一个较浅的蓝色作为眼泪的颜色用以区分，确认后关闭对称选项 对称 以显示颜色，如图 4-2-22 所示。

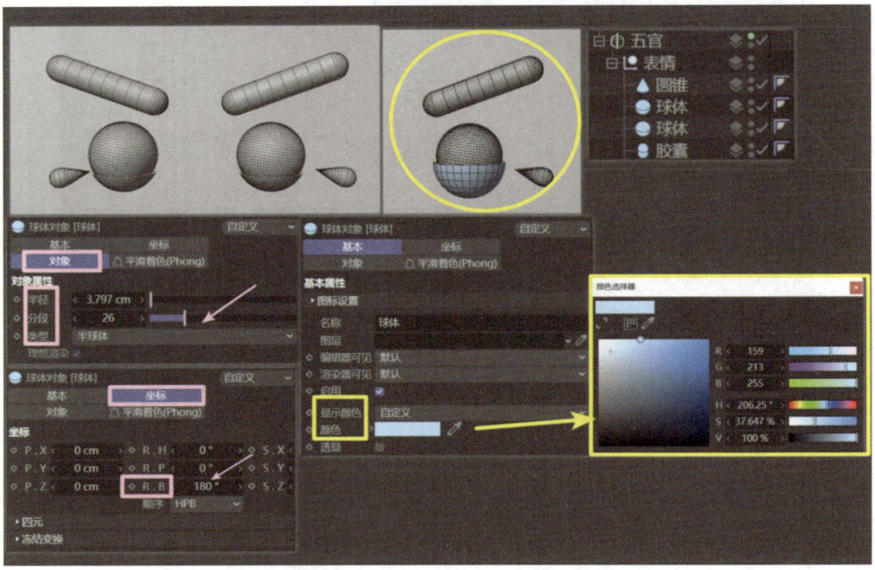

图 4-2-22

⑧ 将复制的半圆转换为可编辑对象 [C]，进入面模式 ，右击选择封闭多边形孔洞 封闭多边形孔洞 [M~D]，单击需要封闭的开口处进行封口；按住 Alt 键为半圆创建父级细分曲面，完成泪花的制作，如图 4-2-23 所示。

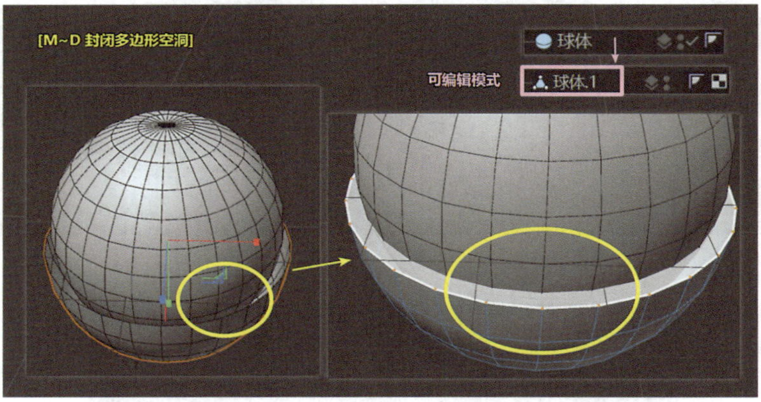

图 4-2-23

⑨ 单击鼠标中键切换至正视图，使用样条线 绘制嘴巴，在点模式 下对各个点进行细致调整，如图 4-2-24 所示。

⑩ 切换回主视图，增加一个圆环样条线 ，并创建扫描工具 ，将样条和圆环作为扫描的子级。调整圆环的半径，完成嘴巴的制作，如图 4-2-25 所示。

图　4-2-24

图　4-2-25

👉　在这个案例中，①在将对象转换为可编辑对象 [C] 后，可以对对象的点、线、面进行细致调整，在面模式下，右击选择封闭多边形孔洞可以快捷封口。②使用工具栏中的 PRS 转移功能可以快速对齐两个物体的轴心。如果对称图形的轴心无法对齐，则先单击关闭对称功能，再进行连接即可。③快捷键 W 可以复位物体的坐标为世界坐标。④绘制面包片的另一种方式是：使用样条线 绘制面包片形状，然后用框选工具 [0] 选中节点，灵活运用缩放工具 [T] 和移动工具 [E] 来修改面包片的形状，如图 4-2-26 所示。

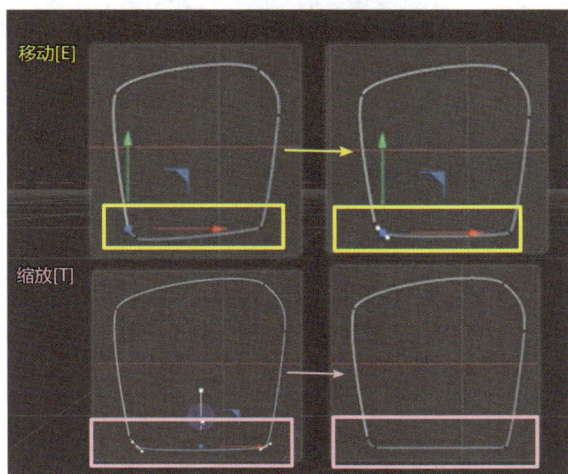

图　4-2-26

📖 做点饮品雪糕

可爱的多肉水果杯、充满快乐氛围的多巴胺汽水、让人愿意等半小时买一杯的奶茶，这些饮品和雪糕的"原型"设计思路可以归纳为对不同轮廓的柱状对象进行抽象构建。无论杯子、瓶子还是其他特殊柱状造型体，都可以理解为以下两种造型方式的组合：一种为纵向截面旋转360°，另一种为横向截面渐次堆叠，而这种思路对应的正是旋转🔩功能和放样🔩功能。前者是通过旋转🔩工具将一个样条线绕中心轴旋转，生成具有对称性的三维物体，这种方式适用于制作瓶子、杯子等圆润、对称的物体。后者是通过放样🔩工具将一个或多个横向截面渐次堆叠，逐步构建出复杂的形状，这种方法适合制作不规则形状，或者渐变变化较多的物体，比如一些特殊的柱状造型体。通过旋转和放样工具，将普通的二维样条线转换为三维模型，可以使原本简单的几何体变得更有趣且更富于变化。灵活运用这两种方法可以生成多样化的饮品和雪糕造型，为设计增添个性和创意，展现独特的视觉效果（图 4-2-27）。

> **冰激凌杯**

① 单击鼠标中键切换至正视图，用样条线🔩绘制杯体的轮廓形状；按住 Alt 键为杯子创建父级旋转工具🔩，生成完整的杯体，如图 4-2-28 所示。

图　4-2-27

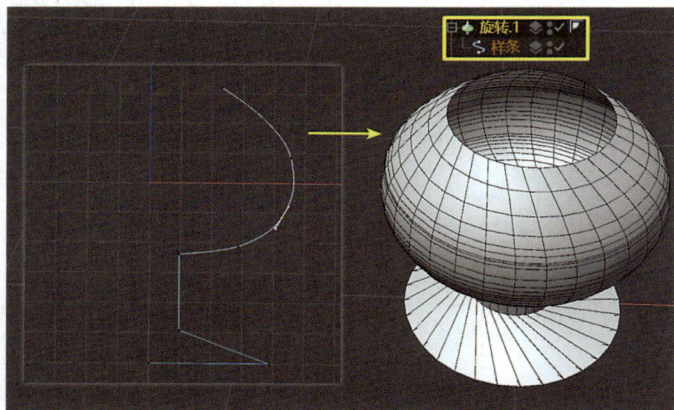

图　4-2-28

② 切换回正视图，选中旋转对象，按 Q 键关闭父子级关系，选择样条线，进入点模式🔩，右击选择创建轮廓🔩，然后按住鼠标左键向右平移，为对象增加厚度，之后按 Q 键切换父子级关系，回到正视图检查杯子的形状，如图 4-2-29 所示。

③ 单击鼠标中键切回正视图，按住 Shift 键并同时选中右下的点，换 T 键选择缩放工具，沿绿轴向下拉伸，当缩放为 0 时，两点保持平行；接着同时选中垂直方向的两个平行点，将它们在 X 轴上的位置设置为 0，使其对齐，如图 4-2-30 所示。

④ 在点模式下选择杯底外边缘的点，右击选择倒角工具😊，在属性中调整倒角半径使边缘变得圆滑。杯子的另一侧也使用相同的步骤进行倒角，如图 4-2-31 所示；杯口边缘处也相同。在制作过程中，可以随时回到透视视图按 Q 键切换检查形状。

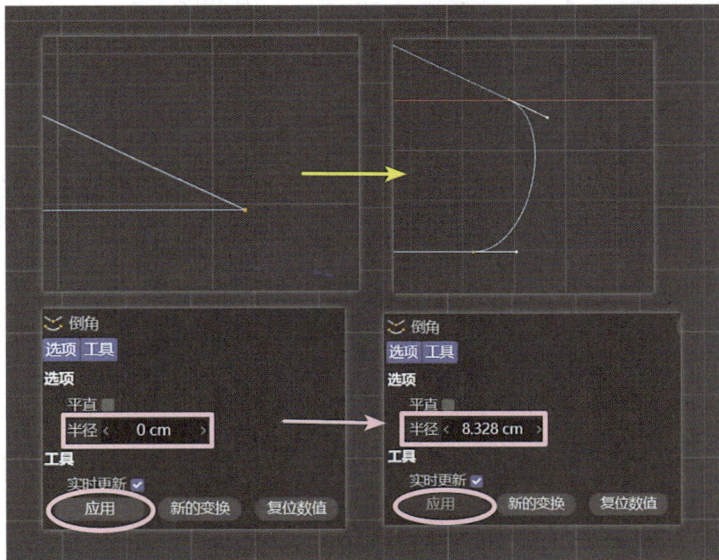

图 4-2-29

图 4-2-30

图 4-2-31

⑤ 回到正视图，使用样条线 ![icon] 绘制杯中的液体，选中垂直靠近 X 坐标轴的两点，将它们的 X 轴位置设置为 0；选中刚绘制的样条线，按 Alt 键创建父级旋转 ![icon] 工具，生成液体的形状实体，得到装有液体的杯子，如图 4-2-32。

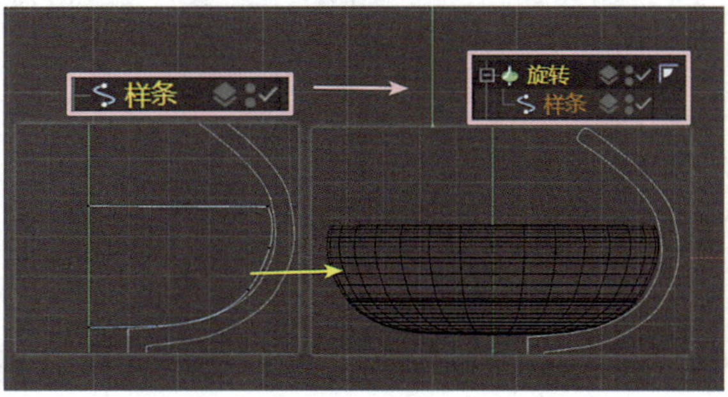

图 4-2-32

⑥ 可以复制面包片的表情以提高效率，使用移动工具 [E]，按住 Ctrl 键将五官复制并拖曳至杯子的位置；按 W 键将物体的坐标轴归正，选中眉毛（胶囊），按 R 键使其从生气的表情转变成无辜的表情，如图 4-2-33 所示；也可以重新设计其他趣味表情。

⑦ 单击嘴巴分组中的样条线，按 Q 键切换父子级，在点模式下调整嘴巴的形状，如图 4-2-34 所示；制作完成后对所有对象进行打组 [Alt+G]，命名为"冰激凌杯"并保存。

图 4-2-33

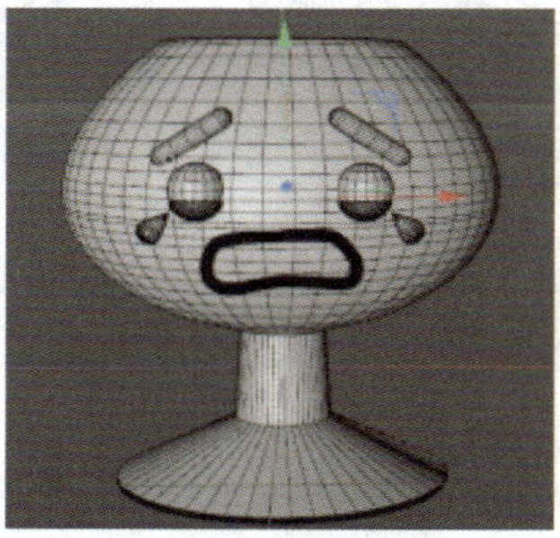

图 4-2-34

![icon] 在这个案例中，①为样条线增加厚度需要在点模式 ![icon] 下进行，在空白处右击选择创建轮廓 ![icon]，再按住鼠标左键向外平移，移动的距离越大，物体的厚度越大。②制作完成的物体若有相似的部分，则可以直接复制，然后在原基础上进行细微调整，便捷又省力。③样条线调整方式：按住 Ctrl 键并右击目标锚点可以删除该锚点，双击锚点可以显示或隐藏曲率调节的曲柄。

图 4-2-35

➤ **小汽水瓶**

① 打开视图 ![icon] [Shift+V]，在背景视窗中选择图像框后的三个小点来选择图片导入作为参考图，如图 4-2-35 和图 4-2-36 所示。

② 在正视图中，使用样条线 ![icon] 描摹玻璃瓶的半边轮廓，按住 Alt 创建父级旋转 ![icon]，返回透视视图得到完整的三维玻璃瓶形状，如图 4-2-37 所示。完成大致形状后，可以切换父子级 [Q] 关系，对样条中的点进行调整，完善细节。

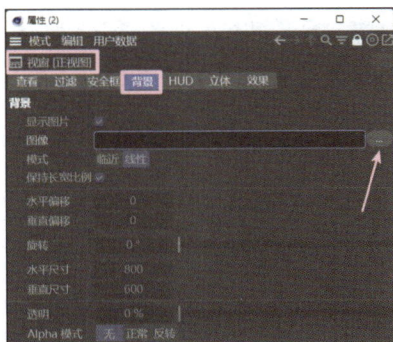

图 4-2-36

图 4-2-37

③ 对转角点进行倒角处理，使其边缘圆滑，类似于冰激凌杯的倒角方法。在点模式⊙下，选中样条✍样条◆✔，右击选择倒角 [M~D] 进行调整；然后右击选择创建轮廓◎，使用移动工具 [E] 向外拖曳，增加汽水瓶的厚度。

④ 在样条线✍中新建圆环◯，将圆环的平面换成 XZ XZ 平面；按住 Ctrl 键复制圆环，再将其放入放样🛢中，得到汽水瓶盖的形状，如图 4-2-38 所示。

图 4-2-38

⑤ 对每个圆环的大小和位置进行调整，最后打开视图 [Shift+V]，取消勾选背景下的显示图片显示图片即可完成汽水瓶的制作。

✍ 这个案例里，①瓶盖的另一种做法：可以使用样条线✍描摹半边瓶盖，按住 Alt 键创建父级旋转工具🍃，即可得到瓶盖形状。②在制作柱状对象时，使用圆环创建时要注意，复制的圆环会从下往上出现，也可以用矩形▢或者其他形状的样条线，将矩形的平面换为 XZ，矩形的位置除圆环外不同会影响最终的形状。

➤ **喝杯奶茶（图 4-2-39）**

① 创建圆环◯，在对象属性中将圆环的平面换成 XZ 平面；长按 Ctrl 键复制另一个圆环，向上移动并放大；创建放样🛢，将两个圆环放入放样工具中得到杯身的基础形状，如图 4-2-40 所示。

② 长按 Ctrl 键向上复制两个圆环，由上到下逐一减小尺寸，转换父子级 [Q] 关系，实时查看三维效果；继续向上复制两个圆环，调整杯口处的圆环从下到上逐渐变小，得到完整的奶茶杯形状，如图 4-2-41 所示。

图　4-2-39

图　4-2-40

图　4-2-41

③ 新建球体 ，将球体类型修改为半球体并增加分段数，以便制作杯盖，如图 4-2-42 所示。

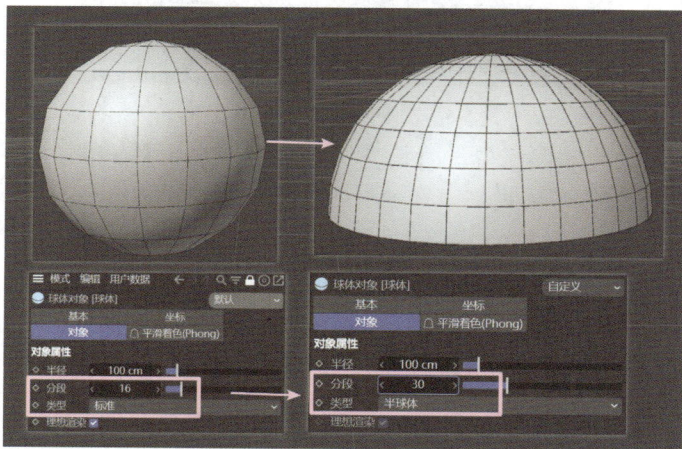

图　4-2-42

④ 将半球转换为可编辑对象 [C]，在面模式下 ，双击选中半球体的所有面并进行挤压 [M~T]，按住鼠标左键向外拉伸，为其添加厚度；回到模型模式 ，调整半球体的大小和位置，完成杯盖的形状，如图 4-2-43 所示。

⑤ 新建圆柱 并缩小尺寸，取消圆柱对象中的封顶部分，制作吸管形状，如图 4-2-44 所示；接着制作奶茶杯的眼睛和嘴巴，新建两个球体 缩小作为眼睛，再创建一个圆

环 ⬭，调整方向为 方向 +Y，制作一个惊讶的表情，如图 4-2-45 所示。

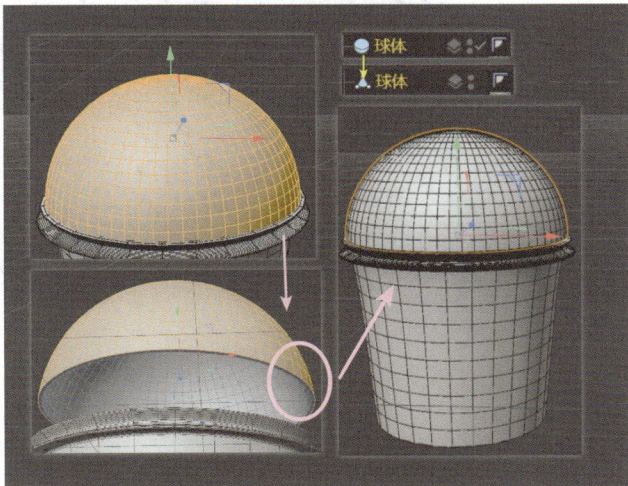

图　4-2-43

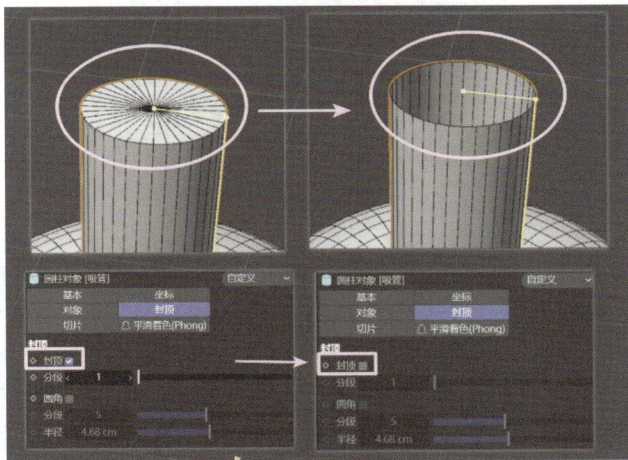

图　4-2-44

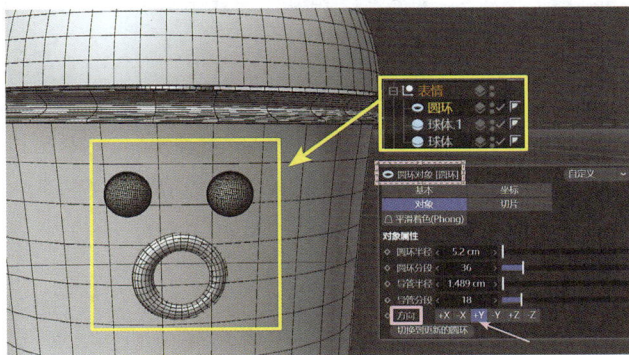

图　4-2-45

⑥ 新建文本样条 T，在文本对象中输入"奶茶"，选择合适的字体，调整为居中对齐，并设置适当的字体高度，如图 4-2-46 所示。

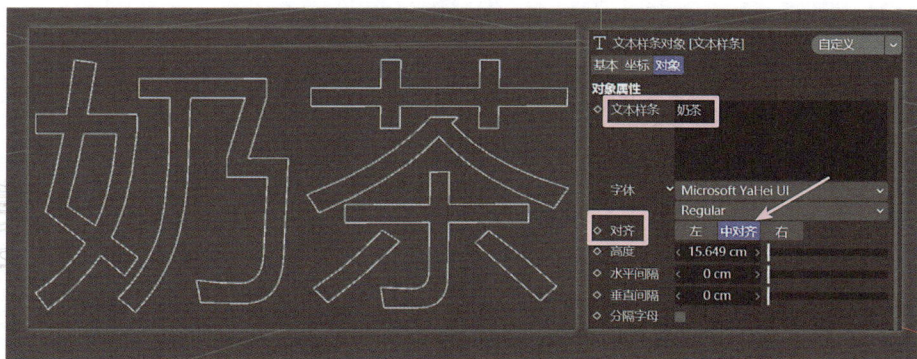

图 4-2-46

⑦ 按住 Alt 键为文本样条创建父级挤压 工具，在挤压对象属性下的封盖 封盖 中选择倒角外形为圆角，调节尺寸和分段数，使字体更加贴合奶茶杯的圆滚滚风格，如图 4-2-47 所示。

⑧ 对所有对象进行整理命名，打组 [ALT+G] 编辑名称后完成制作，如图 4-2-48 所示。

图 4-2-47

图 4-2-48

☞ 在这个案例里中，①使用圆环 + 放样 的方式制作物体时，要确保新建的圆环位于比其小的初始圆环下，能够做出挤压堆叠的效果。②在使用曲面建模工具时，挤压 至少需要一条样条线，并且可以结合辅助样条线 创建更多不同形状的物体。

➤ 西瓜冰

① 新建圆柱 ，将圆柱的方向改为 +Z +Z，勾选圆柱体属性中的切片 切片 ✅，增加起点数值并缩小终点，得到三角弧形的西瓜片形状，如图 4-2-49 所示。

② 在圆柱 的对象属性 对象 中，缩小高度并减少西瓜的厚度，按住 Ctrl 键再复制一个西瓜片，将复制片的半径延长，得到西瓜瓤；同理，再复制一个西瓜皮来模拟西瓜皮的外形，如图 4-2-50 所示。

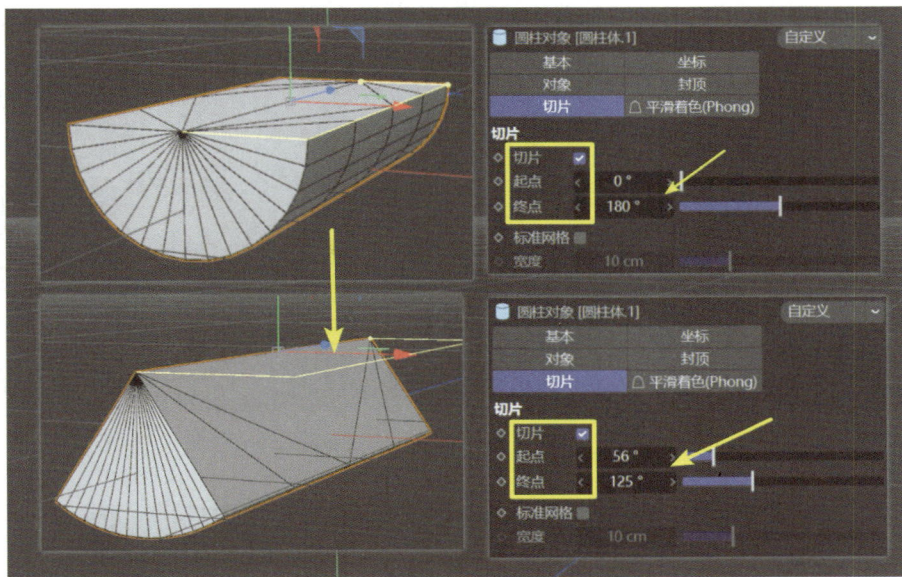

图 4-2-49

图 4-2-50

③ 在材质面板中新建材质球 [Ctrl+N]，在视图下方的创建中选择新的默认材质 新的默认材质，双击材质球 给瓜肉 填充红色，再新建浅绿 和深绿色 ，分别给到瓜皮的内层和外层部分，打开渲染图查看效果 [Ctrl+R]，如图 4-2-51 所示。

④ 新建球体 并复制，制作西瓜的眼睛，使用样条线 在正视图中绘制嘴巴。再新建圆环样条 ，缩小半径，并将样条和圆环置于扫描工具 下，完成嘴巴的造型，如图 4-2-52 所示。

⑤ 新建立方体 ，缩小为较薄的长方体，勾选圆角 圆角 ，按住 Ctrl 键复制并排列整齐，制作牙齿的形状，如图 4-2-53 所示。

图 4-2-51

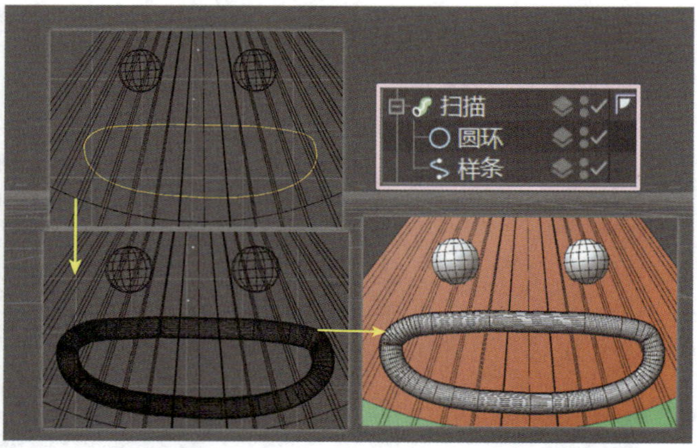

图 4-2-52

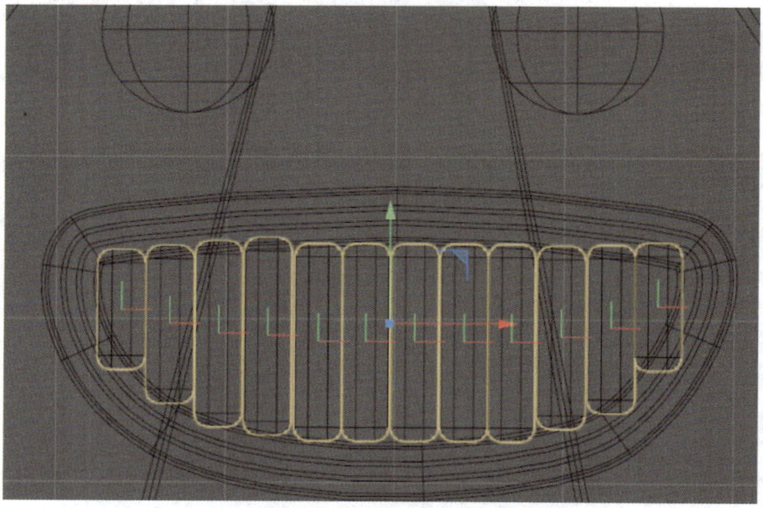

图 4-2-53

⑥ 新建圆锥 ▲，在属性面板的封顶 封顶 中勾选底部 底部 ☑，调整半径、高度和圆角分段数，使其接近西瓜籽的形状。

⑦ 选中西瓜籽，按住 Alt 键创建父级克隆工具 ✿，将克隆模式 模式 设置为对象，克隆对象使用拾取工具 ✐ 选择西瓜瓤，将克隆分布方式 分布 改为表面克隆，调整西瓜籽的数量和种子分布，完成西瓜籽的制作，如图 4-2-54 所示。

⑧ 按住 Alt 键旋转视角检查模型，使用群组对象 [Alt+G] 完成制作。

☞ 在这个案例中，西瓜冰造型也是一种重复性元素的渐变堆叠。①为模型对象上色的第二种方式：在 ◼ 面模式下切换为框选工具 ▣ [0] 对不同的面进行上色。②相互叠加的多个面上若出现重影，则稍微调整模型的高度，以消除重叠，如图 4-2-55 所示。③图 4-2-54 的克隆模式选择模型对象分布选择表面，代表需要选择对象的表面进行克隆；属性面板下的变换 变换 能进一步调节西瓜籽的旋转角度，种子数能改变其随机分布的样态。西瓜冰最终效果如图 4-2-56 所示。

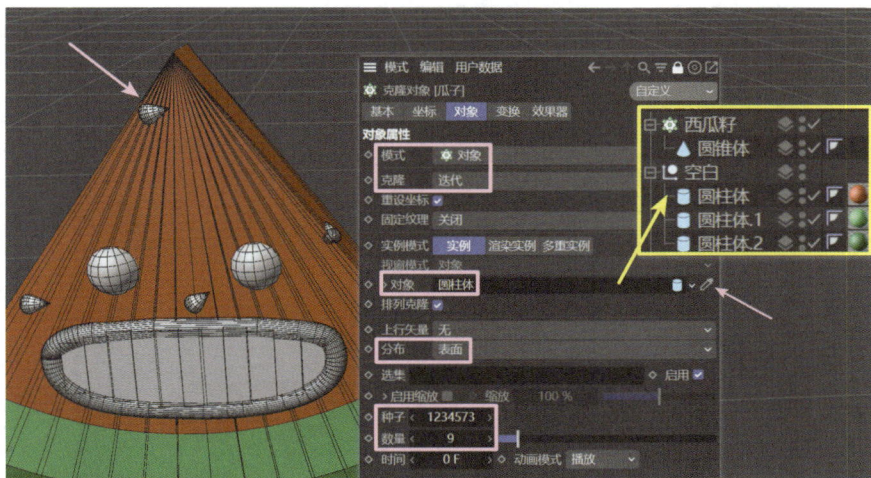

图　4-2-54

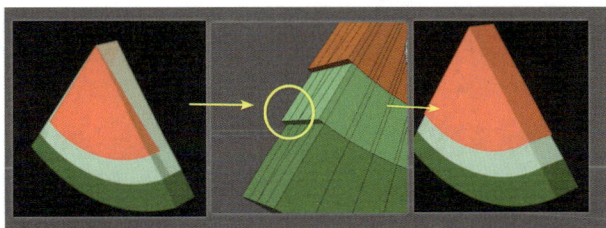

图　4-2-55

图　4-2-56

> 小雪人

小雪人最终效果如图 4-2-57 所示。

① 新建立方体 ⬢，控制黄点缩小立方体的厚度，勾选属性面板中的圆角 圆角 ✅ 并设置合适的半径和细分参数。

② 新建圆柱 ▢，将方向 方向 设置为 +Z，调整切片 切片 的起点和终点参数，使其成为一个向下的半圆柱形状，如图 4-2-58 所示。

图　4-2-57

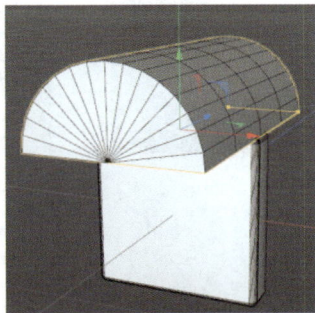

图　4-2-58

③ 降低圆柱的高度 高度 ，使其与立方体的厚度一致，并勾选封顶 封顶 下的圆角 圆角 ✅ ，增大圆角数值让边缘变得柔和，如图 4-2-59 所示。

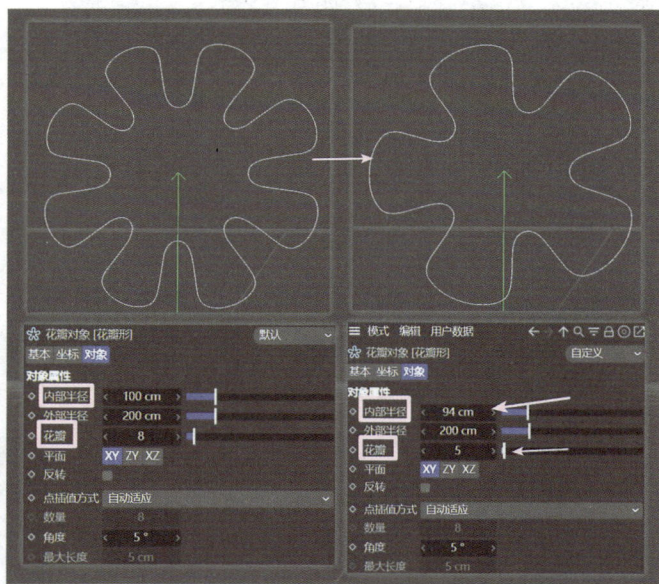

图 4-2-59

④ 复制第①步做的立方体，按 Ctrl 键向下移动 [E] 复制并进行压缩，形成雪糕棒形状，如图 4-2-60 所示。

⑤ 新建花瓣样条线 ✱，调整内部半径和花瓣的数值，缩小形状，如图 4-2-61 所示。

图 4-2-60   图 4-2-61

⑥ 长按 Alt 为花瓣样条 ✱ 新建父级挤压 ▣，调整挤压 对象 的偏移 偏移 数值来设置花瓣的厚度，如图 4-2-62 所示；在挤压对象的封盖 封盖 中调整倒角尺寸 尺寸 / 外形深度 / 分段等使边缘变圆润。

⑦ 选中花瓣挤压对象，长按 Alt 新建父级克隆 ✿，克隆模式 模式 改为线性克隆 ⁖ 线性，调整 X 轴的位置，并适当缩小步幅尺寸，完成雪糕正面的花朵克隆，如图 4-2-63 所示；然后使用移动工具复制并对齐花朵到雪糕背面。

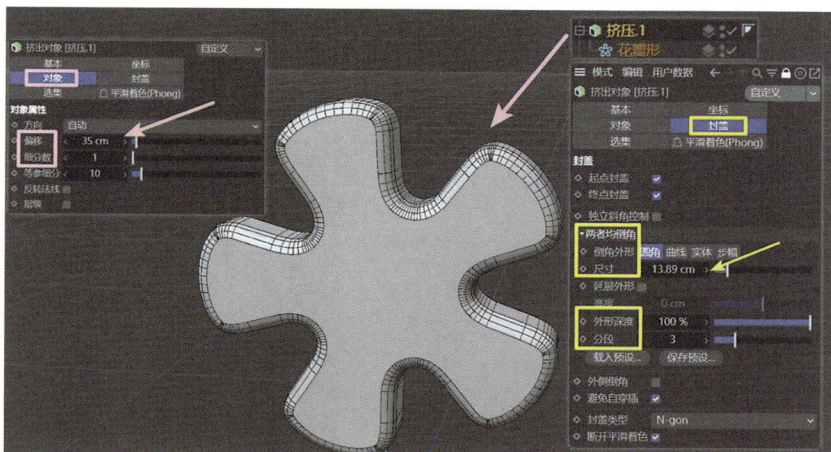

图　4-2-62

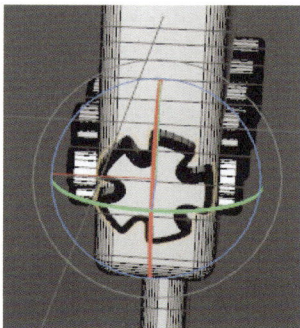

图　4-2-63

⑧复制单个花朵置于雪糕侧面，按住 Ctrl 键复制另一侧的花朵，如图 4-2-64 所示。

⑨新建球体 ⬤ 并缩小，复制作为眼睛；在正视图中用样条线 ✐ 绘制嘴巴，新建圆环样条 ⬤ 并切换平面 平面 为 XY，如图 4-2-65 所示。

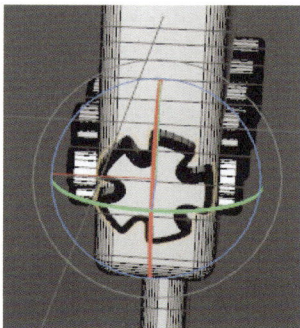

图　4-2-64

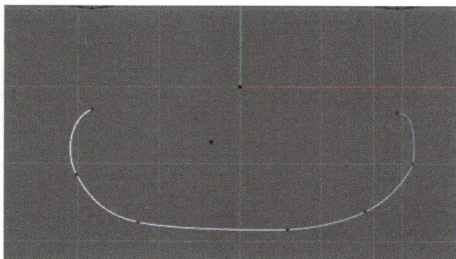

图　4-2-65

⑩ 将两根样条线置于扫描工具 ✏ 中,若需要嘴角变得圆润,则调整扫描的倒角属性,增大倒角的尺寸和分段数,如图4-2-66所示。

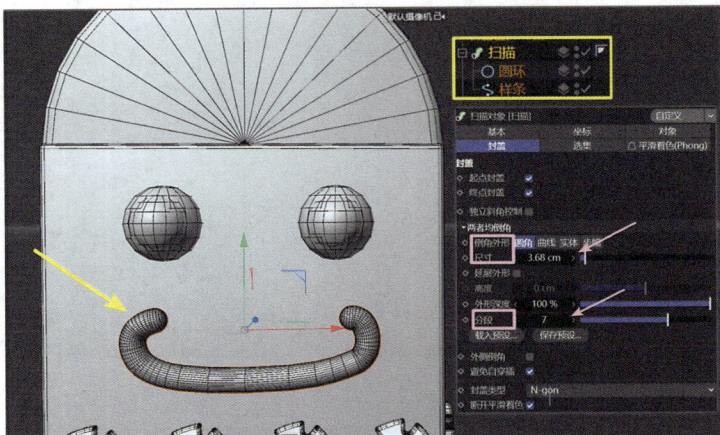

图 4-2-66

⑪ 重命名并进行打组,完成雪糕的制作,如图4-2-67所示。

图 4-2-67

📖 做点特色早餐

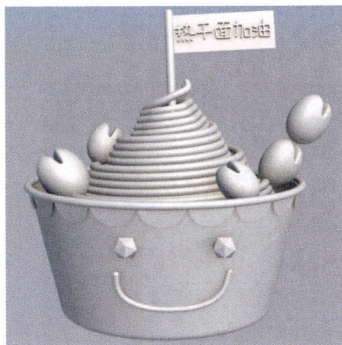

民以食为天,饮食与人们的生活息息相关。一碗简单的早餐蕴含着丰富的地域文化、气候特征、民风习俗的差异。与其说它仅仅是美食的呈现,倒不如说它是日常生活文化的一种体现,是民生百态的反映,更是中华文化底蕴和人文精神的象征。饮食早已不仅仅是满足生理需求的手段,它承载着深厚的历史传承与文化积淀。

➤ **蟹脚热干面**

蟹脚热干面最终效果如图4-2-68所示。

① 新建胶囊 ⬭ ,操控黄色小点使其呈现面条形状并复制5~7根;接着创建螺旋线 〰 ,调整其平面 平面 朝向

图 4-2-68

为 XZ，操控起始 / 终点半径使螺旋线的走向呈向下变大的趋势，如图 4-2-69 所示。

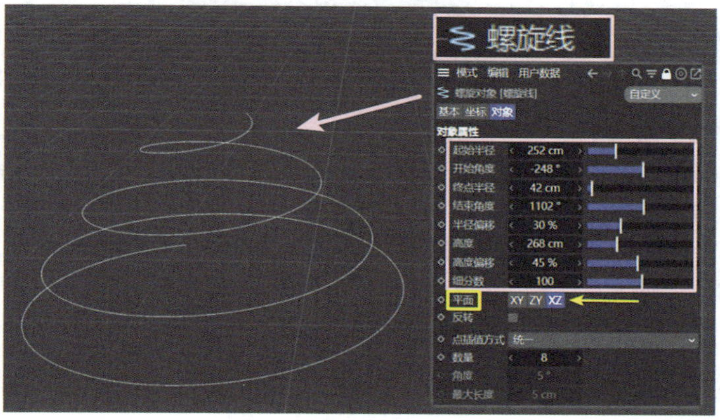

图　4-2-69

② 新建样条约束，将胶囊和样条约束打组 [Alt+G]，在属性面板中选择螺旋线作为约束样条对象 >样条，并调整轴向为 +Y 轴向 +Y；此时面条形状较为生硬，可以调整胶囊 的高度分段 高度分段，使面条更流畅，如图 4-2-70 所示；增加样条约束的旋转参数 Banking，根据形状调整螺旋线属性，最终得到的热干面如图 4-2-71 所示。

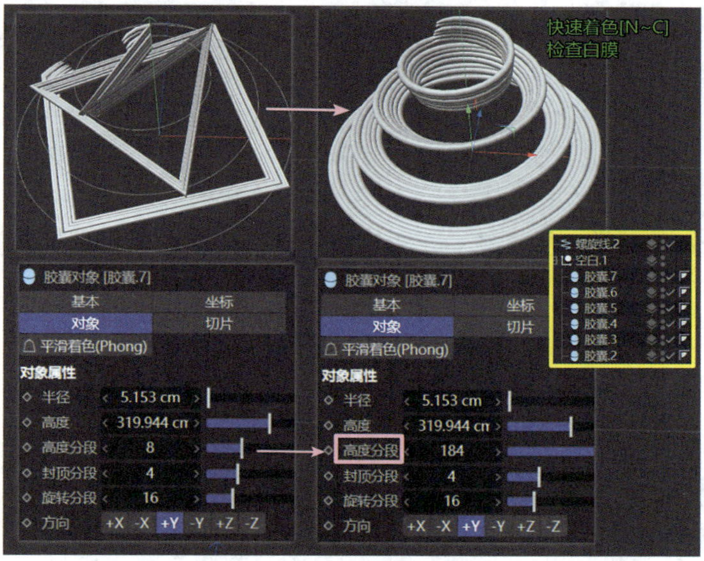

图　4-2-70

③ 在正视图中绘制 碗的样条线，在点模式 下，右击创建轮廓，向外拉伸增加碗的厚度；选择底部折角点并应用倒角，随后按住 Alt 键创建样条线的父级旋转，旋转得到立体碗形，如图 4-2-72 所示。

④ 新建圆环，控制小黄点调整其半径与碗口一致，增加分段使其更流畅，如图 4-2-73 所示。

⑤ 新建圆盘，勾选切片 切片，缩小外部半径并设置方向 方向 为 +Z，得到扇形；为装饰碗口，新建圆环 并修改其平面 平面 为 XZ，按 Alt 键为圆环创建父级克隆，将克隆模式设置为对象 模式 对象 模式后，选中圆环样条 作为克隆对象；调

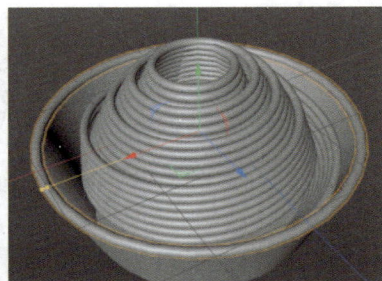

图 4-2-71

图 4-2-72　　　　　　　　　　　　　图 4-2-73

整圆环的大小和位置，使每个扇片靠近碗口；进入克隆属性面板，进一步在变换 变换 属性中调整扇形 H/P 的旋转角度，完成带花边的纸碗造型，如图 4-2-74 所示。

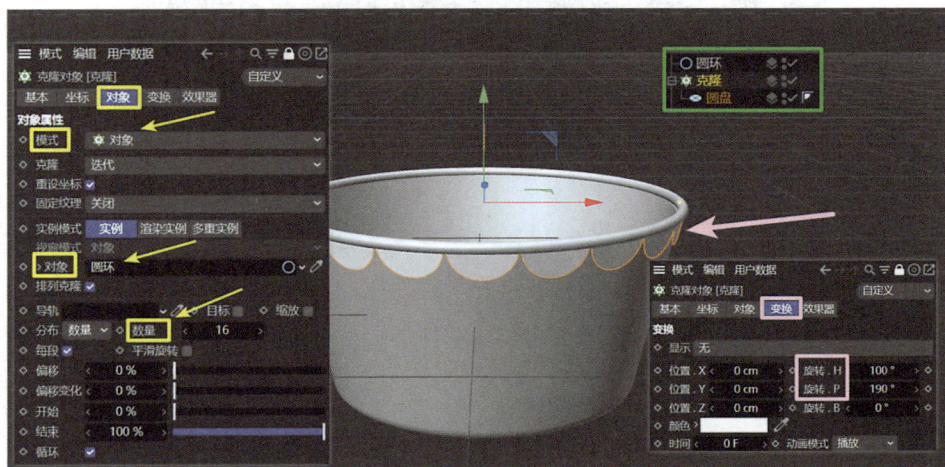

图 4-2-74

⑥ 创建宝石🔷，复制得到眼睛，并按前几个案例制作表情的思路制作嘴巴（样条线✏ + 圆环⭕ + 扫描🖌）；创建圆柱体🛢并开启圆角圆角☑，制作旗帜的木棍；再创建平面◇，选择 PRS 转移⬆ PRS 转移工具将平面中心与圆柱对齐；调整平面◇方向方向至 +Z 轴，缩小制作旗帜，如图 4-2-75 所示。

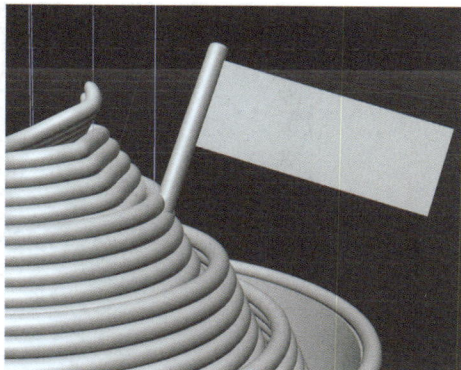

图　4-2-75

⑦ 创建文本T样条线，编辑文本"热干面加油"并调整字体，选择居中对齐中对齐；缩小字体高度高度，使用 PRS 转移⬆ PRS 转移将其转移至旗帜上，调整位置。按住 Alt 键为文本样条创建父级挤压🟩，调整挤压对象　对象　的偏移偏移数值，如图 4-2-76 所示。

图　4-2-76

⑧ 新建球体🔵，选择六面体类型布线方式，转化为可编辑化对象 [C]，在面模式下🔲，通过实时选择工具🔘选择球体中间的上半圈面，右击向上挤压🟢，或者按住 Ctrl 键向上直接将面复制挤压出来，再使用缩放键 [T] 将 Y 轴所有面打平，最后将这几个面移动至下方，形成蟹钳的大致外观，如图 4-2-77 所示。

⑨ 按住 Alt 键为蟹钳添加父级细分曲面🟢，在模型模式下🟦使用缩放工具 [T] 整体微调比例；创建父级克隆⚙，选择线性克隆并调整 Y 轴偏移，再添加随机效果器🟦，勾选旋转方向旋转☑并将它的旋转方向随机化，最后添加圆柱体🛢作为竹签，让蟹钳串成串儿，如图 4-2-78 所示。

⑩ 将蟹钳放进热干面中，打组完成蟹钳热干面的制作，如图 4-2-79 所示。

👉 在这个案例中，①变形器 [紫色图标🟣] 通常作为多边形或几何体对象 [蓝色图标🟦] 的子级。当需要同时变形多个蓝色图标🟦时，可以将变形器作为同级编组后进行整体变形，如图 4-2-71 所示。②样条约束🔗是将对象约束至样条线，可通过调整旋转面板中的节点增加旋转细节，如图 4-2-80 所示，按住 Ctrl 键单击线可以增加节点。

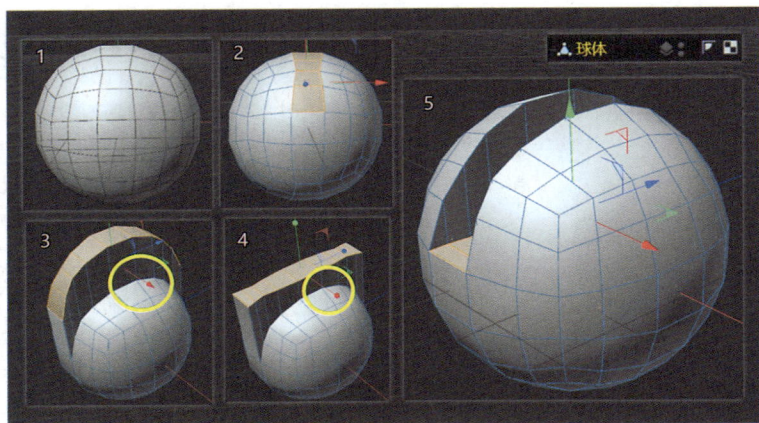

图　4-2-77

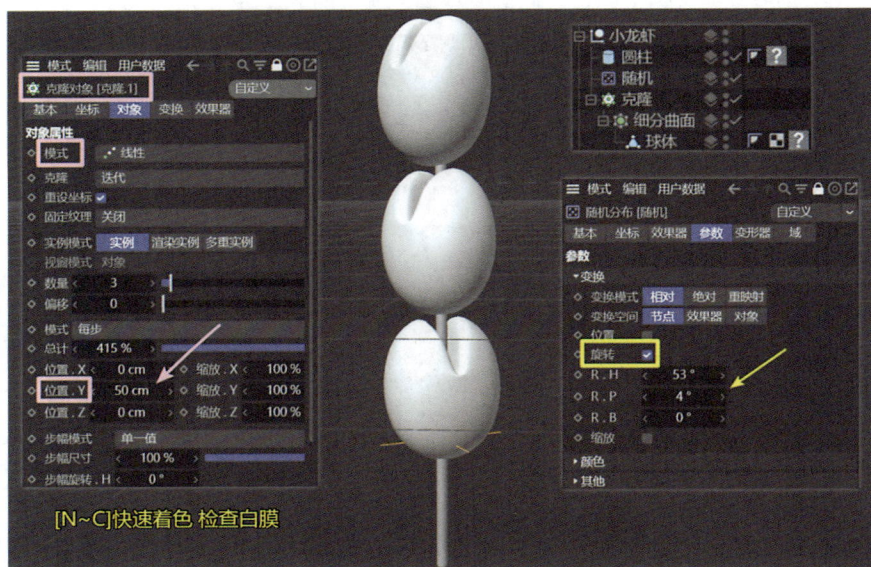

图　4-2-78

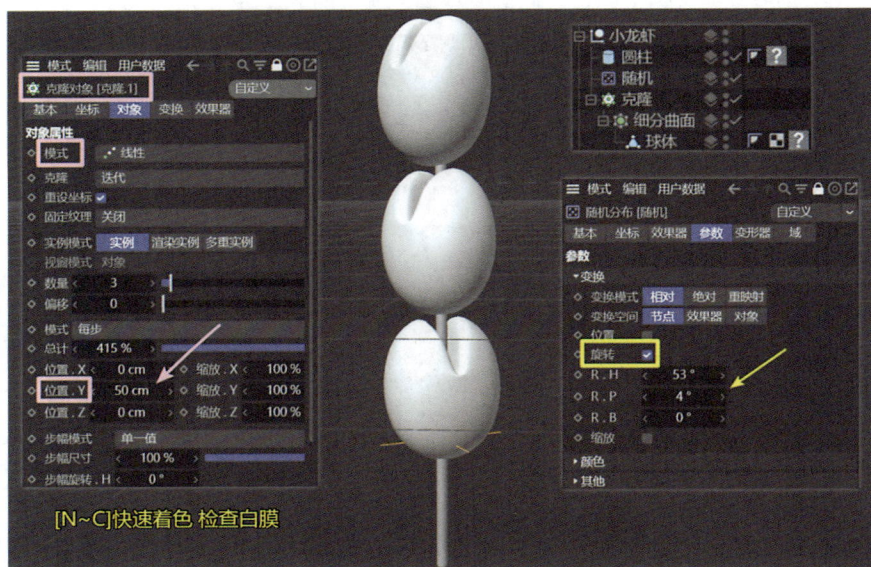

图　4-2-79

图　4-2-80

➢ **三鲜豆皮**（图 **4-2-81**）

① 首先新建平面 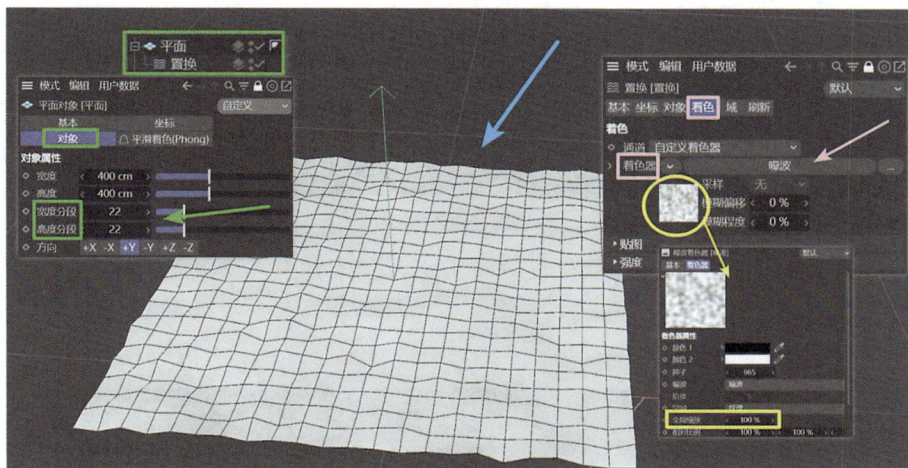，按住 Shift 键创建子级置换，在置换的着色 着色 中选择噪波 噪波 ，可增加平面 对象 的宽度 / 高度分段，使平面的褶皱更丰富。如果不希望表层变化起伏过大，可单击着色器的噪波图像，调整噪波的全局缩放值 全局缩放 ，如图 4-2-82 所示。

② 选中平面对象，按住 Alt 键创建父级布料曲面，增加平面的厚度 厚度 并勾选膨胀 膨胀 ，使豆皮看起来酥脆，如图 4-2-83 所示。

图　4-2-81

图　4-2-82

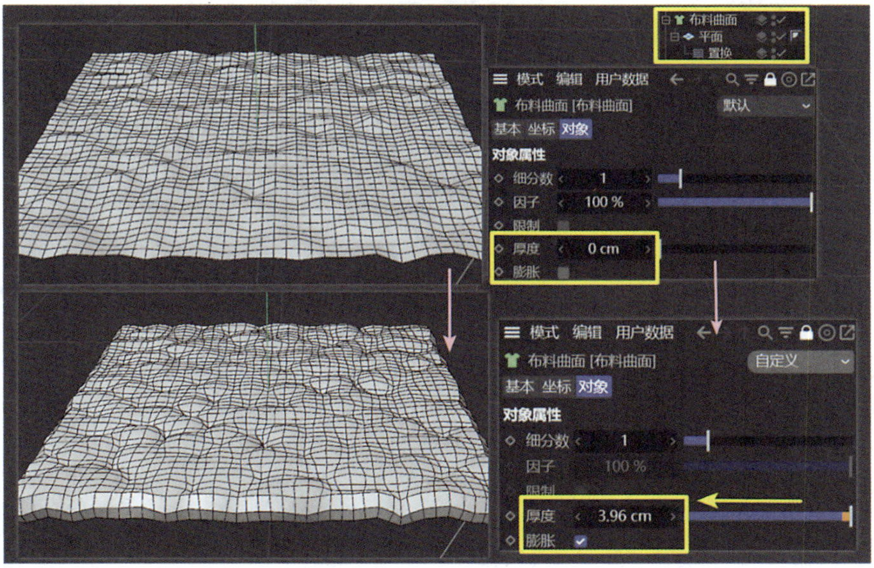

图　4-2-83

③ 新建胶囊，调节黄色小点捏成小米粒形状，按 Alt 键创建父级克隆，克隆

模式膨胀选择网格排列，调整数量／尺寸。使用随机效果器▨调整位置和旋转角度，得到较为随机分布的糯米，如图 4-2-84 所示。

图　4-2-84

④ 新建球体🔵，制作洒在豆皮上的青豆，与糯米的制作方式相同，缩小后使用网格排列克隆⚙，按 E 键向下移动放入糯米，如图 4-2-85 所示；最后按 Ctrl 键复制豆皮盖住糯米。

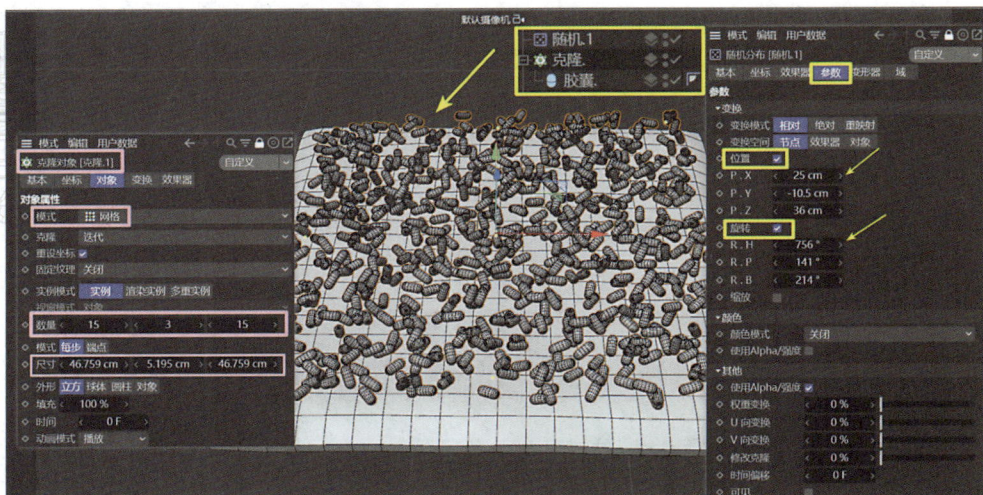

图　4-2-85

⑤ 新建管道🛢，缩小内部／外部半径／高度形成葱花形状，按 Alt 键创建父级克隆⚙后将模式选为对象，选择上层豆皮作为对象。调整克隆数量、种子数值，新建随机效果器▨，关闭随机分布的位置参数，增加葱花的旋转、缩放数值，如图 4-2-86 所示；打组完成葱花的制作。

⑥ 复制豆皮，并从热干面组中复制碗，将豆皮放入碗中，按 Shift 键为豆皮创建 FFD 变形器▣，并匹配到父级 匹配到父级；切换到点模式◉，选中 FFD 中心点，按 E 键将点向下移动，形成豆皮凹陷效果，如图 4-2-87 所示。

⑦ 回到模型模式，创建圆柱🛢，勾选圆角 圆角 ☑并复制制做筷子放入碗中；新建立方体，勾选圆角 圆角 ☑，复制成眼睛；再创建立方体📦，调整形状并勾选圆角以完成五官的制作；最后整体打组 [Alt+G] 完成香脆豆皮的制作，如图 4-2-88 所示。

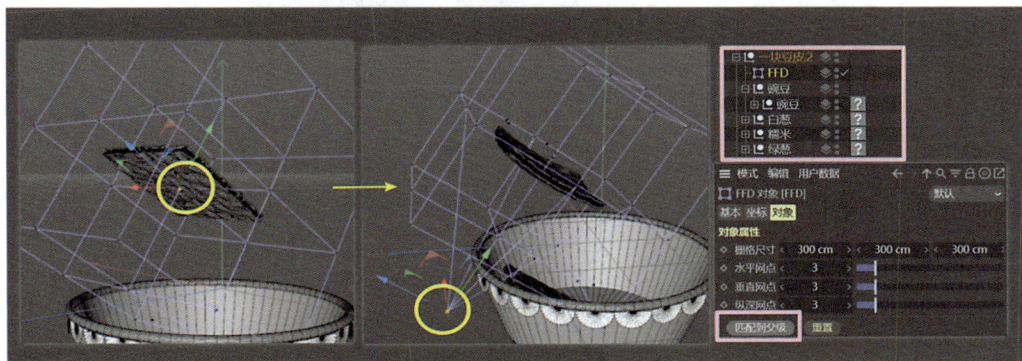

图　4-2-86

图　4-2-87

⑧ 复制热干面和豆皮，按 V 键打开工程文件，跳转至鸡蛋仔等其他小案例，复制热干面和豆皮到该文件中，如图 4-2-89 所示。

图　4-2-88

图　4-2-89

⑨ 打开渲染器设置![图标]，选择物理渲染器 渲染器 物理，将采样器 采样器 设置为固定，调节采样品质 采样品质 为中度，增加模糊和阴影细分 模糊细分（最大）阴影细分（最大）；在效果 效果... 中开启全局光照 全局光照，选择室内小型光源预设；增加伽马值 伽马；并在效果中同时开启环境吸收 环境吸收，调低灰度值和最大光线长度 最大光线长度，如图 4-2-90 所示。

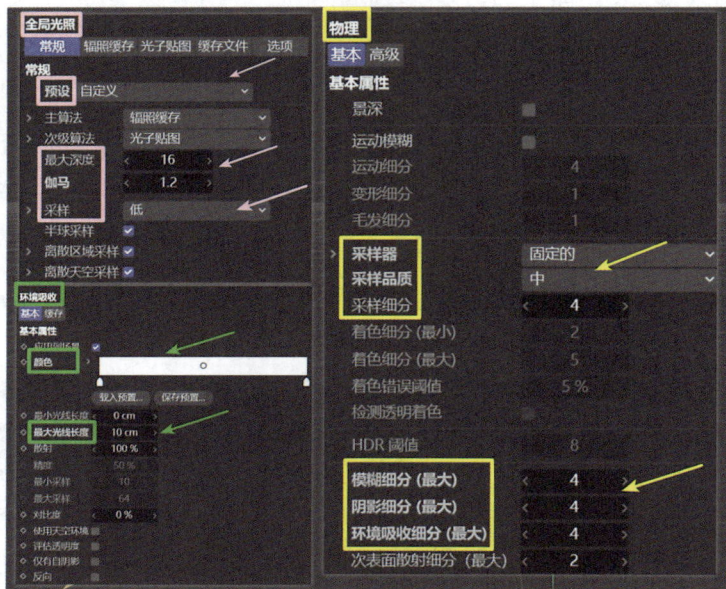

图 4-2-90

⑩ 在输出 输出 设置中勾选锁定比率 锁定比率 ✔，调整尺寸为 1920×1080 像素，同时将分辨率提高至 300dpi 左右；选择保存 保存 位置并保存为 JPG 或 PNG 格式。勾选材质覆写 材质覆写 并选择 自定义材质 一个新创建的默认材质球![图标]，如图 4-2-91 所示。最后创建物理天空 物理天空，新建![图标]摄像机并点亮摄像机后面的小方框以锁定 摄像机 视角，单击渲染以查看白模效果。

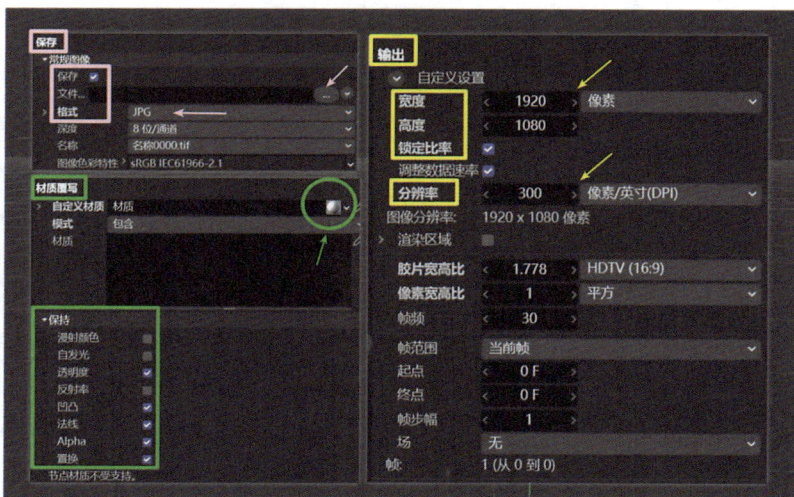

图 4-2-91

May all your wishes **come true**

读书破万卷

下笔如有神

May all your wishes come true

清華大学出版社
TSINGHUA UNIVERSITY PRESS

如果知识是通向未来的大门，
我们愿意为你打造一把打开这扇门的钥匙！

https://www.shuimushuhui.com/

图书详情 | 配套资源 | 课程视频 | 会议资讯 | 图书出版

下笔如有神

读书破万卷

在这个案例中，①动态图形效果器 ⬙ 可以用于增强对象多种变化，让画面更具动态感。②当使用多个变形器时，若计算机的计算量过大，则可以右击选中某个对象并选择当前状态转对象 ✷ 当前状态转对象，将带有变形器的部分转为多边形对象，再进行后续操作。转换前可以保留一个原始备份并隐藏 ⊞ ◖ 一块豆皮 ◆ ┇ 按住 Alt 键并双击）。③若物体轴心偏移，则使用工具栏 工具 中的轴心 轴心 / 轴对齐 ↳ 轴对齐... 功能，并选择 动作 轴对齐到对象 进行调整，如图 4-2-92 所示。

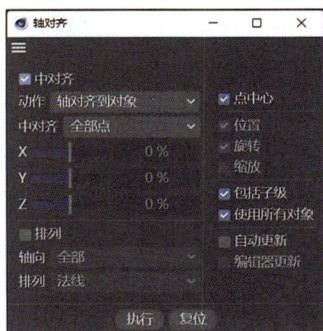

图　4-2-92

三、像缝娃娃一样建模

还记得小时候的第一个安抚玩偶吗？毛绒玩偶娃娃带给人们天然的亲近感，"小偶埋个脸，大娃扑进去"生动地描绘了人们走进毛绒玩具店时放松与愉悦的心情。想想打动你、让你喜爱的毛绒娃娃，是有搞怪的表情，还是有好笑的姿势？通过在点、线、面模式下使用不同的建模、编辑和创建工具，再结合生成器、变形器、运动图形克隆等工具，可以尝试创造出造型搞怪或者姿态有趣的玩偶娃娃，这正是本节所学习的建模思路：通过多边形建模技术创作三维模型（图 4-3-1）。

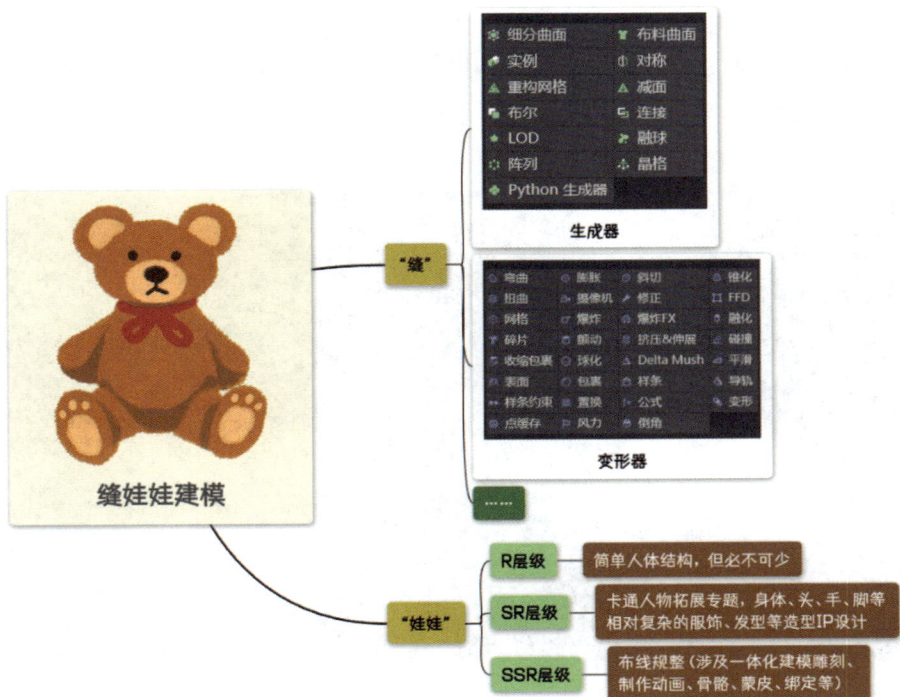

图　4-3-1

缝娃娃建模的基本"原型"组件包括身体的基本部位：头、身体、手脚，以及特征装饰（如服装、配饰、伴手物）等。在此基础上进一步，则是个性化的 IP 主题式设计，类似游戏，将案例难度划分为 R 层级小熊，SR 层级小女孩，SSR 层级樱花娃娃。如图 4-3-2 所示。

图　4-3-2

缝个小熊娃娃

小熊娃娃最终效果如图 4-3-3 所示。

① 首先单击 ⊕ 球体制作小熊的头部。为球体添加 ⊕ 膨胀并匹配到父级，调整膨胀对象的强度，使球体变宽。接着添加 ⊠ 挤压与伸展并匹配到父级，调整参数面板中的因子和顶部数值，使球体顶部变得扁平，如图 4-3-4 所示。

② 使用 ◯ 球体制作小熊的身体。为球体添加 ⊞ FFD 变形器并匹配到父级，调整水平、垂直、纵深网点的数量。进入 ◉ 点模式后，通过 ▣ 框选每一圈上的点并进行调整，逐步将球体变形成小熊的身体造型，如图 4-3-5 所示。

图　4-3-3

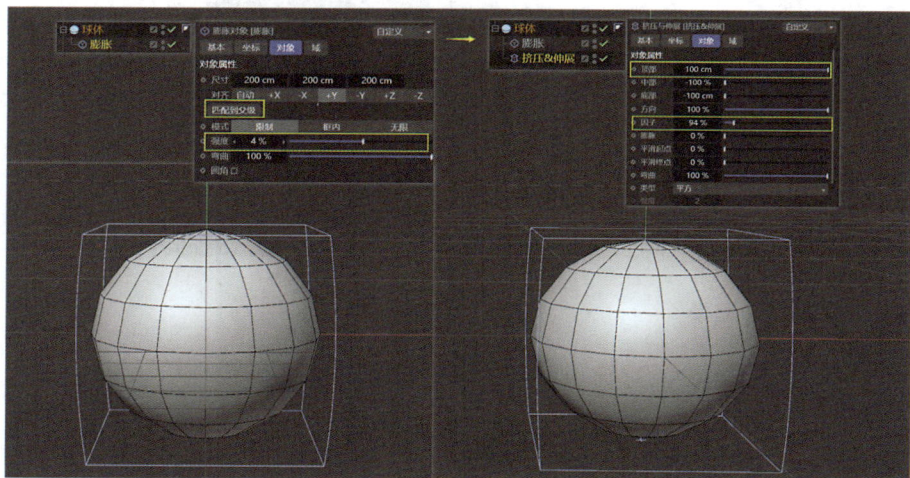

图　4-3-4

③ 使用 ▤ 圆柱体制作小熊的耳朵。勾选封顶和圆角，增加适当的分段和封顶半径，使边界更柔和。用同样的方式制作小熊的眼睛和脚。最后，对需要对称的部分使用 ⊞ 群组对象 群组对象 [Alt+G] 来进行打组并添加 ⋈ 对称，如图 4-3-6 所示。

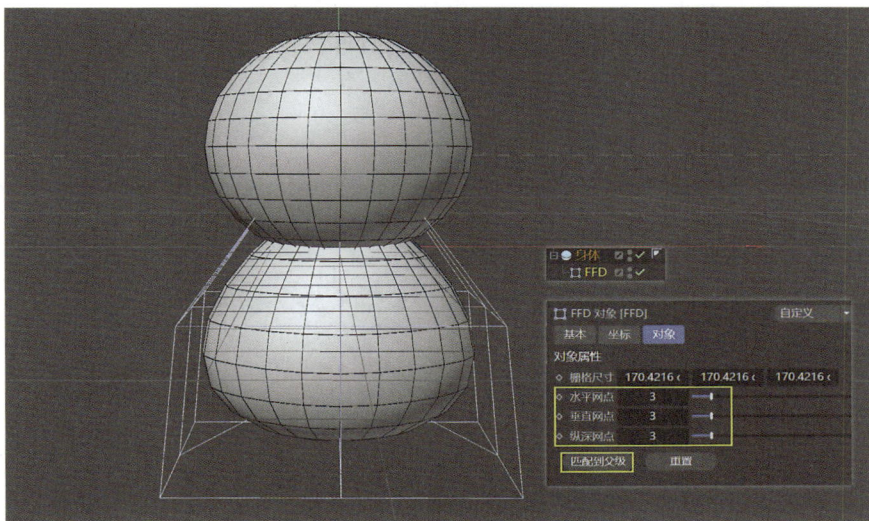

图　4-3-5

图　4-3-6

④ 继续使用 ▣圆柱体制作小熊的嘴巴。选中圆柱体后，选择菜单栏中的 🔲 PRS 转移 PRS 转移，单击小熊头部的球体，使圆柱体自动转移到头部中心，如图 4-3-7 所示。

⑤ 创建 ◯球体，制作小熊的鼻子。在正视图中，使用 ✍样条画笔绘制出嘴巴的样条，添加一个半径为 1cm 的 ◯圆环，通过圆环 ✐扫描小熊嘴巴的 ◡样条（圆环在上，样条在下），并调整扫描对象中倒角的半径，使样条的两端更加柔和。最后，将完成的扫描对象放入 ✴对称下的组，完成小熊的嘴巴造型，如图 4-3-8 所示。

⑥ 除了通过样条和圆环扫描的方式制作小熊的手臂外，还可以使用样条约束。创建一个 ◙胶囊，对胶囊运用 ◐◐样条约束，样条对象选择绘制出的胳膊样条，使胶囊受到绘制样条方向的约束而弯曲。调整位置后，使用 ✴对称制作另一侧的胳膊，如图 4-3-9 所示。

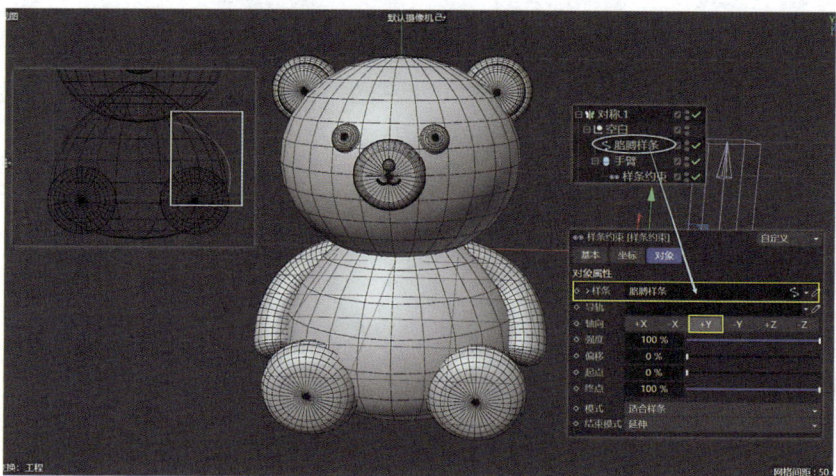

图　4-3-7

图　4-3-8

图　4-3-9

⑦ 通过 🌸 花瓣形状样条线制作小熊胸前的花纹，调整花瓣数为 4，以半径为 5cm 的 ⭕ 圆环 🔧 扫描得到四叶草花瓣，如图 4-3-10 所示。

☞ 在这个案例中，①由于膨胀只能在有限方向上调整物体形状，因此通过挤压和伸展可以调整其他方向，细化物体外形。②变形器需要将其设为作用对象的子集并匹配到父级，选中需要变形的物体，按住 Shift 键并单击变形器即可直接将其创建为物体的子级。③每完成一个小部分后，可以通过 N ～ D 和 N ～ C 切换检查形体的分段数是否影响物体的光滑度。④动物造型娃娃的思维路径如图 4-3-11 所示。

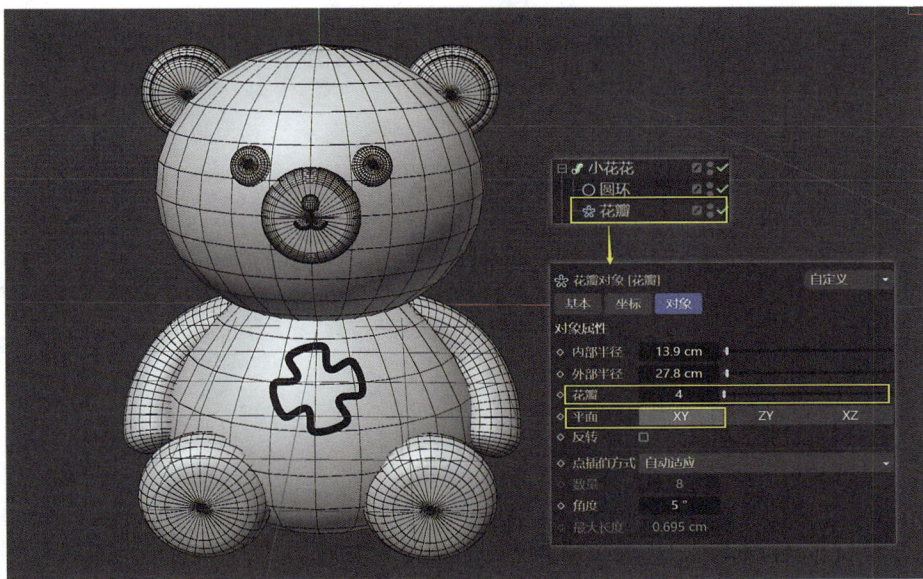

图 4-3-10

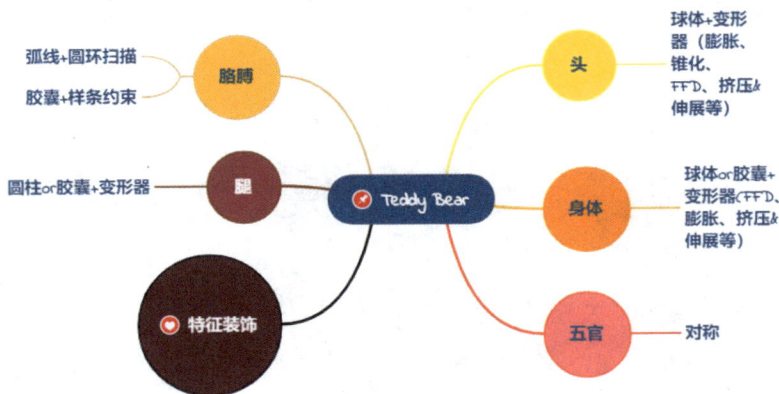

图 4-3-11

📖 缝个扎辫娃娃（图 4-3-12）

① 创建 🔵 球体作为头部，选择六面体布线方式。复制一个 🔵 球体，略微放大一些作为头发部分，将其转为 ✏️ 可编辑对象，进入 ▫️ 面模式，用选择工具删除不需要的面来塑造发型。全选所有的面并 ⬇️ 挤压出厚度，最后添加 ⚙️ 细分曲面查看效果。

② 选择头发部分制作小辫子。进入 ▢面 模式，选择一侧的三个面，按住 Ctrl 键复制并缩小 [T]，调整边线位置，重复此操作。最后选择末端的三个面，按住 Ctrl 键复制并放大 [T]，形成一边的小辫子。创建一个 ✿花瓣形，将花瓣数设置为 4，调整位置和大小后以 ◯圆环 ⬰扫描得到花形发圈。同理，制作另一侧的辫子和发圈，或删除一侧后通过对称整体制作，如图 4-3-13 所示。

③ 选择头顶的面，使用 ⑂分裂 [UP] 从原对象的面中分裂出一个新的对象。�«挤压 [D] 出帽子部分的厚度，再通过 ◰循环选择 [UL] 选择帽檐底部的一圈边，将帽檐向内缩小 [T]，最后添加 ⬡细分曲面。创建一个 ☆星形并 ◈挤压，调整挤压对象的偏移值

图　4-3-12

以控制星形厚度，增加圆角和细分，使五角星的边缘更加柔和，如图 4-3-14 所示。

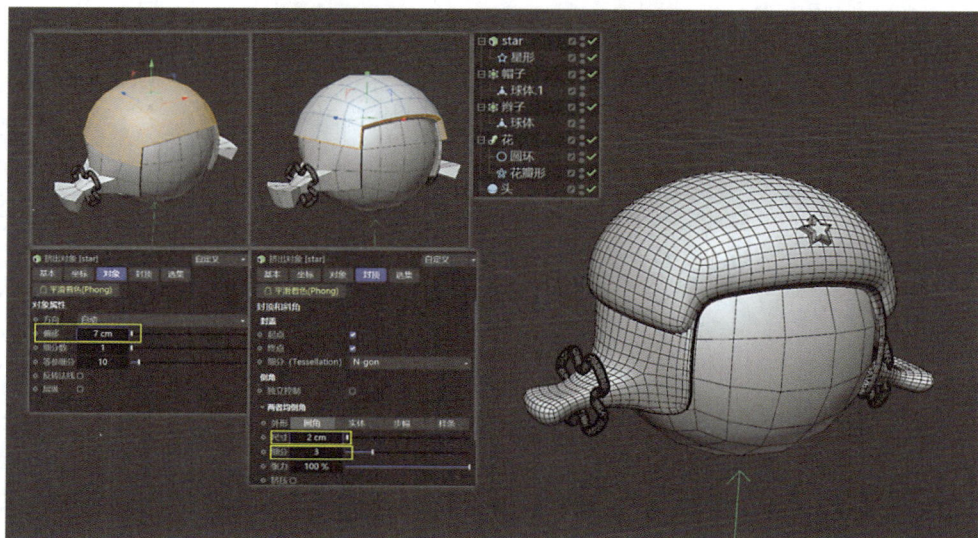

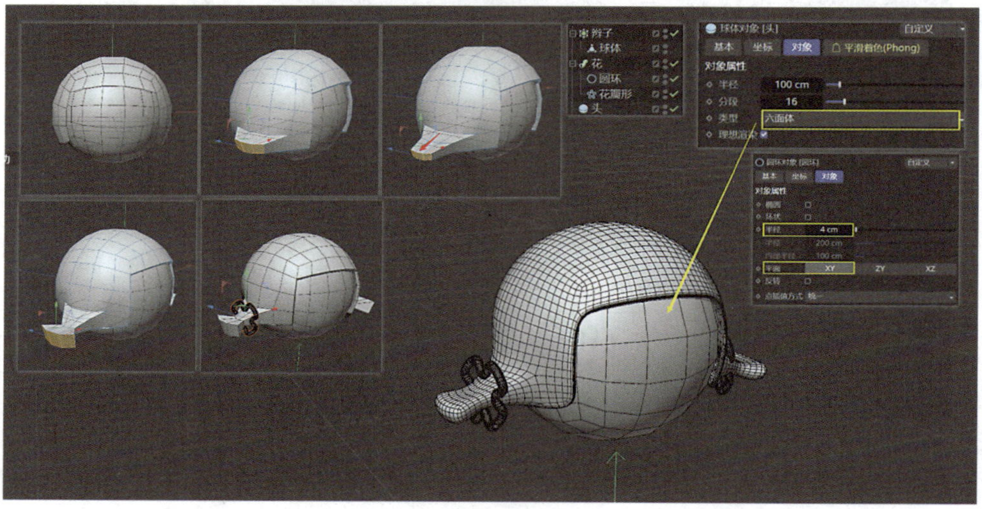

图　4-3-13

图　4-3-14

④ 创建一个 ⬤ 球体作为娃娃的身体。为球体添加 ▦ FFD 变形器并匹配到父级，调整点的位置以塑造娃娃的身体。创建 ⬤ 球体作为眼睛；创建 ◟ 弧线，通过 ◯ 圆环 ⟋ 扫描得到娃娃的胳膊，调整弧线的半径和开始 / 结束角度来控制手臂长度，调整扫描对象的倒角尺寸和分段数来圆滑边缘；创建 ⬤ 胶囊制作娃娃的腿，添加 ◈ 膨胀并调整强度使腿部更圆润。最后将眼睛、胳膊、腿部通过 ⊞ 群组对象 群组对象 [Alt+G] 进行打组，运用)❙(对称得到另一侧，如图 4-3-15 所示。

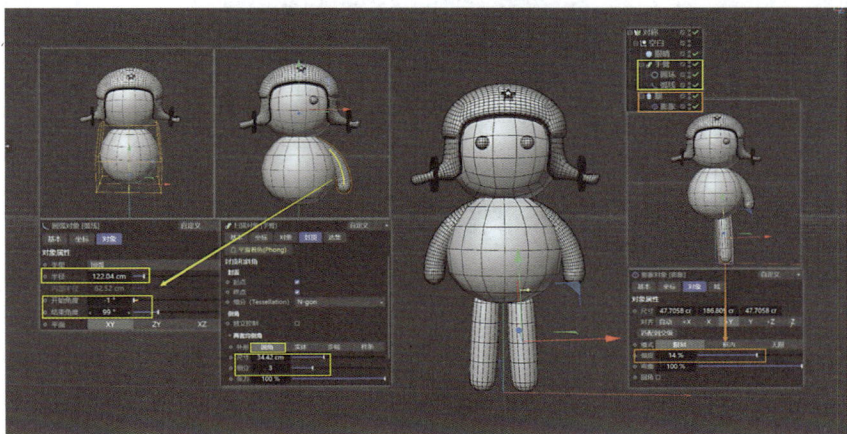

图　4-3-15

⑤ 选中娃娃的身体部分，右击选择 ❄ 当前状态转对象，进行衣服面的编辑，选择腰际线以上的面，保留袖口的部分面。右击将选中的面从原对象中 ⋎ 分裂 [UP] 出来，在线模式下双击最底部的一排线，按住 Ctrl 键复制拉长为长裙，缩放 [T] 加宽裙子。为小裙子添加 👕 布料曲面，调整厚度并勾选膨胀，如图 4-3-16 所示。

图　4-3-16

⑥ 创建一个 ▨ 圆盘作为娃娃的小包。单击圆盘并使用切片功能将其变为半圆形，调整轴向，为小包添加 👕 布料曲面，调整厚度。最后为小包添加 ▦ 细分曲面使其更加圆润。在顶视图中，用样条画笔绘制 ⟋ 小包的绳子样条，切换回透视视图调整点位，

最后以 ⊙ 圆环 🔧 扫描生成绳子，如图 4-3-17 所示。

图　4-3-17

在这个案例中，①选择球体六面体的布线方式可以更好地模拟头发的发际线生长方向。②在制作过程中，可以通过开关 ⊙ 细分曲面 [Q] 来观察并调整物体效果。③若出现多余的点，可以在点模式下右击 ⚠ 选择优化 [U～O]。④在绘制样条时，可以切换多个视图来调整点位。⑤简单层级的缝娃娃思维路径如图 4-3-18 所示。

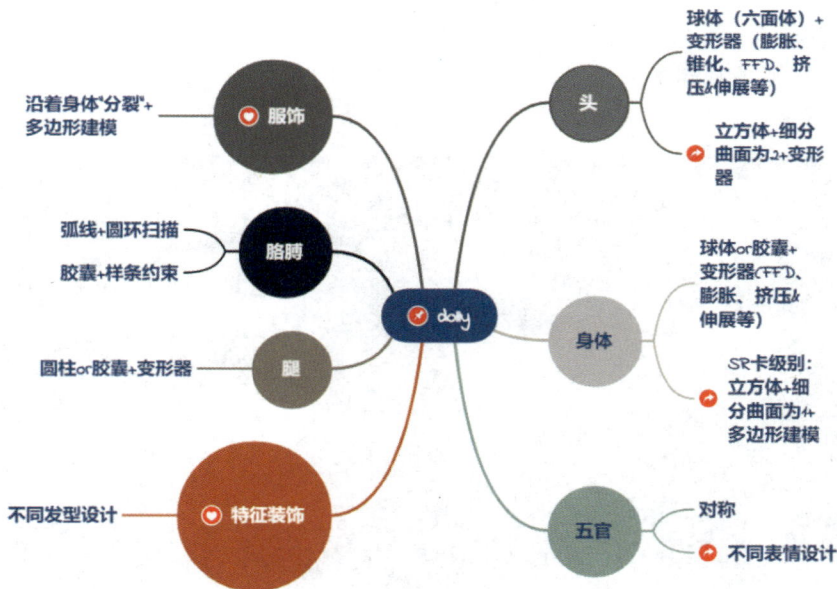

图　4-3-18

📖 缝个樱花娃娃（图 4-3-19）

① 头部制作。

创建 🔵 球体作为头部，转为 🖱 可编辑对象后，选中眼眶位置周围的点，⟷ 滑动点的位置调整眼眶大小，进行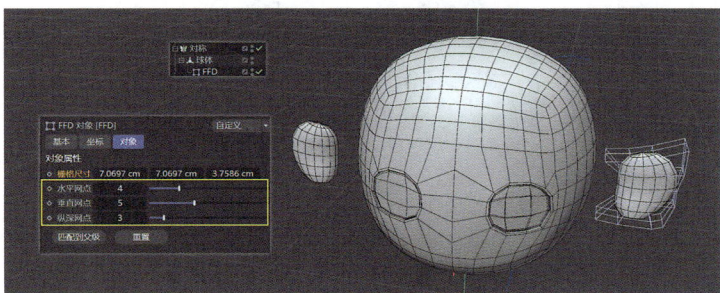嵌入 [I]（旧版为内部挤压）和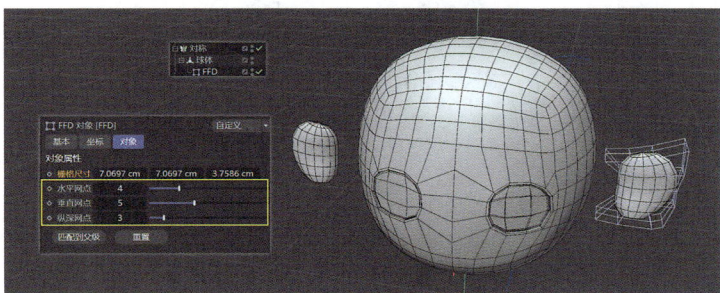挤压 [D] 向内形成眼眶。删除一半并使用对称创建另一只眼睛，添加细分曲面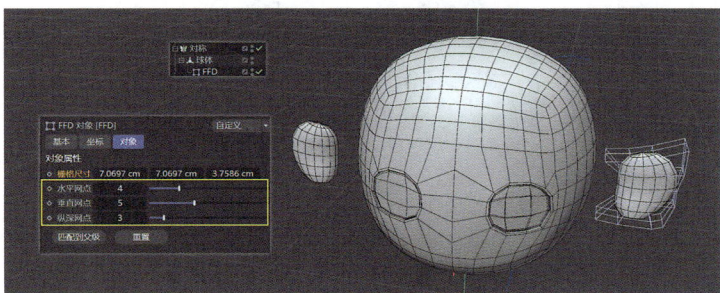。

注意，这里可以选择眼皮的面设置一个选集用来制作后续单独材质，如图 4-3-20 所示。对于耳朵，创建一个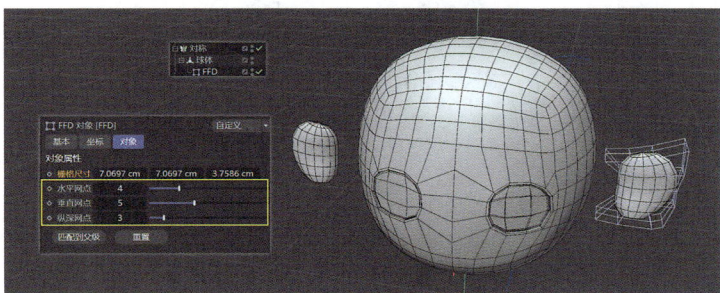球体并转为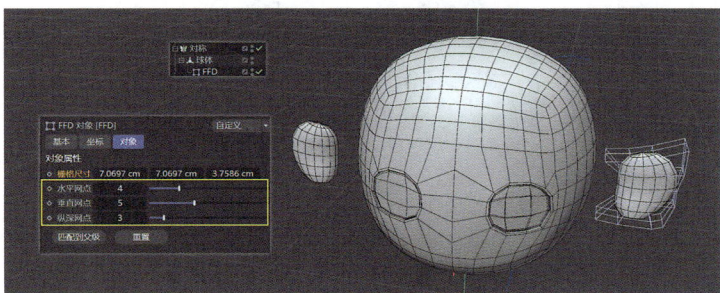可编辑对象，压扁后添加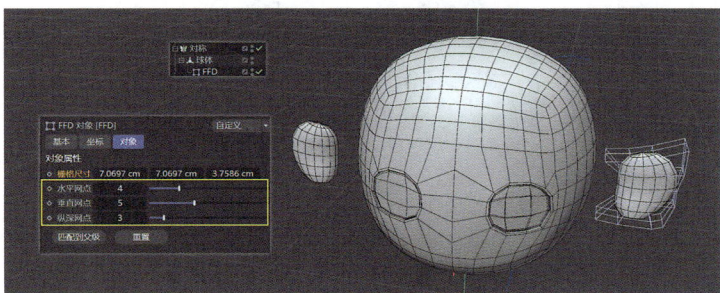FFD 变形器并匹配到父级，适当调整形状，如图 4-3-21 所示。

② 身体制作。

新建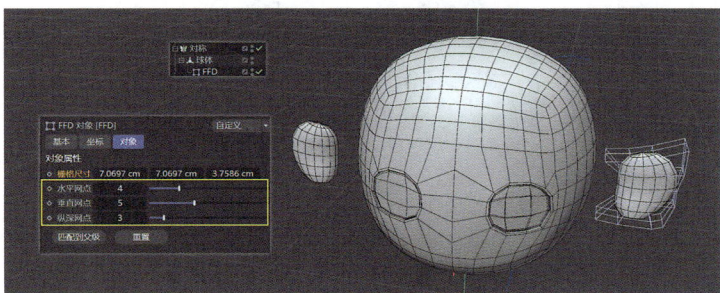立方体作为身体，添加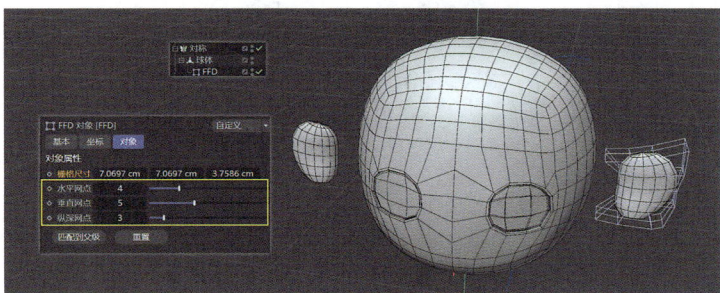细分曲面并将细分数值设置为 1，如图 4-3-22 所示。转为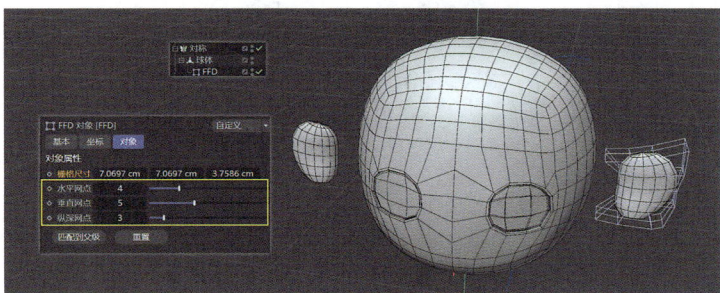可编辑化对象后，选择中间一圈横线，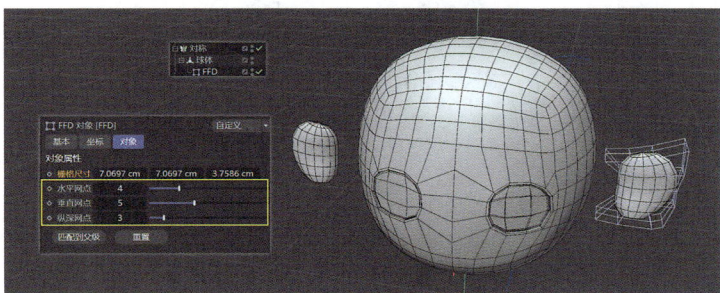倒角分线拉出肚子部分（倒角细分数默认为 0）。同理，通过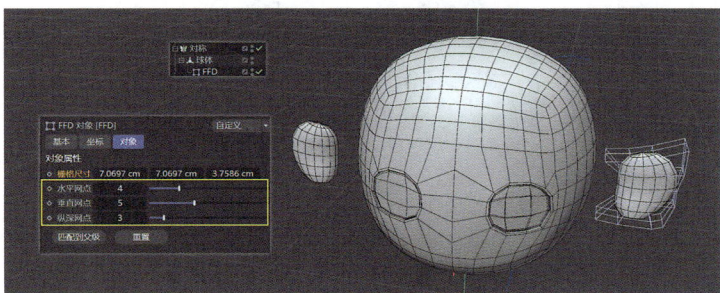倒角工具选择中间一圈竖线拉出脊柱部分（细分为 1）。调整身体宽度，删除一半并使用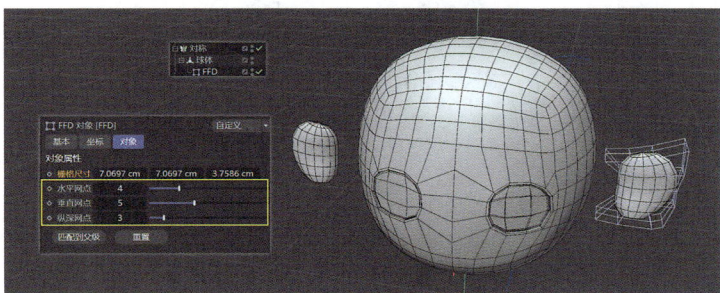对称创建另一侧，如图 4-3-23 所示。

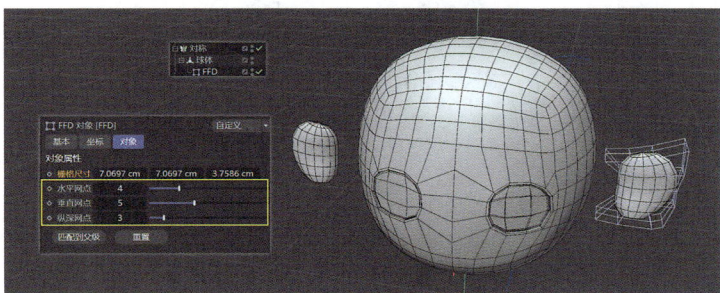

图　4-3-19

图　4-3-20

图　4-3-21

图　4-3-22

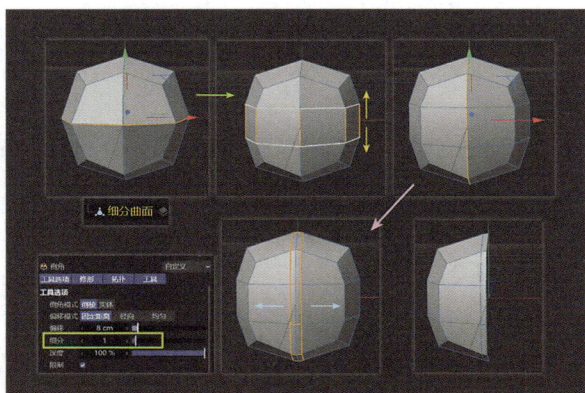

图 4-3-23

选择与胳膊连接处形成田字格的四个面📦进行嵌入 [I] 并删除,得到一个拥有八条边的胳膊接口处。同理,在身体下方🔪缝合腿部的胯骨位置选择形成田字格的四个面,通过线性切割 [K~K] 卡出一个米字形线条,进入点模式,选择中间的点,使用📦倒角工具(细分为 0)创建一个呈现为八个边的面,删除该面作为腿部接口,如图 4-3-24 所示。

图 4-3-24

③ 四肢制作。

创建🟦圆柱体作为手臂,设置旋转分段为 8,高度分段为 1,取消封顶,调整高度和宽度,复制一个用作腿部并调整比例,将三个对象都转为可编辑对象,并通过🧍连接对象和删除功能变为一个对象,通过🟦循环切割工具在胳膊上创建两条线,用作肩关节和肘关节并调整胳膊的位置,如图 4-3-25 所示。

④ 四肢缝合。

在线模式下,通过 Shift 键分别选中胳膊肩关节处的线条和身体接口处的线条,以🪡缝合工具 [M~P] 点对点缝合。同理,也可以使用🟦桥接工具 [M~B] 在边模式下将腿部与身体桥接在一起。通过🦋对称创建另一侧的身体,调整公差值,确保连接顺畅,如图 4-3-26 所示,调整腋下造型和身体比例细节,使造型更协调。

⑤ 手部制作。

新建🟦立方体并调整为类似手掌虎口中间部分的形状,分段数设置为 2,转为可编辑对象,选择侧边的四个面向外拉出手掌宽度,另一边同样向外拉,形成手腕部分。

图　4-3-25

图　4-3-26

与手指根相接的部分需要并列四个接口，即四个田字格，可以通过 循环切割增加分段数形成四个田字格。在 面模式下，选中一个田字格 的四个面并同时旋转这些面，可以按住 Ctrl 键向外复制多次以拉出小拇指，如图 4-3-27 所示，其他手指同理。

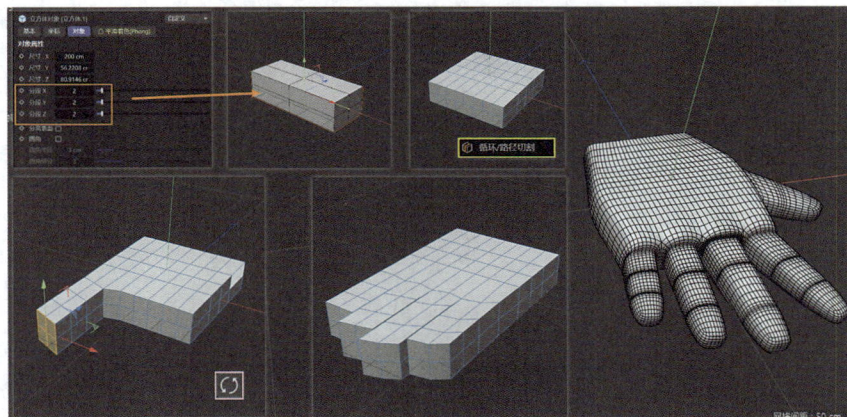

图　4-3-27

添加 ![]细分曲面，并在 ![]点模式下调整指关节凹凸。最后，像手臂和腿一样，使用 ![]缝合或者 ![]桥接工具将手部与身体接起来，如图 4-3-28 所示。

图 4-3-28

另外，这里也可以创建圆柱体作为手指，与手掌缝合起来。需要注意，这里的圆柱体与胳膊类似，旋转分段为 8，高度分段为 2，取消封顶，可以通过封闭多边形孔洞闭合指尖，并通过线性切割工具进行十字卡线。

⑥ 鞋子制作。

创建 ![]立方体制作鞋子部分，将立方体分段数均设置为 2 并转为可编辑对象。选中前方和上方的面，按住 D 键分别向外复制一个面，调整点位以创建鞋子外形。在鞋子顶部面通过 ![]线性切割 [KK] 卡出米字格的线，选中中心点 ![]倒角 [MS] 出一个八边面，选中这个面，按住 D 键向内挤压出鞋筒。

在鞋子上圈 ![]循环切割 [KL] 卡出环线，并调整线的位置来塑造褶皱与层次感。通过 ![]样条画笔绘制出侧面装饰物的样条，并使用 ![]圆环 ![]扫描出装饰物；选中鞋底的所有面 ![]分裂 [UP] 出单独的鞋底并调整点位。为整体添加 ![]细分曲面，如图 4-3-29 所示。

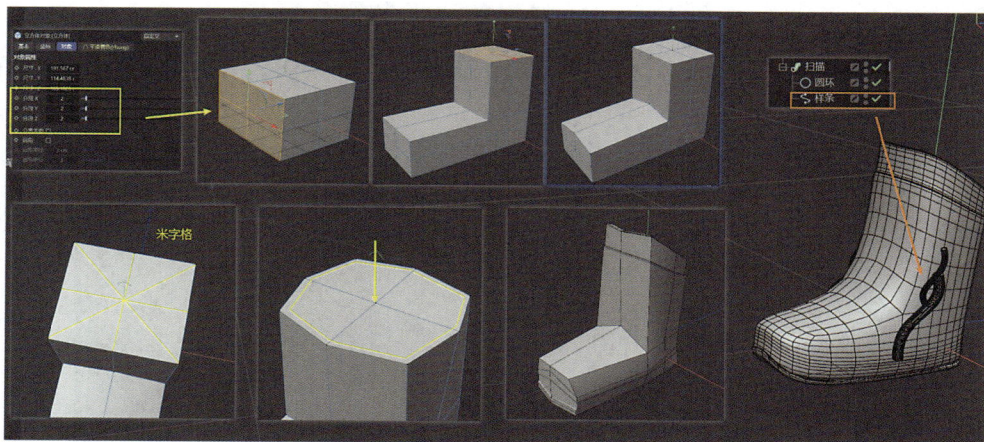

图 4-3-29

92

⑦ 发型制作。

创建 ▣ 立方体并添加 ◉ 细分曲面，将整个对象转为 ◢ 可编辑对象。删除不需要的面，通过 ▣ 循环切割工具 [KL] 在刘海分线处切割一条线，用线性切割 ✎ [KK] 切出一个分岔口，删除分岔口多余的面。在点模式下，通过 ▣ 滑动工具调整点的位置以完善发型形态，删除另一半后添加 ▶ 对称，将对称对象整体 ✦ 接变为一个对象后，通过 ◈ 挤压工具增加一定的厚度，最后添加一个 ◉ 细分连曲面，如图 4-3-30 所示。

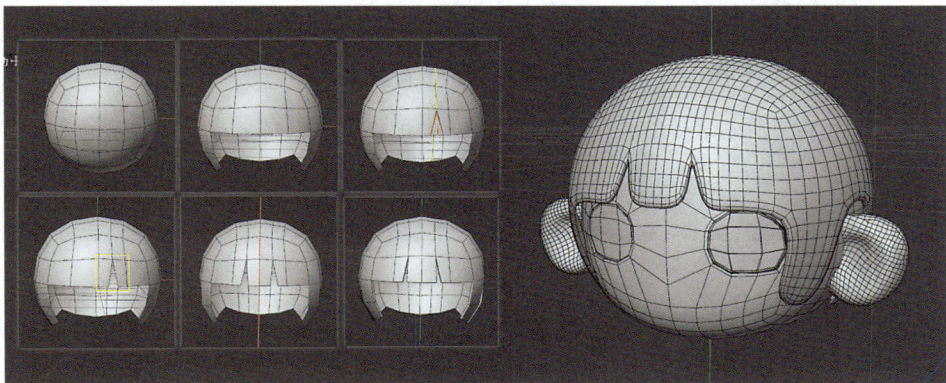

图　4-3-30

在面模式下，选择需要"生长"制作辫子的面，◈ 挤压 [D] 出厚度，通过缩放、移动和 ▣ 滑动工具调整面的大小和点的位置。在点模式下，选择中心点 ◈ 倒角 [MS] 出一个新的面，选择该面，按住 Ctrl 键再次向上复制出第二个新的面。同理，调整并制作其他的枝丫。最后删除一半并添加 ▶ 对称和 ◉ 细分曲面，如图 4-3-31 所示。

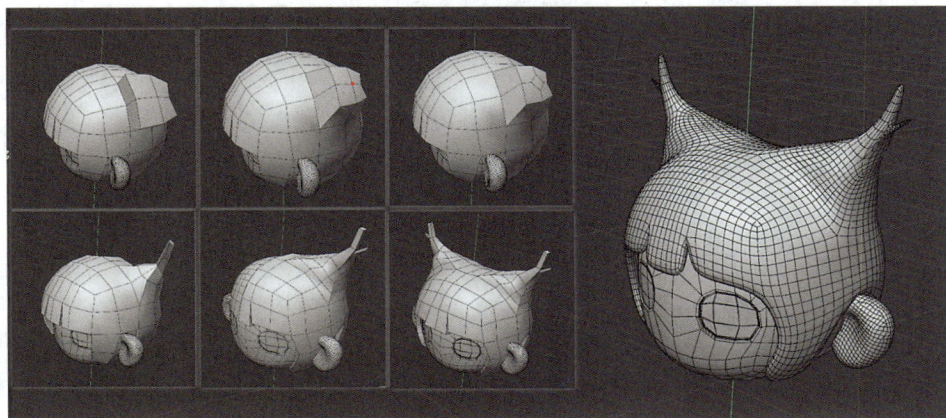

图　4-3-31

⑧ 辫子制作。

创建 ▩ 螺旋线样条，并调整其半径、角度，使样条线围绕发髻制作辫子，垂下部分的辫子可以将螺旋线样条转为 ◢ 可编辑对象后，通过 ✐ 样条画笔继续绘制。创建一个 ◈ 平面并添加 ∞ 样条约束，以螺旋线为约束样条将平面约束在样条上，调整平面的宽高及分段数，最后整体添加 ◉ 细分曲面和 ▶ 对称，如图 4-3-32 所示。

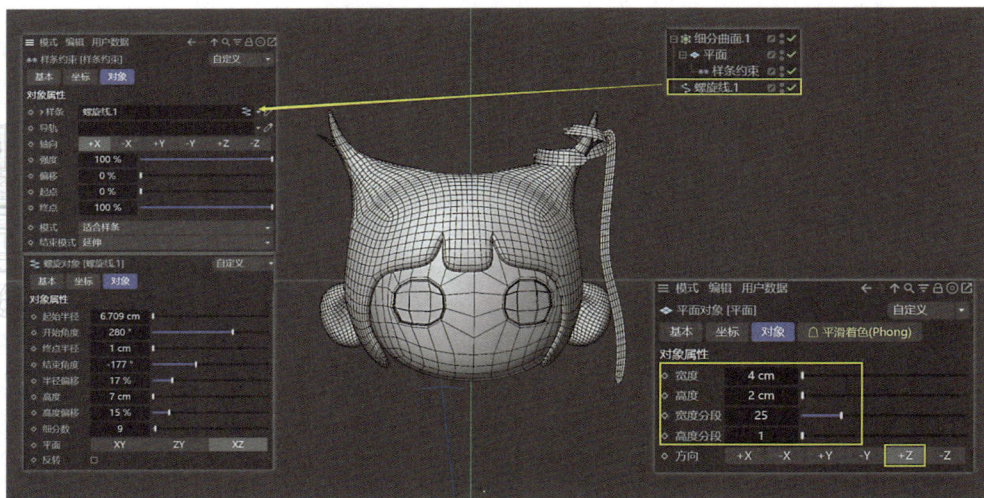

图 4-3-32

⑨ 樱花制作。

创建 ⬛ 立方体，转为 ◿ 可编辑对象，通过 ◻ 循环切割 [KL] 在中心和两边分别切割一条线，在点模式下，调整点的位置并制作成樱花花瓣的形态。❀ 克隆花瓣，更改克隆模式为"放射"，并调整克隆数量和半径，通过旋转调整花瓣，呈现向内扣的形态。创建 🔵 球体并转为 ◿ 可编辑对象，将其缩放压扁作为花心，最后为整体对象添加 ⊙ 细分曲面，如图 4-3-33 所示。

图 4-3-33

⑩ 衣服制作。

将制作好的身体与头部缝合后，选择身体上的部分面 Ｙ 进行分裂 [UP]，创建上衣并调整点的位置。选择胸前的线，通过断开连接 [UD] 工具制作开襟。以相同的思路，从身体部分面分裂创建腰带和领口，并调整完善其形态。裙子部分同样在 Ｙ 分裂 [UP] 出的面上选择最下圈的线，按住 Ctrl 键向下复制，拉出裙摆部分，并通过点的位置调整褶皱。最后使用挤压工具 [D] ⬛ 挤压出衣服的厚度，并为整体添加 ⊙ 细分曲面，如图 4-3-34 所示。

图　4-3-34

在这个案例中，①通过田字格、米字格等常用的"缝娃娃"布线结构简单理解制作过程。②自然界大多数生物体呈轴对称结构，通过对称工具可以有效提高制作效率。公差值用于自动合并接近的点，避免手动调整过于接近的点而产生误操作。③在连接身体与四肢时，需要先连接整体对象，再使用桥接 [MB] 或缝合 [MP] 工具。④调整点、线、面时，可通过切换视图精细处理，使娃娃造型更自然生动。在这个过程中，可以通过循环切割 [KL]进行布线，包括等比增加线条分布或减少不需要的线条等，通过布线操作可以优化模型结构，使得线条分布更加均匀合理。⑤缝娃娃建模的进阶思路梳理如图 4-3-35 所示。

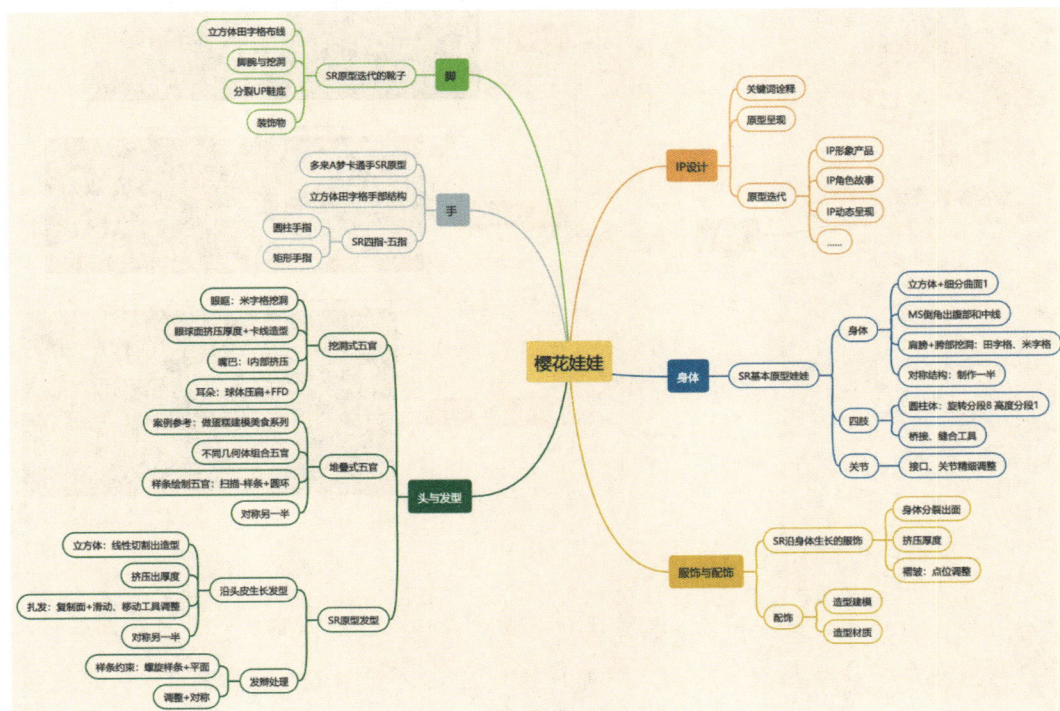

图　4-3-35

四、像捏橡皮一样建模

在广义范畴下，所有模型都可以看作基础几何体的组合与变形，如果说"搭积木"的方法偏重组合，那么"捏橡皮"的方法则更注重变形。与通过二维样条线作为模具的"做蛋糕"方式不同，捏橡皮结合了缝娃娃的特征化造型，缝娃娃针对的是生物体的特征化造型，而捏橡皮就像小时候玩过的橡皮泥一样，更加灵活和自由，它通过点、线、面模式来识别对象，把形体"打散"（转为可编辑对象），并通过多边形建模的应用，熟练运用参数化几何体、参数化样条结合 NURBS 等生成器、造型器、变形器、运动图形克隆工具、效果器、域等功能。以不同的卡通建筑造型系列设计为例，通过尝试总结建筑原型，逐步进行数字三维原型的设计迭代，如图 4-4-1 所示。

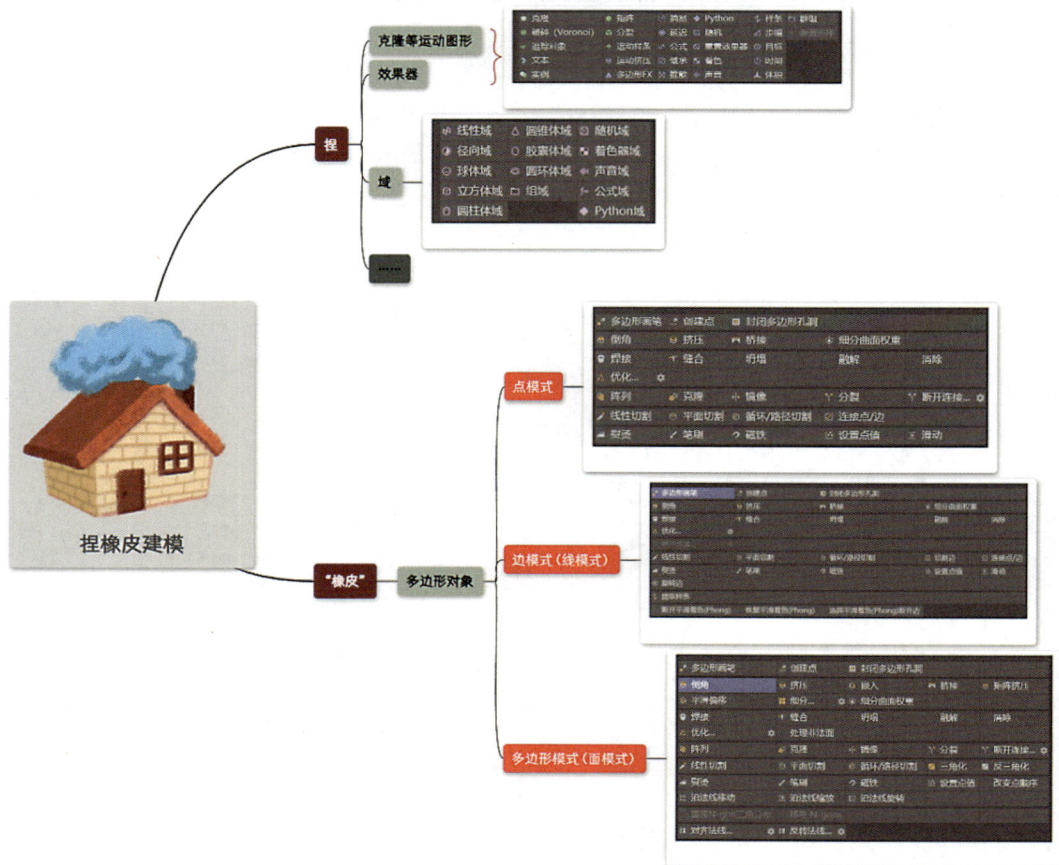

图　4-4-1

捏橡皮建模的基本"原型"组件由建筑体的基本部位构成，主要包括建筑房体、房顶、门窗、楼层以及外立面装饰。这些基础部件既是建筑设计的核心元素，也是建模过程中灵活组合与变形的基础。不同建筑风格的设计，在这些基础部件上体现出鲜明的差异。房体的外轮廓、比例、细节处理都会随着建筑风格的变化而有所不同，尤其是在中式风格建筑中，其特征更加鲜明，比如屋檐翘角、分层布局、对称结构等。通过对建筑基本组件的提炼，像捏橡皮一样，对每个部分进行大形塑造和细致调整，既可以保留原有风格，又可以灵活组合新的创意造型，如图 4-4-2 所示。

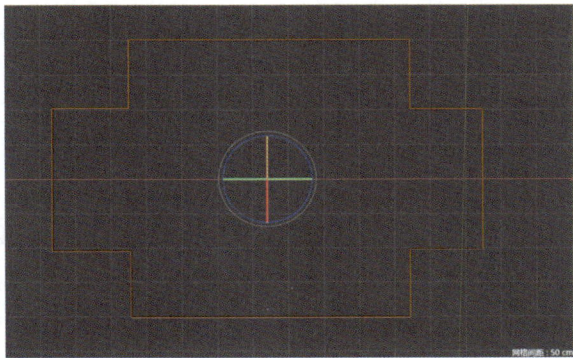

图　4-4-2

电影院、茶饮店和城市商业楼体是现代城市中充满年轻活力和流行元素的消费场所，代表了当代流行趋势和商业活力。通过观察这些建筑模型，我们可以使用不同的样条线样式的挤压来塑造建筑的外形结构，并通过"布尔"功能实现门窗位置的"挖洞"，从而为建筑增添细节和功能性。同时，通过复制进行楼层叠加，可以实现建筑的纵向扩展。此外，通过添加窗帘、遮阳棚、标牌、灯具等装饰元素，可以进一步丰富建筑的外观细节。为了细化建筑造型，还可以利用圆柱体等几何体来制作窗框、围栏等装饰性结构，并结合样条工具与变形器实现更为复杂且多变的形态效果。通过调整主体结构的基本参数，如球体、柱体、角锥等形状的大小和比例，可以模拟出不同风格的建筑外形，灵活地呈现多样化的建筑设计。

➤ 电影院（图 4-4-3）

① 单击■矩形样条创建长方形主体，并设置平面方向为 XZ 轴。在顶视图中，新建四个矩形样条并分别放置在长方形的四个角落。依次选择角落的四个样条，再选中主体样条，通过■样条差集操作得到一个新的形状，如图 4-4-4 所示。■挤压编辑好的样条，调整方向为 Y 轴，制作出电影院的第一层楼体。

图　4-4-3　　　　　　　　　　　　　　　图　4-4-4

第四讲　创意实践：数字三维设计多维建模思路

97

② 制作影院窗户。单击▣圆柱体,通过▢布尔工具挖出窗户的形状,如图4-4-5所示。复制该圆柱体并勾选属性面板中的◇圆角☑封顶/圆角进行倒角处理。然后,创建两个▣立方体作为窗框,调整长宽数值后摆放成十字形,如图4-4-6所示。

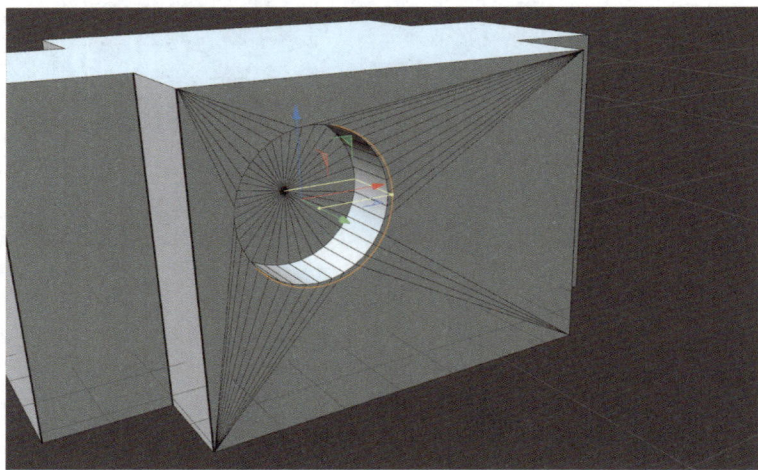

图 4-4-5

图 4-4-6

③ 制作电影院大门。新建▣立方体并调整大小位置,通过▢布尔工具减去▣立方体的形状,挖出大门的位置。进一步制作门帘,新建▣圆盘,设置方向为Z轴并打开◇切片☑切片属性将其切成半圆形。选中半圆的直线边,按住Ctrl键向外▣挤压,得到遮阳棚的其中一片,通过◈线性克隆,沿X轴克隆并调整克隆数量,使其覆盖整个大门,如图4-4-7所示。

④ 制作门帘,使用▨样条画笔绘制弯曲的样条,并向下▣挤压得到门帘形状,如图4-4-8所示。

⑤ 将第一层楼 [Alt+G] 打组并复制,删除一楼的门洞并复制窗户,得到第二层楼。接着制作顶楼房檐和楼间屋檐部分,将楼层单独复制后降低高度,通过◈倒角变形器调整屋檐和建筑物边缘的柔和度,效果如图4-4-9所示。

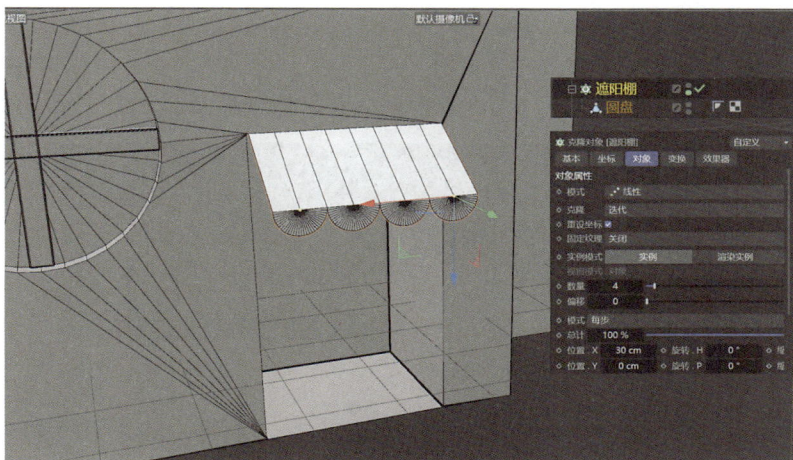

图　4-4-7

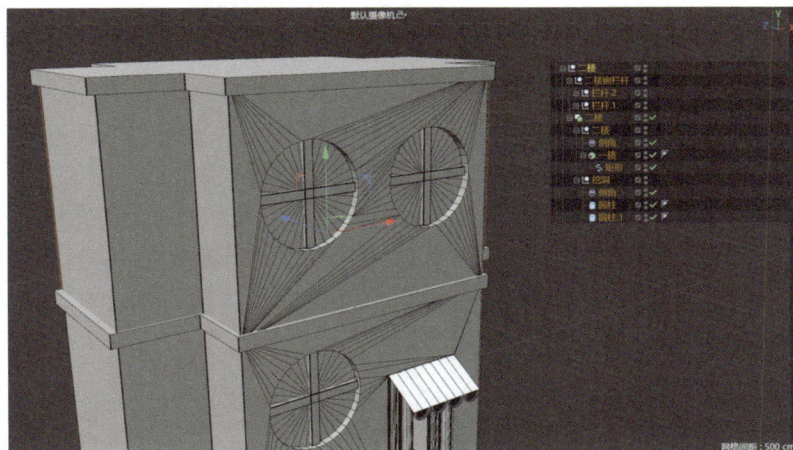

图　4-4-8

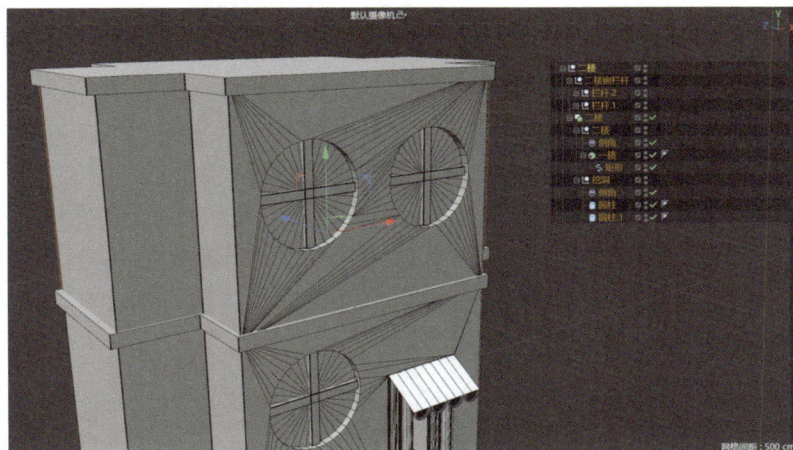

图　4-4-9

⑥ 制作电影院装饰牌。新建 T 文字样条，编辑 "CINEMA" 的字样，调整大小并设置为左对齐后 挤压，复制一份并再次挤压以制作招牌厚度层次，如图 4-4-10 所示。使用 倒角变形器使文字装饰牌的边缘更加柔和。电影院的总体效果最终如图 4-4-11 所示。

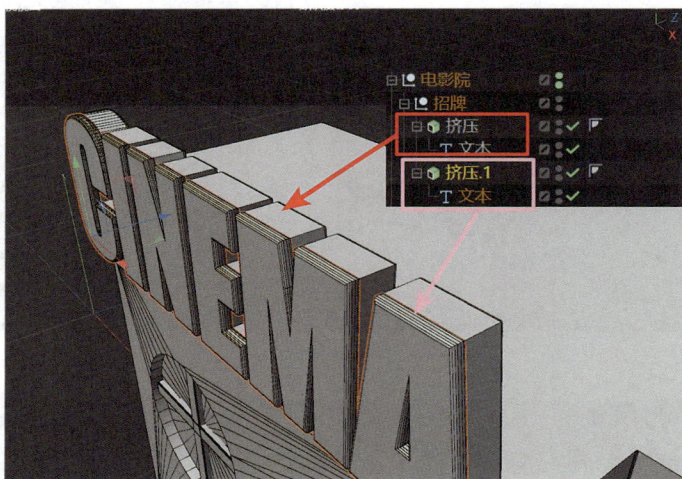

图　4-4-10

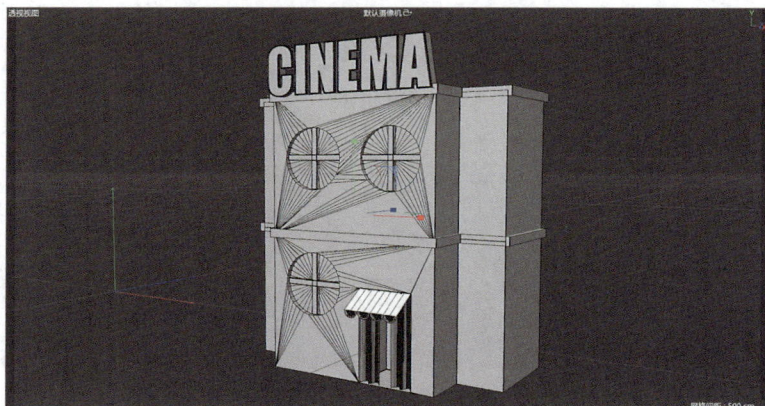

图　4-4-11

☞ 在该案例中，① 考虑到电影院的外形与基础矩形样条的差异，我们可以通过四个正方形样条减去长方形的四个角得到需要的形状。案例中使用了 样条差集处理该形状。除此之外，还可以选择四个矩形样条，通过 连接对象+删除 将其转换为一个对象，然后将该新对象和长方形样条一起 进行布尔运算，调整样条布尔的轴向为 XZ（沿着 Y），也能得到类似效果。② 在使用布尔功能处理门窗效果时，可以对整体对象进行编组处理以简化操作。

➤ 咖啡店（图 4-4-12）

① 单击 矩形样条创建主体，转为可编辑对象，进入点模式，选中点并使用 倒角工具，添加 刚性差值以提高边缘的

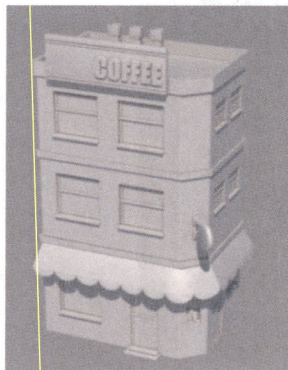

图　4-4-12

锋利度。调整完成后，使用 挤压工具沿 Y 轴挤压制作出第一层楼体，如图 4-4-13 所示。

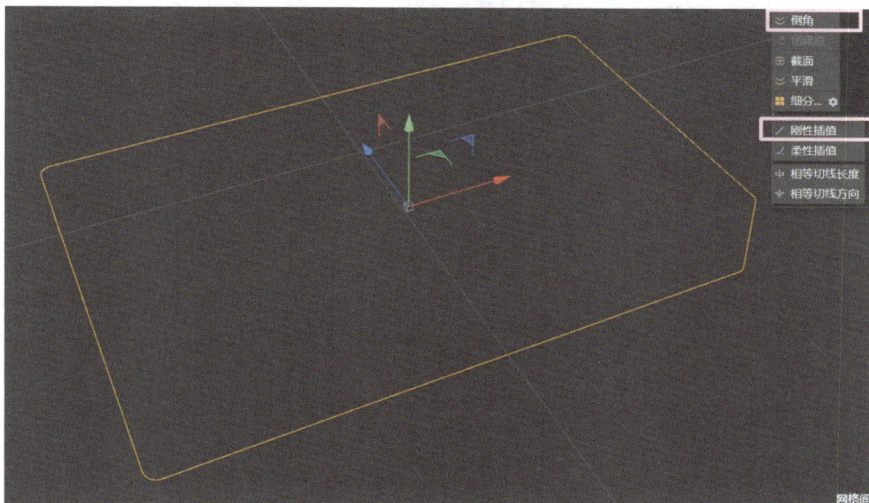

图　4-4-13

②　单击添加立方体，通过 布尔工具挖出窗户和门的位置。窗户和门框可以通过立方体的组合来完成。复制并调整立方体的长、宽、高等数值，分别制作窗台、窗沿和窗玻璃，如图 4-4-14 所示。同时，通过几何体组合制作门、门框、门把手和台阶等细节，最终效果如图 4-4-15 所示。

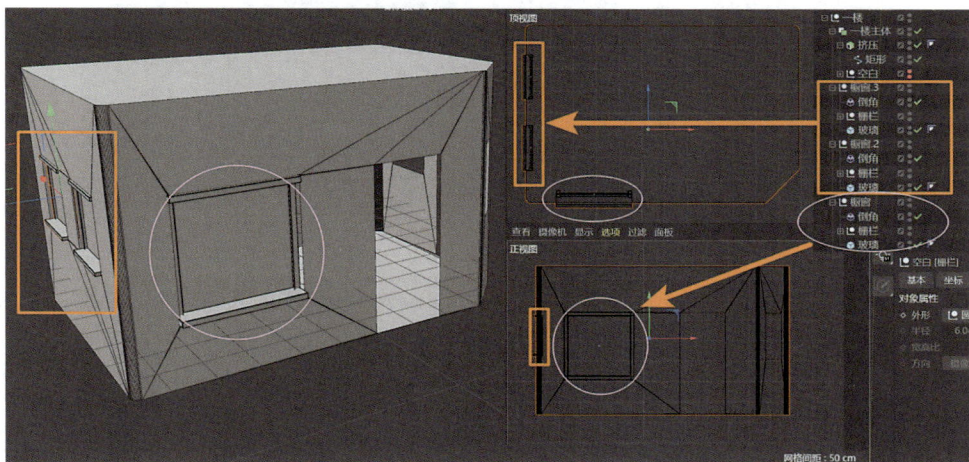

图　4-4-14

③　复制立方体，通过 布尔工具挖出橱窗位置。可以组合基础几何体以丰富细节，如 球体、 立方体。制作左侧窗户的操作与第二步类似。最后将第一层整理并打组，如图 4-4-16 所示。

④　复制一楼，用于制作二楼和三楼，删除多余的门和橱窗，如图 4-4-17 所示。制作楼间屋檐的横梁时，复制一楼房体并使用缩放工具降低高度，略微放大后，调整位置放到楼层之间。

第四讲　创意实践：数字三维设计多维建模思路

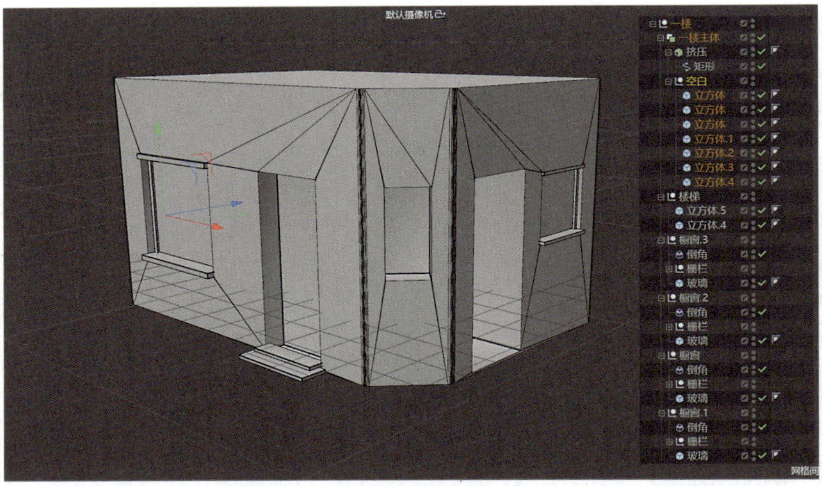

图　4-4-15

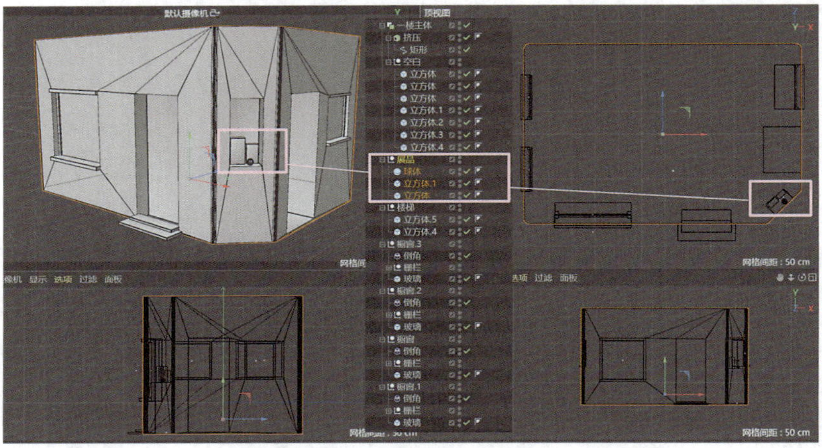

图　4-4-16

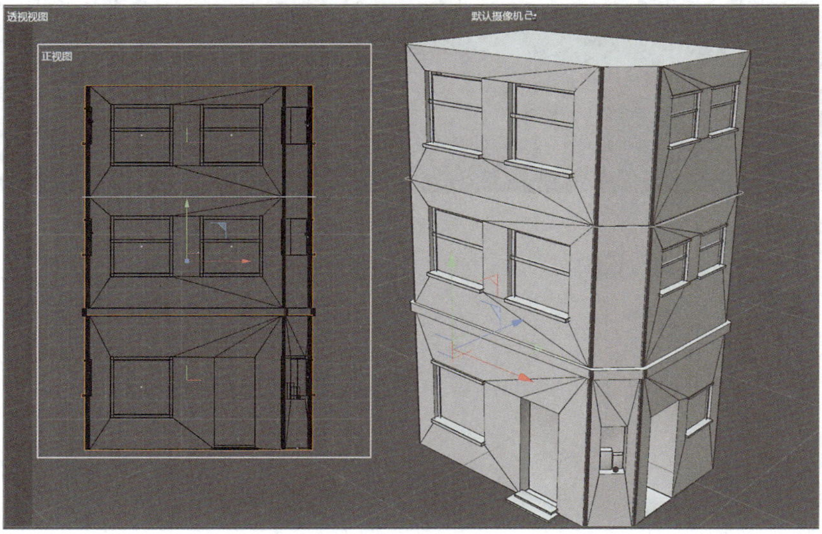

图　4-4-17

⑤ 制作房顶部分，复制一层横梁并置于楼房顶层。转为可编辑对象后进入面模式，选择顶面使用■嵌入功能，按住Ctrl键向下复制移动，制作楼顶平台，效果如图4-4-18所示。

⑥ 为平台添加细节，创建■立方体并调整位置与大小，勾选圆角 ◇ 圆角 ✓ 以柔和边缘，完成水箱底部的制作。选中该立方体，复制后转为可编辑对象，在面模式下选择顶面，使用■嵌入功能，按住Ctrl键向下复制移动，制作水箱，如图4-4-19所示。通过■倒角变形器调整偏移值和细分数使边缘柔和，最后将制作好的水箱部分打组，复制两份并调整位置，如图4-4-20所示。

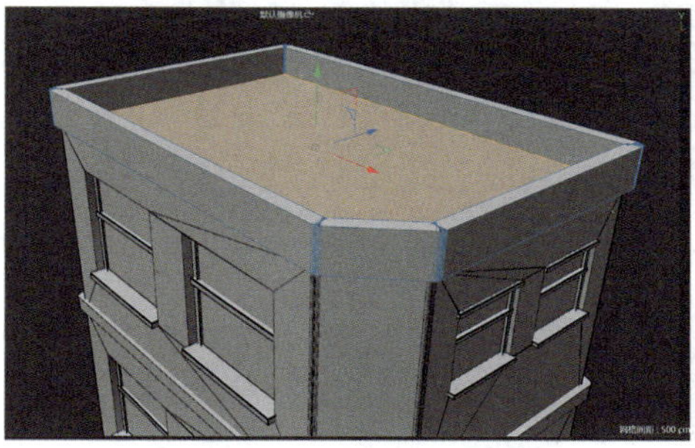

图 4-4-18

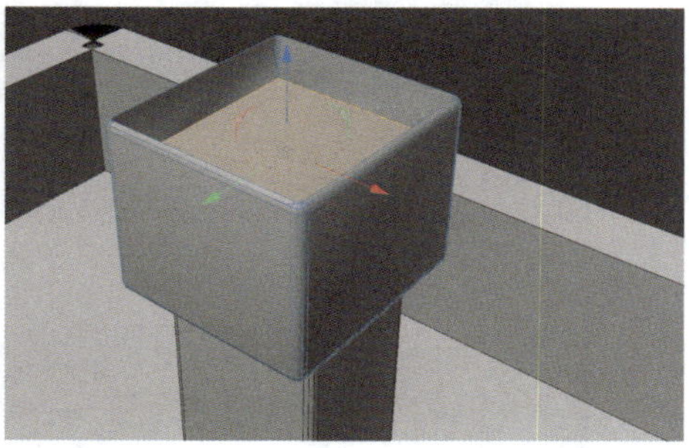

图 4-4-19

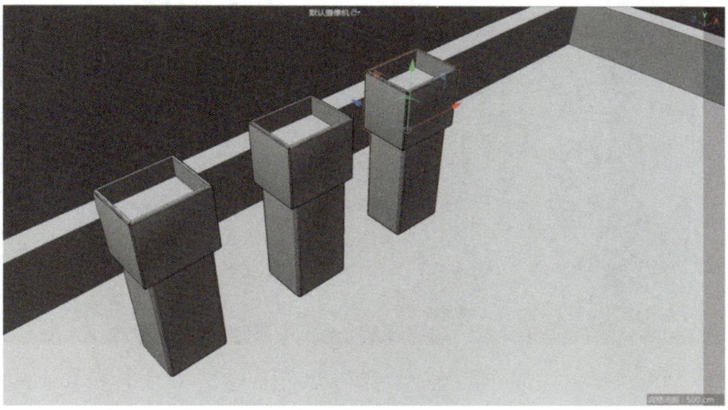

图 4-4-20

⑦ 制作奶茶店装饰牌。新建■立方体，调整大小与位置，勾选圆角 ◇ 圆角 ✓ 以柔和边缘，复制■三个立方体，分别放置在装饰牌的上下方，用作霓虹灯带。新建■文字样条，编辑"COFFEE"字样，调整大小后设置为居中对齐，并使用■挤压工具改变厚度。设置挤压对象的倒角尺寸，使文字的边缘更加柔和，如图4-4-21所示。

⑧ 制作牌照灯。新建■立方体，通过■PRS转移到二楼楼房位置，勾选圆角 ◇ 圆角 ✓ 并调整细分数为3，如图4-4-22所示。灯架制作完成后，添加■圆柱体制作灯牌，调整大小后修改朝向，增加分段数以柔和边缘，最终效果如图4-4-23所示。

⑨ 为一楼制作遮阳棚。为简化操作，可以复制前面电影院案例的遮阳棚模型。为了使遮阳棚的边缘紧贴建筑物，首先复制建筑物的■矩形样条，关闭闭合样条属性 ◇ 闭合样条 □ ，删除不需要的边。接着为模型添加■样条约束，约束样条为修改后的建筑样条，调整样条约束的Banking数值，使遮阳棚旋转到合适的角度，如图4-4-24所示。调整克隆数量和细节，使遮阳棚紧密围绕一楼上檐，最终效果如图4-4-25所示。

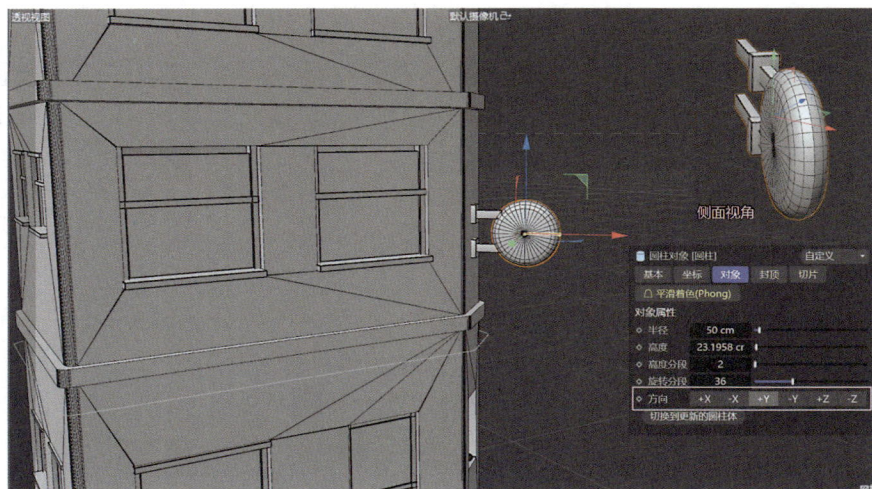

图 4-4-21

图 4-4-22

图 4-4-23

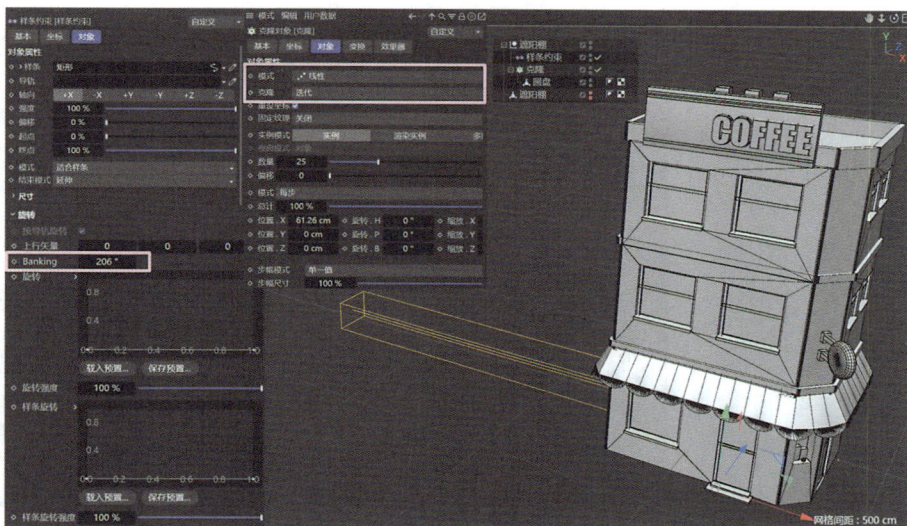

图 4-4-24

图 4-4-25

👉 在该案例中，①我们通过布尔工具、嵌入功能和倒角变形器等技术，结合几何体的组合，可以更精细地制作建筑的外形与细节。通过不同几何体的组合和布尔操作，可以快速制作出窗户、门、橱窗等结构。②在制作过程中，使用 [Alt+G] 键对不同部分进行打组管理，可以有效地避免模型混乱，并提高后期调整的效率。

➤ **城市商业楼**（图 **4-4-26**）

① 首先制作商业楼的基本楼体。新建 🟦 立方体，转为可编辑对象，在面模式下选中底面，使用 🔳 缩放工具，按住 Ctrl 键放大后向下 🟦 挤压延伸出底座部分。完成底座后，继续选中立方体顶面部分，结合 🔳 缩放和 🟦 挤压工具，重复以上操作，向上制作出第二层和第三层，在制作过程中，确保每一层的面积都比下方的层小，效果如图 4-4-27 所示。

② 避雷针由针体和底座组成，首先制作避雷针底部，在第一步的基础上直接选中顶面继续复制、挤压、缩放以制作小梯形底座。制作避雷针时，选中梯形底座的顶面，使用 🔳 缩放工具，按住 Ctrl 键缩小到一个很小的面，然后使用 🟦 挤压工具直接向上拉动，效果如图 4-4-28 所示。

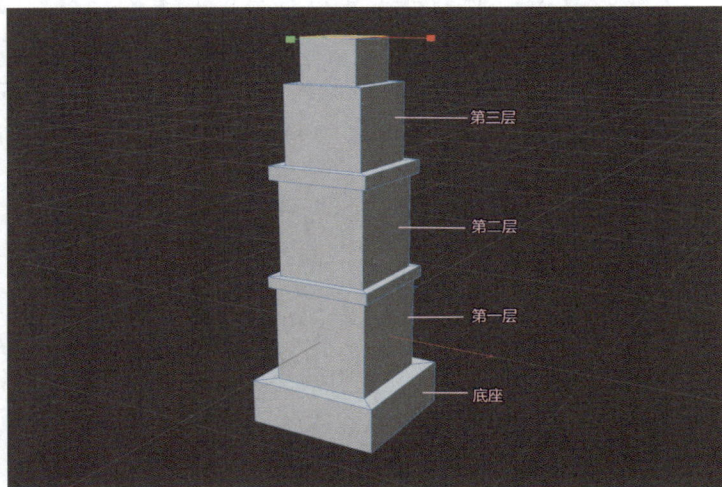

图　4-4-26　　　　　　　　　　　　　　　　　图　4-4-27

图　4-4-28

③ 制作大楼细节结构。使用循环选择█选中第一层的四个面。在面模式下，使用循环切割工具进行切割█[K ~ L]，按住 Shift 键在 50 % 均等分的位置横向切割，按顶部控制栏的 "+" 号将切割条数增加至 4。竖向切割同理，注意勾选限制到所选█限制到所选█后竖切 4 条，其余三面重复上述操作。选中切割后的所有面█，使用嵌入 [I]，取消勾选保持群组█保持群组　□█，向内█挤压 [D] 以制作窗格效果，如图 4-4-29 所示。完成操作后，█存储选集，以便后续材质的添加和调整。

④ 制作二层竖向灯带。使用█循环选择选中四个面，与前一步骤的处理相同，在 50 % 均等位置切割 5 条，重复此操作，在二层其他面上切割。在线模式下，使用█转换选择模式，将选中的多边形转为边。使用█提取样条工具，将选中的边提取为单独样条线█立方体样条█，结合█矩形样条线界面添加█扫描，截面在上，样条在下，调整截面的高度和宽度，具体效果如图 4-4-30 所示。

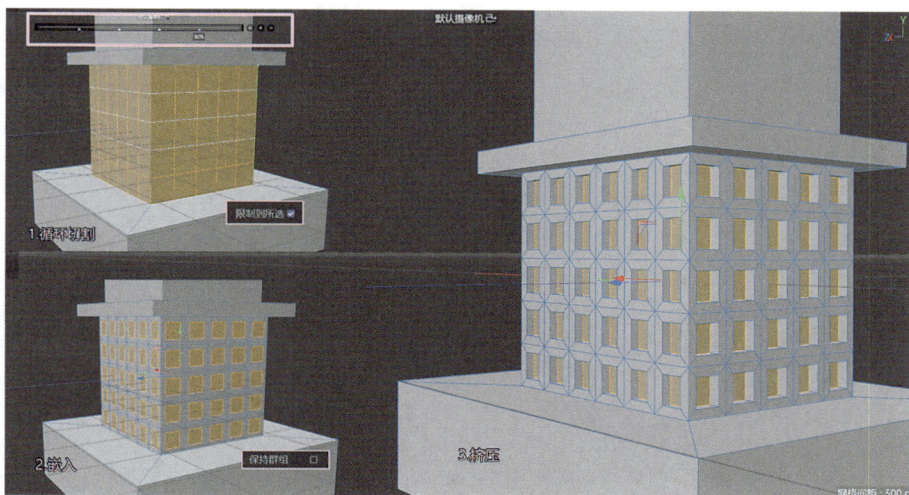

图 4-4-29

图 4-4-30

⑤ 制作第三层效果。在线模式下，使用 🔪 线性切割工具切割 2 条平行线。切换到面模式后，选中新增平面进行缩放，再通过 ⬡ 挤压工具制作出镜子厚度。选择同层的另一个面，使用循环切割并勾选限制到所选 限制到所选✔ 进行切割，然后选择面并通过 ⬡ 嵌入向内挤压，使用 ⬡ 挤压工具制作出一定厚度，效果如图 4-4-31 所示。

⑥ 选中第四层方块，进入面模式，选中四个面，此处如图 4-4-32 所示，可以有线性切割、平面切割、循环路径切割三种切割方法。切割后，在线模式下，可以按住 Shift 键加选三条环形线圈，或者在选择栏单击 🔳 路径选择 [U~M] 工具，沿着路径描画选择出样条边。选中后进行扫描，操作与前一步相同，得到单独的建筑外立面装饰元素模型。此时，也可以使用 ⬡ 倒角分线得到新的边，然后使用 🔳 转换选择模式将选中的线条边转换为多边形，最后使用挤压工具得到一体化的建筑外立面结构。

107

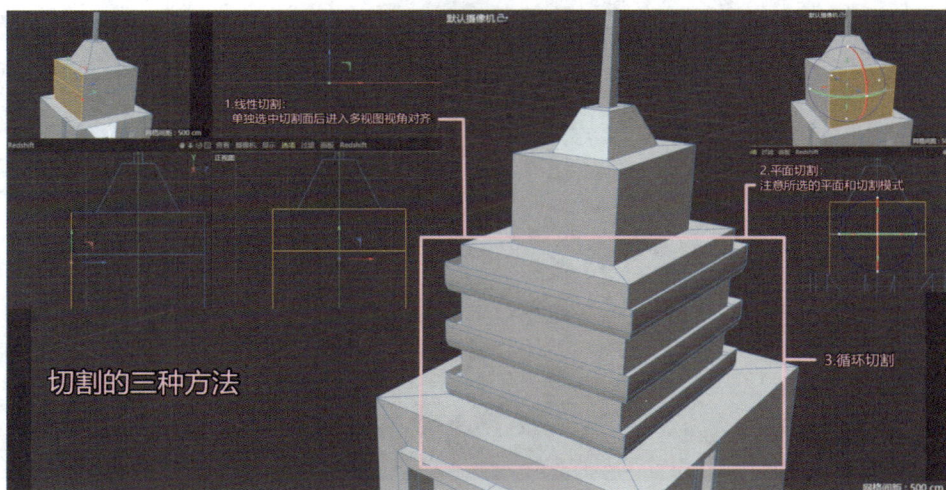

图　4-4-31

图　4-4-32

⑦ 完善和修复。在建模过程中，如果出现模型转折处无法连接的情况，可以使用 ⬛ 滑动工具 [M～O]+ 🔺 优化线条解决。具体操作如下：由于样条提取时切割方式不同，切割的线条会出现断开的情况，选择 ⬛ 滑动工具 [M～O] 调整点的位置，确保两个端点重合。此时，即使端点位置重合在一起，线条也是断开的。因此，可以在点模式下 ⬛ 框选需要连接的点，使用 🔺 优化 [U～O] 功能合并线条，也可以使用 ⬛ 焊接 [M～Q] 工具进行连接。完成后，重新 ⬛ 提取样条，如图 4-4-33 所示。

⑧ 局部调整，整体检查。添加 ⬛ 倒角，修改细分数和偏移值，最终效果如图 4-4-34 所示。

在这个案例中，① 在进行切割操作前，确保根据需要勾选限制到所选 ⬛ 限制到所选☑ 功能，这样可以使切割操作仅限于当前选中的面，提高操作精度。② 🔺 优化和 ⬛ 焊接对于模型修复非常有用，如果切割过程中出现线条断开或者两点位置无法合并的情况，

数字三维设计从创意到创作

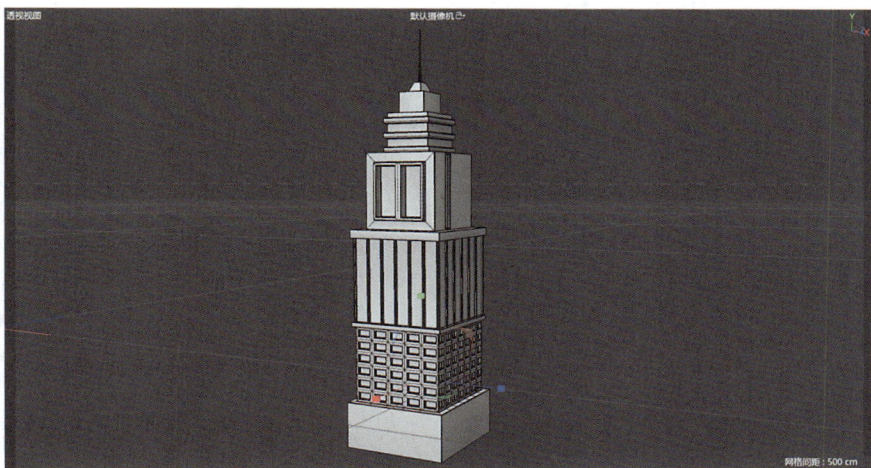

图　　4-4-33

图　　4-4-34

可以通过滑动工具调整点的位置，再使用优化或焊接工具进行修复。③如果需要将模型与其他对象对齐，可以打开⬜轴对齐功能，执行重置轴心，再使用⬜复位变换将模型复位，使其与其他对象处于同一水平线。

📖 捏一套特色文旅打卡地

中国历史悠久，每座城市都有其独特的文化景观和旅游地标，其中许多更是被地方文旅部门精心打造为"特色文旅打卡地"，成为展现地域文化与历史魅力的重要窗口。本节中的系列案例，如武汉的传统早点小吃摊、地标性的电视塔、早期建筑江汉关以及古建筑代表黄鹤楼，都是这座城市深厚文化底蕴的体现，也是游客和市民必访的文化旅游胜地。

图　4-4-35

> **早餐摊**（图 4-4-35）

城市清晨，一碗热气腾腾的豆皮、一份刚出锅的热干面是武汉当地市民一天活力的起点。早餐摊不仅是简单的餐饮场所，更是城市文化的缩影，它承载着老街巷口的烟火气息。这个案例将以武汉特色早餐摊为主题，呈现具有地域特色的文化符号。

① 创建立方体■，调整宽和高作为小摊的主体框架。再另建一个立方体并通过■布尔运算，形成小摊的内部空间。复制立方体，制作小摊的底座与外部台面，将台面立方体转为可编辑对象■后，在线模式■下，使用循环切割■工具 [K ~ L] 在立方体右侧切割出一个面，进入面模式■后，选中侧面并按住 Ctrl 键向后移动，形成外部台面结构。

② 复制一个台面并调整大小，放置于小摊顶部作为灯带部分。将制作完成的基础模型打组后，添加倒角变形器■，调整偏移值和细分数，使整体模型的边缘更圆润，如图 4-4-36 所示。

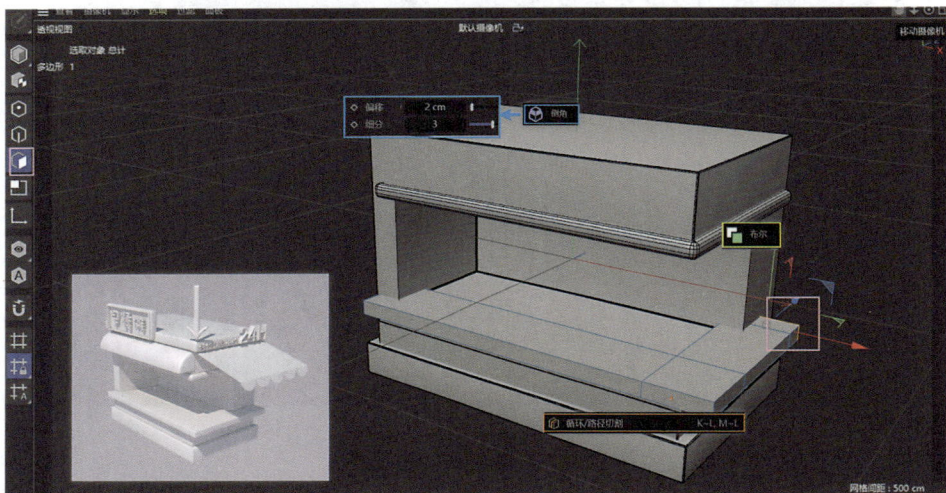

图　4-4-36

③ 制作正面遮阳棚，创建一个圆柱体■，调整其方向，打开圆柱的切片属性，将起点设置为 -180°，终点为 -90°，制作成四分之一的圆柱形，调整位置和大小。侧面的遮阳棚可以复制咖啡厅案例的遮阳棚模型，并调整其位置、大小、克隆■数量及克隆对象中的 X 轴间距，确保遮阳棚覆盖小摊侧面。为遮阳篷添加两个圆柱体■作为支撑杆，如图 4-4-37 所示。

④ 制作小摊招牌。创建一个立方体■，调整大小后放置在小摊顶部，打开圆角属性。将立方体转为可编辑对象■后，进入面模式，选中正面，通过嵌入■向内挤压出边框，再按住 Ctrl 键向内移动做出厚边框效果。使用倒角变形器■调整整体边缘，使其更加圆润。随后创建文字样条■，编辑文本内容并调整位置与大小，对齐后挤压■增加厚度，同时设置倒角以柔和文字边缘。同理，制作小摊右侧的文字指示牌，如图 4-4-38 所示。

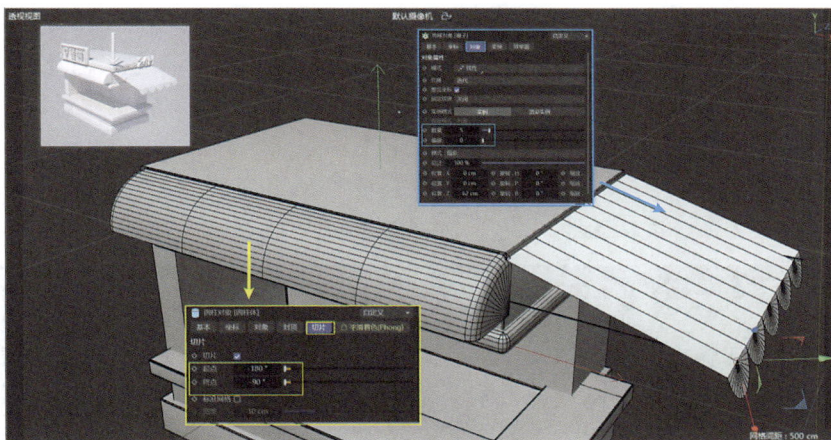

图　4-4-37

图　4-4-38

☞　在这个案例中，①尝试文化特色融入，"过早"是武汉当地吃早点的方言，在设计时可以适当融入地域文化特色，使作品更具生活气息与趣味性。②创意表达与细节设计。通过调整细节，结合不同的设计元素（如小箭头、灯牌、遮阳篷等），可以增强作品的视觉吸引力和设计感，展现独特的创意。③捏橡皮盖房子技巧灵活运用。布尔运算、卡线、挤压、倒角等基本建模技术是实现复杂造型的核心工具。灵活运用这些方法，能够提升作品的层次感和细节表现力，为设计增添多样性和独特性。

➤ 电视塔（图4-4-39）

城市中常见的标志性建筑，如武汉龟山电视塔、上海东方明珠、广州"小蛮腰"等都是充满现代设计感的创作灵感来源，通过观察不同建筑的特点可以为建模提供参考，打造独具特色的作品。

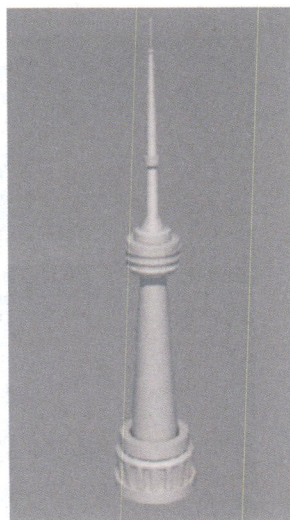

图　4-4-39

① 创建一个圆柱体 🔵，调整大小、高度并将高度分段数设置为 1，旋转分段数设置为 30。将其转为可编辑对象 ✍️ 后，进入线模式 ⬆️，使用循环选择 ▶️ [U ~ L）选择底部一圈线并缩放，形成圆台的造型。随后，可以使用管道 🔵 制作电视塔的底座部分。

② 创建圆柱体 🔵 作为电视塔的中部结构。将其转为可编辑对象 ✍️ 后，调整顶面位置并拉伸生长出所需高度。同理，制作电视塔的顶部圆台结构，并逐步调整其大小与高度比例，形成完整的塔体轮廓，如图 4-4-40 所示。

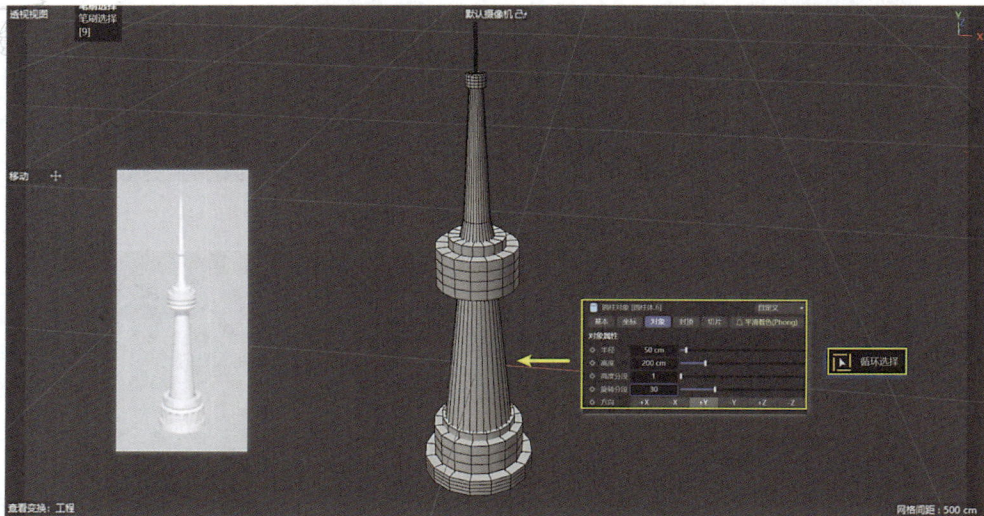

图 4-4-40

③ 细化中部瞭望台。将中部的大圆柱体转为可编辑对象 ✍️，选择最顶部和最底部的两圈线向内缩小，使其更贴合整体造型。选择中部的三圈线，使用倒角 ⚙️ 生成新的面，通过转换选择模式工具将边模式改到 ⬛ 多边形模式就可以选择新生长的全部面，再挤压 ⬛ 出这些面。为了后续方便添加材质，可以为其设置选集 ⬇️，标记整体对象中局部被选中的选区，如图 4-4-41 所示。

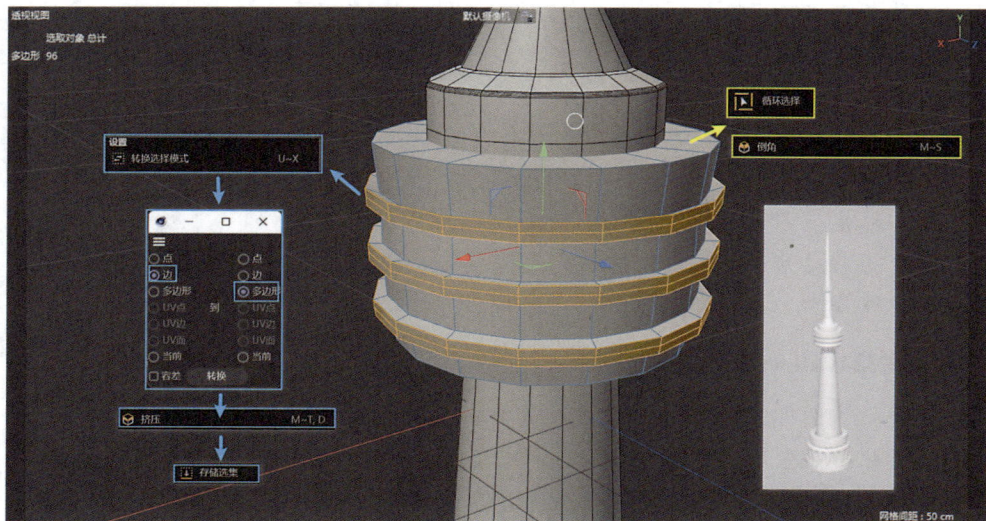

图 4-4-41

④ 将底部中间的圆柱转为可编辑对象 后，使用消除 工具删除多余的线条。选择顶部的一圈线，放大形成倒梯形的外形。进入面模式 ，使用循环选择工具 （快捷键 U ~ L）选择一圈面，进行嵌入 （需要关闭保持群组），按住 Ctrl 键向内挤压出深度，增加立体感，如图 4-4-42 所示。

图　4-4-42

　　 在这个案例中，①建模时不应局限于单一方法，根据需要可以灵活运用多种技术，如还可以通过放样、旋转、扫描、挤压等方式做出电视塔的造型，以实现理想的造型效果。②通过消除 或溶解 等功能控制网格布线结构，消除可以在保持模型形状的同时清理多余的边线，而溶解则适合在优化网格时清除边线及其相关的多边形面。③设置选集可以标记模型的局部区域，便于后续赋予不同材质和处理效果，为复杂模型的纹理设置和材质应用提供便利。

> **江汉关**（图 **4-4-43**）

　　武汉江汉关大楼融合了欧洲文艺复兴时期的建筑风格和英国钟楼的建筑形式，是中国现存最早的三座海关大楼之一，不同特殊历史时期的建筑不仅反映了重要的历史文化内涵，也蕴含着无价的建筑艺术价值。

　　① 创建一个立方体 ，调整为大厅主体，转为可编辑对象 ，在面模式下 选择底面，按住 Ctrl 键和 T 键复制并放大，再向下挤压 形成第一层台阶。再选中台阶底面，向下挤压 形成第二层台阶。顶部挤压 向上，制作带有斜面的屋脊结构，向内挤压 并按 T 键缩放调整，留出栏杆空间。继续选中此面向下挤压 形成平台，如图 4-4-44 所示。

　　② 新建立方体 ，将尺寸修改为 $100 \times 200 \times 100$，转为可编辑对象 。进入面模式 ，通过循环选择

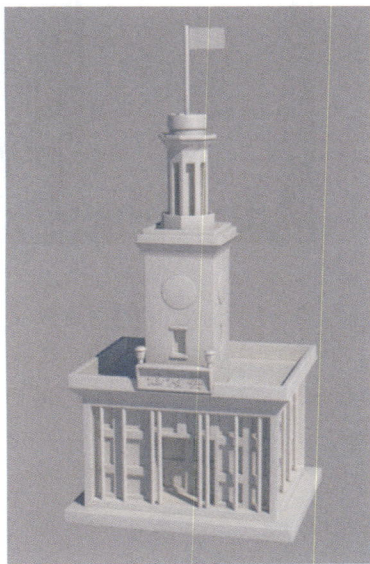

图　4-4-43

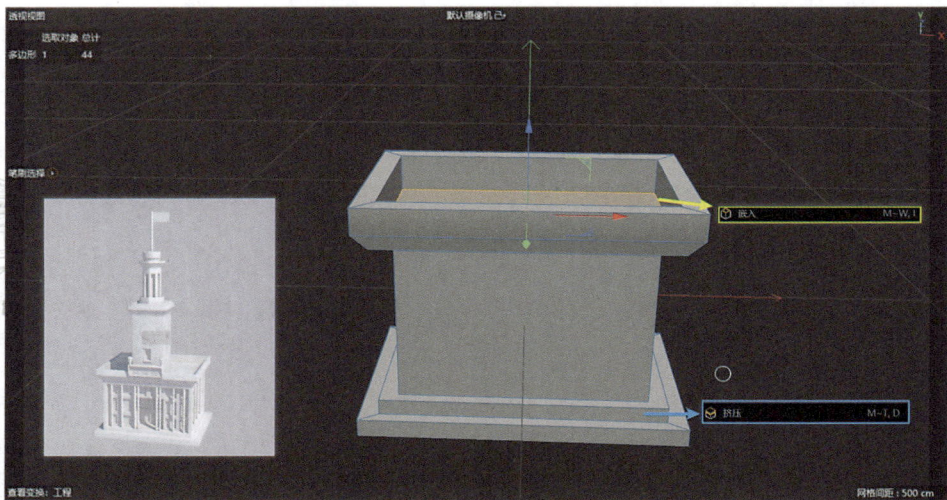

图 4-4-44

工具选择外围四个面以制作窗户立面。按住 T 键缩小调整窗户面尺寸。可以选择打开独显操作对象 以方便观察，分别框选左右和前后的窗户面进行挤压 ，制作窗户空间。选择立方体顶面，按住向外拉开并向上挤压，制作倒梯形结构。挤压预留出栏杆空间，选中倒梯形顶面向内缩小并向下挤压，挖出顶部平台结构，如图 4-4-45 所示。

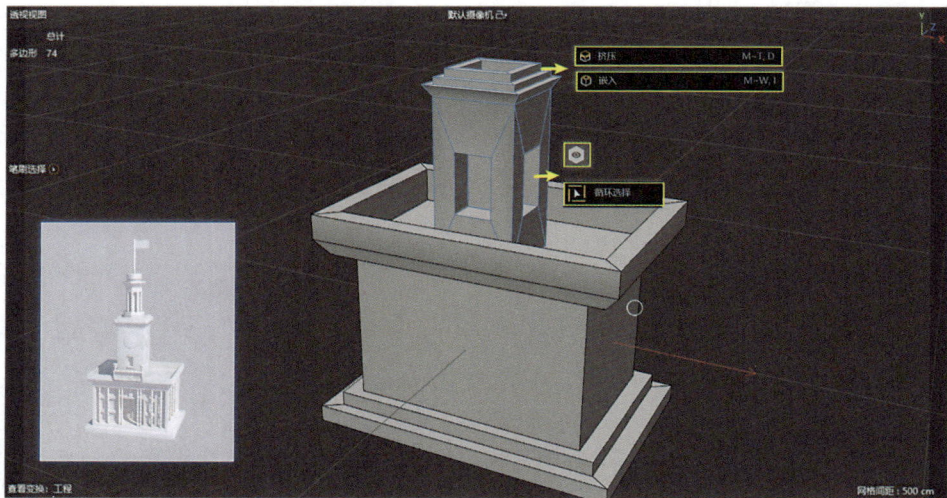

图 4-4-45

③ 添加圆柱体 并调整旋转分段数为 8，高度分段为 1，PRS 转移 到钟楼上，对齐并转为可编辑对象 。选择圆柱体顶部的面进行内部挤压（勾选保持群组），并向上拉伸制作多边柱筒，复制顶面，再向上拉伸制作一个平层，选择平层顶面向内缩放并向下挤压 形成圆形平台。添加管道 作为瞭望塔，使用 PRS 转移到圆柱中心 ，调整大小。添加圆柱体 ，调整大小作为旗杆。添加平面 ，调整大小作为旗帜。添加圆柱体 作为钟表，调整大小和位置，复制制作 4 个钟表，并为钟楼添加窗户等细节，最终效果如图 4-4-46 所示。

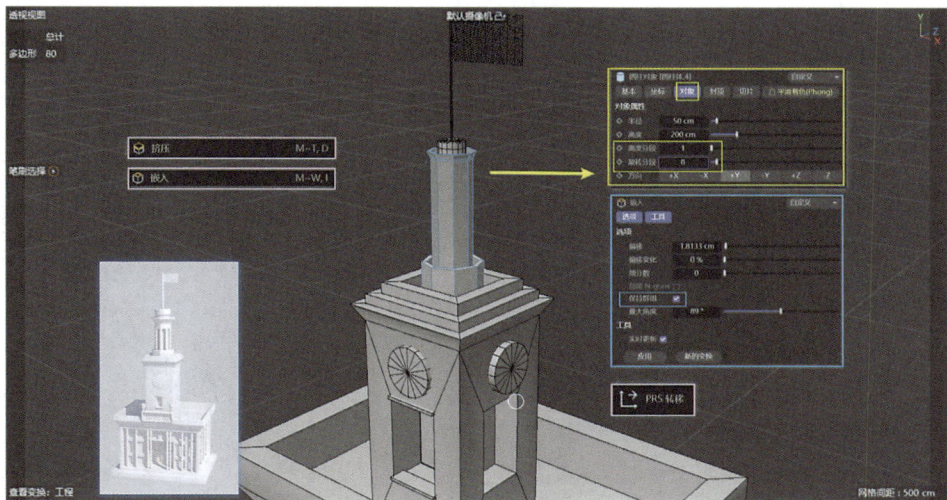

图 4-4-46

④ 制作大厅窗户。循环选择█中间的四个立面，通过循环切割█进行切割，前后面竖切 5 条，左右面竖切 4 条，横切 2 条。内部挤压（嵌入）█并取消勾选保持群组，挤压█窗户，注意距离，避免穿模。

⑤ 制作大门。删除大门处的原有面体，通过封闭多边形孔洞█ [M ~ D] 将墙体上的孔洞封闭，形成一个新的面以制作大门。通过平面切割█切两条将其分为四个面，选中这四个面并挤压制作大门。当出现破面、破边等问题时，可以切换到点模式，使用滑动█和优化█进行局部修整，如图 4-4-47 所示。

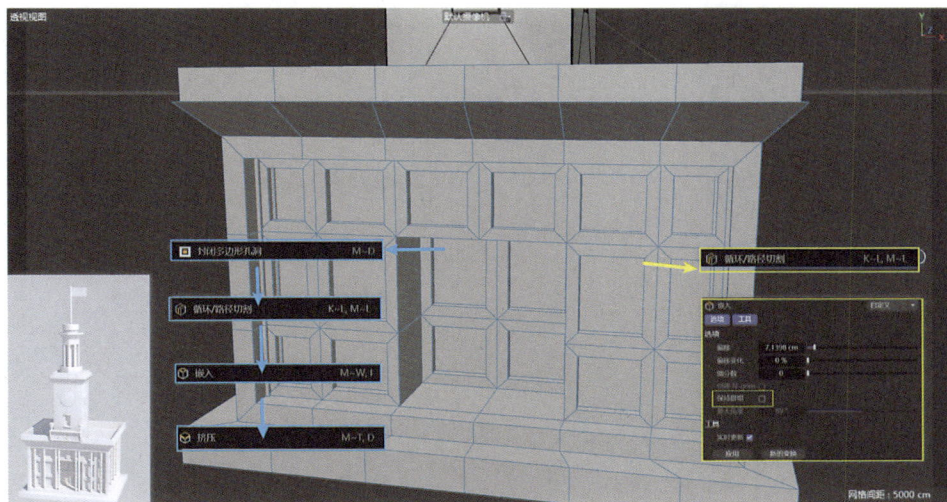

图 4-4-47

⑥ 制作外围柱子。创建圆柱体█并调整大小，使其比例适配建筑模型，移动到大门附近。按 Ctrl 键复制多个柱体并调整位置，添加对称█使建筑前后面对称。复制柱体并移动到侧面，调整柱体位置。添加克隆█功能，按线性模式排列，调整位置和数量，添加对称█以复制出另一边的柱子，如图 4-4-48 所示。

⑦ 制作牌匾。添加立方体█并调整尺寸，转为可编辑对象█，切换到面模式█，

图 4-4-48

选择朝向正前方的面，按住 R 键稍微旋转角度，形成上宽下窄的形状。选中正面内部挤压 再向内推。添加文本 ，编辑"江汉关"，设置对齐，调整文本大小与牌匾相适应，添加挤压 功能制作文本模型，修改文字的倒角尺寸，倒角外形为圆角。

⑧ 制作路灯。创建圆柱体以制作灯柱 ，修改旋转分段为 6，高度分段为 1，转为可编辑对象 。在面模式下 ，复制一份灯柱并向上移动作为灯罩，调整灯罩大小，添加宝石体 作为灯泡，选择灯罩顶面并按住 T 键向外缩放，多次重复调整，形成上宽下窄的灯罩结构，如图 4-4-49 所示，为模型整体添加倒角 。

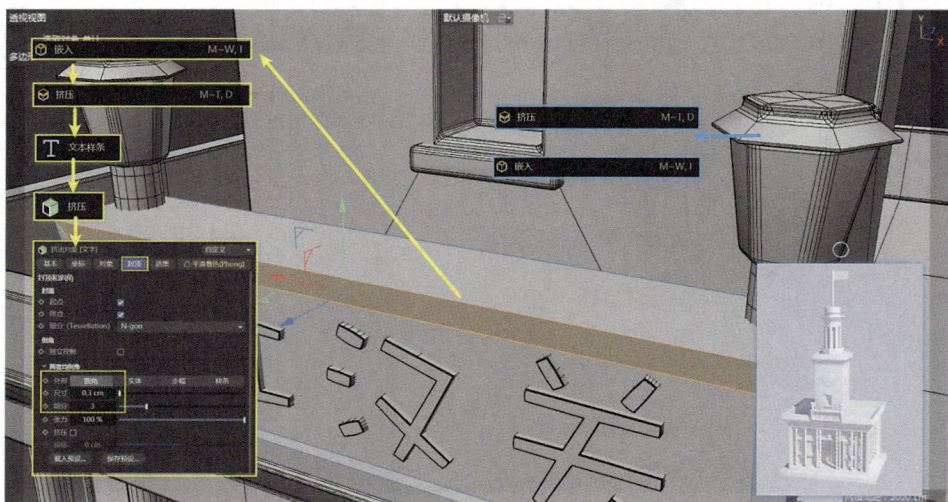

图 4-4-49

在这个案例中，①当视窗对象和线条过多时，可以选择独显操作对象，操作完成后再关闭独显，以便操作与优化。②可以使用多种方式制作大门，如打开设置选集 以设置大门的选区，然后向内移动选区并删除多余的面体。③在建模过程中，如果遇到模型破边、破面等问题，可以使用优化、滑动等工具进行调整，以确保模型的精度和完整性。

> **黄鹤楼**（图 4-4-50）

黄鹤楼被誉为江南三大名楼之一，飞檐五层，攒尖楼顶，自古留下许多著名诗词佳句。李白曾写下"黄鹤楼中吹玉笛，江城五月落梅花"。崔颢也曾写下"昔人已乘黄鹤去，此地空余黄鹤楼。黄鹤一去不复返，白云千载空悠悠"。道尽了历史厚重与诗意浪漫。简要解析其建筑结构是学习的关键，黄鹤楼的基本结构由底座、顶部、四层中间楼层和雕梁画栋等细节组成，我们从最复杂的顶部结构入手，将其转为可操作的几何模型。

① 创建金字塔 ▲，调整尺寸为 $500 \times 300 \times 500$，转为可编辑对象 ，进入面模式 ，删除金字塔底面，使用循环切割 工具在金字塔上横向切割，切出顶楼线条。使用平面切割 （全局模式、切割全部），设置为 XY 方向。通过 P 键启用捕捉 ，选用 3D 捕捉 与顶点捕捉 ，对准顶点快速吸附，精准竖向切割。在其他面上重复此操作，注意对应平面的选择切换。在点模式下，按 [M~S] 键为顶点添加倒角 ，调整偏移尺寸，优化塔顶轮廓，如图 4-4-51 所示。

② 制作吊角。启用柔和选择工具，按住 Shift 键选择底部四个顶点，渐变彩色的部分代表柔和选择的范围半径，设置半径为 250cm，衰减改为样条，向上提拉形成柔和的吊脚弧度，体现传统建筑的翘檐形态，效果如图 4-4-52 所示。

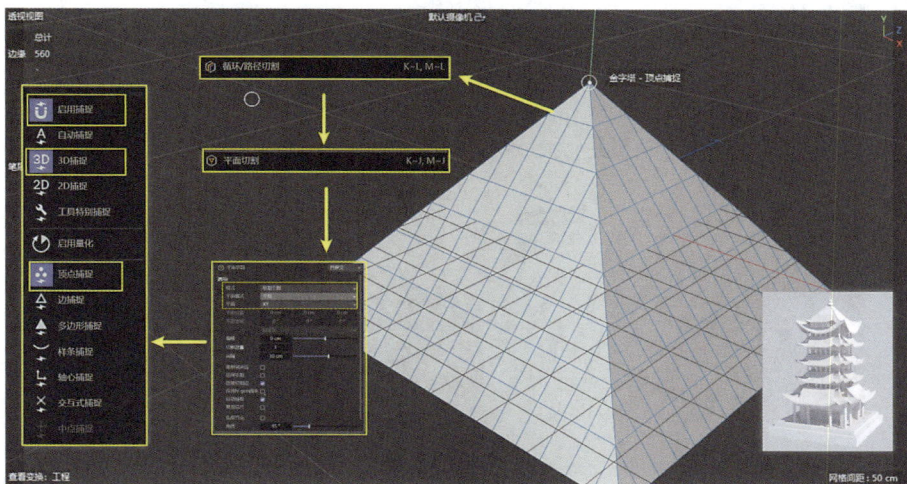

图　4-4-50

图　4-4-51

③ 制作塔顶装饰。创建球体 和立方体 并调整大小和位置，添加圆柱体 以组合制作为顶珠效果。制作塔顶上的棱，打开路径选择 工具，加选立面上的竖向边，提取样条 ，添加圆环 作为截面，调整半径，添加扫描 功能，圆环层在样条层之上。选中扫描对象并添加对称 功能，旋转复制以完成完整的棱边。同理，制作塔顶上的

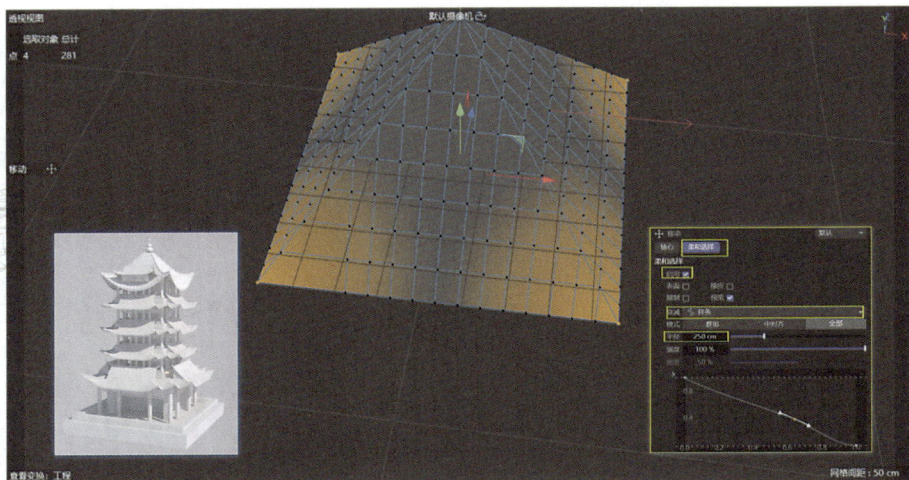

图 4-4-52

屋棱，使用路径选择工具 ▶ 提取样条 ❧ 后进行扫描 ⬚，此处可将样条截面形状改为矩形 ▢，更符合棱的形状，如图 4-4-53 所示。

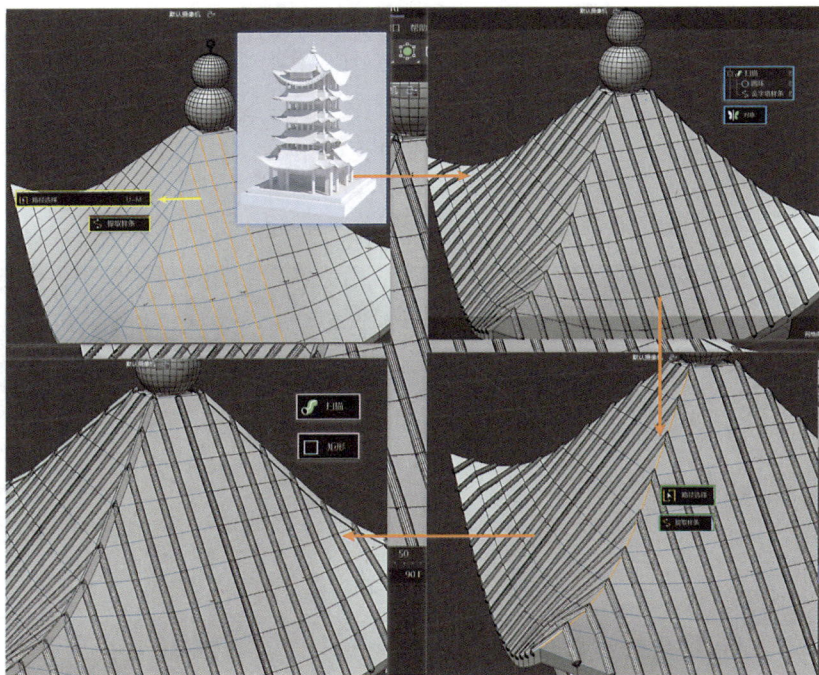

图 4-4-53

④ 制作塔顶屋檐边缘。通过路径选择工具 ▶，选择塔顶屋檐边，提取样条 ❧ 并添加挤压工具 ⬛，修改挤压对象的方向为自定义，调整位置和偏移值，完成基本的塔顶结构，如图 4-4-54 所示。

⑤ 制作牌匾结构的梯形翘角。创建平面 ◈，尺寸为 400×300，宽度和高度分段都设为 1。将平面转为可编辑对象 ◔，内部挤压（嵌入）⬛ 并修改偏移数值为 80，生成新的面，将得到的面向上移，制作立体梯形。选中顶面的两条短边，连接点 / 边 ⬚ [M~M]，

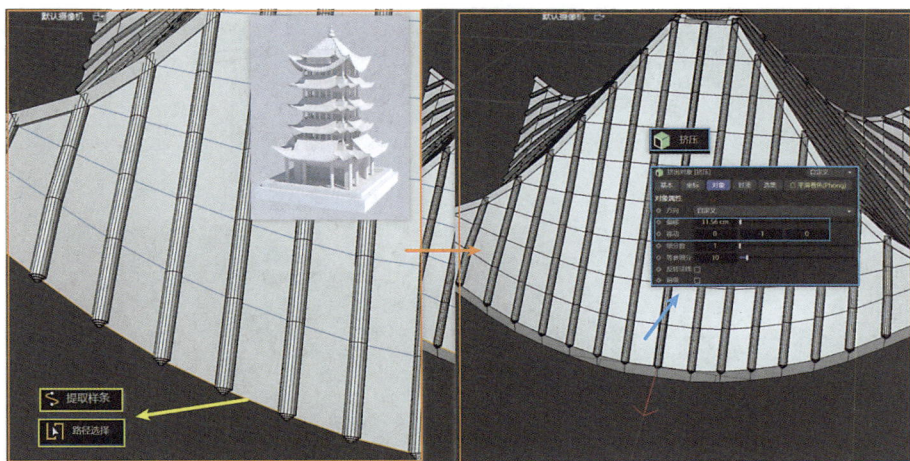

图　4-4-54

使顶面中央生成一条新的线，选中新线条向上移动出屋脊结构，选中侧边两点，使用连接点 / 边工具███形成屋顶的侧面。在另一边重复上述操作。切换到面模式███，选择侧边的三角形面向内嵌入███，再挤压███向内推，如图 4-4-55 所示。这里视需求的情况，也可以不制作梯形翘角屋檐，直接制作平直的屋檐效果（省略立体梯形步骤），如下一个步骤⑥里的示意图 4-4-56 所示的平直翘角屋檐。

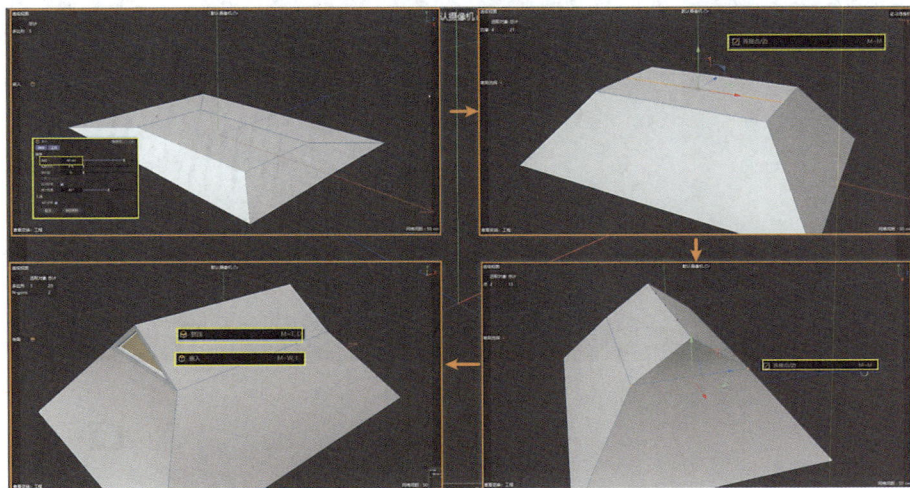

图　4-4-55

⑥ 制作牌匾结构的平直翘角。与金字塔顶切割方式相同，使用循环切割工具███横切 5 条，在正面中点竖切 1 条后，使用平面切割███，按 P 键启用顶点捕捉███对准每条横切线的顶点进行切割，这里可以使用连接点 / 边███工具进行连接，其他面的操作方法同理。注意此处切换到不同面进行平面切割时平面的选择，未连接到的地方可以使用线性切割███。切换到点模式███，启用柔和选择，更改衰减为样条并调整半径。使用对称工具███制作模型剩余部分，如图 4-4-56 所示。

⑦ 制作牌匾屋棱和房梁结构，使用路径选择工具███样条并提取样条███，分别提取屋脊和房梁线条。选择房梁的样条组，添加圆环███截面，扫描███截面，截面在样条组

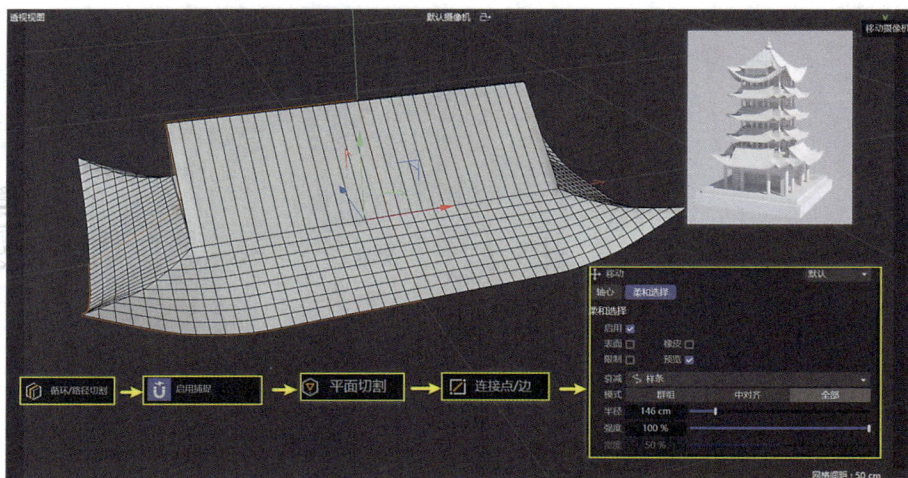

图　4-4-56

上，设置圆环半径为 2cm，扫描倒角尺寸为 1cm。屋脊的制作方式同理。制作屋檐边缘，使用路径选择工具 🔲 选择屋檐部分样条，提取样条 🔩 后，挤压 🔷 样条层，修改位置与偏移值。添加对称 🔧。制作顶檐上翘的模型细节，选中顶梁的样条层，打开独显功能 ⚫，切换到点模式，向上拖动边缘小黄点，如图 4-4-57 所示。

图　4-4-57

⑧ 将制作好的牌匾房梁结构缩小并移动到塔顶，创建一个立方体 🔷 以制作牌匾，调整大小并移动到居中的位置。切换到面模式 🔳，选择正面向前倾斜。添加文本 🔣，编辑为"黄鹤楼"，使用 PRS 转移功能转移文本到牌匾上，再次调整文本大小和位置，添加挤压 🔷 并调节偏移数值使其位置居中，增大倒角尺寸。选择牌匾，勾选圆角，转为可编辑对象，选择正面向内挤压 🔷 后，再按 D 键挤压 🔷 向内推，如图 4-4-58 所示。

⑨ 制作房梁结构。创建立方体 🔷 并移动到塔顶下，调整大小，再次复制一个立方体，作为屋顶内部结构支撑。转换到面模式 🔳，选中底面，复制并按 T 键向外缩放，再向下移动，形成一个长方体底座。重复操作，制作出第二层底座。选中立方体的四个立面，按 I 键内部挤压 🔷 并一同向下移，再按 D 键挤压 🔷 向内推，制作出门框。添加圆柱体 🔵 作为廊柱，调整大小，使其与廊柱模型比例适应。单击鼠标中键切换到多视图以便摆放。摆放好后，使用对称工具制作剩余廊柱，如图 4-4-59 所示。

图　4-4-58

图　4-4-59

⑩ 复制牌匾房梁结构一半部分作为下层吊脚结构，从牌匾部分截取角边，删除不需要的部分，留下需要的模型，选中对象重置轴心，与下层结构连接。添加对称▮▮功能，使角边左右对称，再次添加对称功能并修改镜像平面，使四个角边对称，如图4-4-60所示。

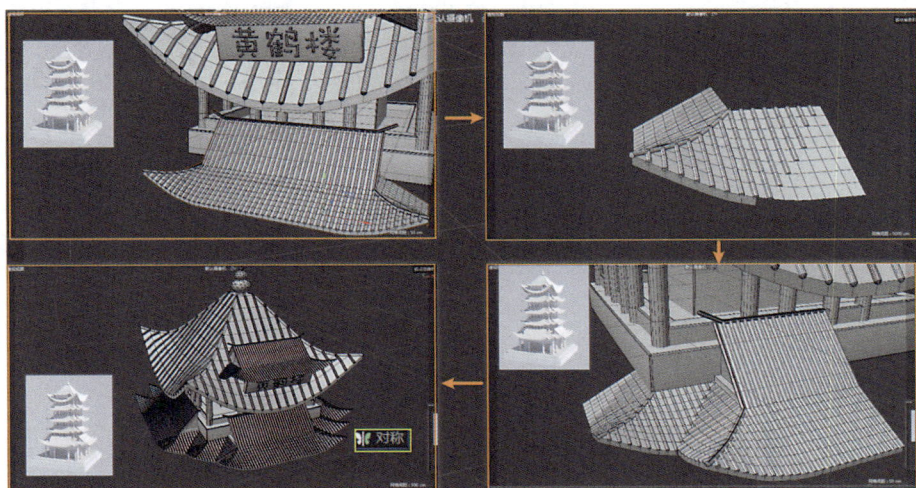

图　4-4-60

⑪ 选中中间楼层一并打组，复制两层。再次复制作为第2层，按住T键放大最下面的一层的翘边。选中第五层房屋结构的底座，进入面模式 选择底座底面，向外缩放并按E键向上移动，形成一个新的更大的平台底座。选中中间部分的方体房屋结构复制并垂直向下移，进入面模式 ，复制并向外缩放底面以制作黄鹤楼底座，最终效果如图4-4-61所示。

图　4-4-61

⑫ 整体渲染白模效果图，对模型造型进行微调。在材质面板双击添加材质球，单击编辑渲染设置 ，载入之前保存过的渲染设置，勾选材质覆写并导入材质球。加载一个物理天空 后渲染完善，如图4-4-62所示。

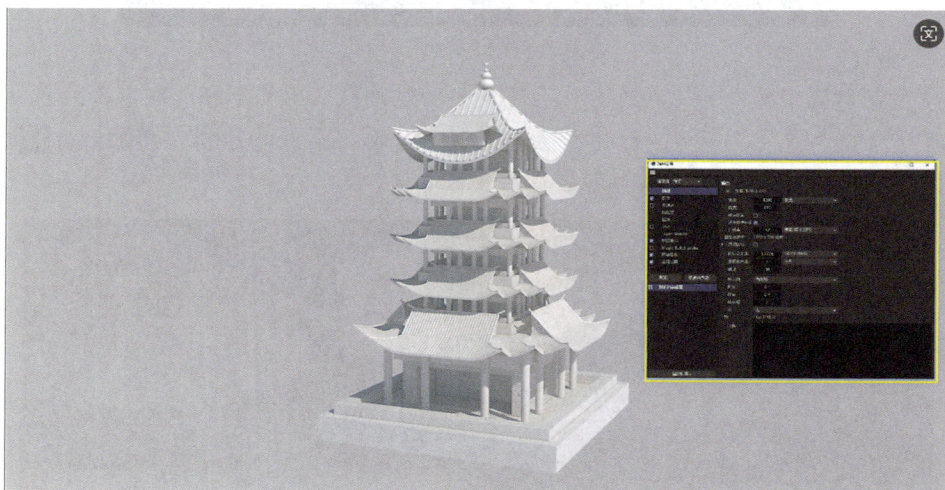

图　4-4-62

👉 在这个案例中，①当模型对象结构复杂时，可以简化模型，细化拆分成不同部件单个解决。②面的细分分线方式可以通过多种方式实现。第一种方式为循环切割 配合平面切割 ，第二种方式可以通过细分功能 实现，第三种方式为使用循环切割 后，框选所有横向线以选择连接点/边 ，根据不同的需求选择最合适的方式。

③吊脚还可以添加 FFD 对象变形器▢制作,匹配到父级,选中底部的四个顶点向上提拉。
④辨析选择工具、挤压工具与卡线切割工具的思维图如图 4-4-63 所示。

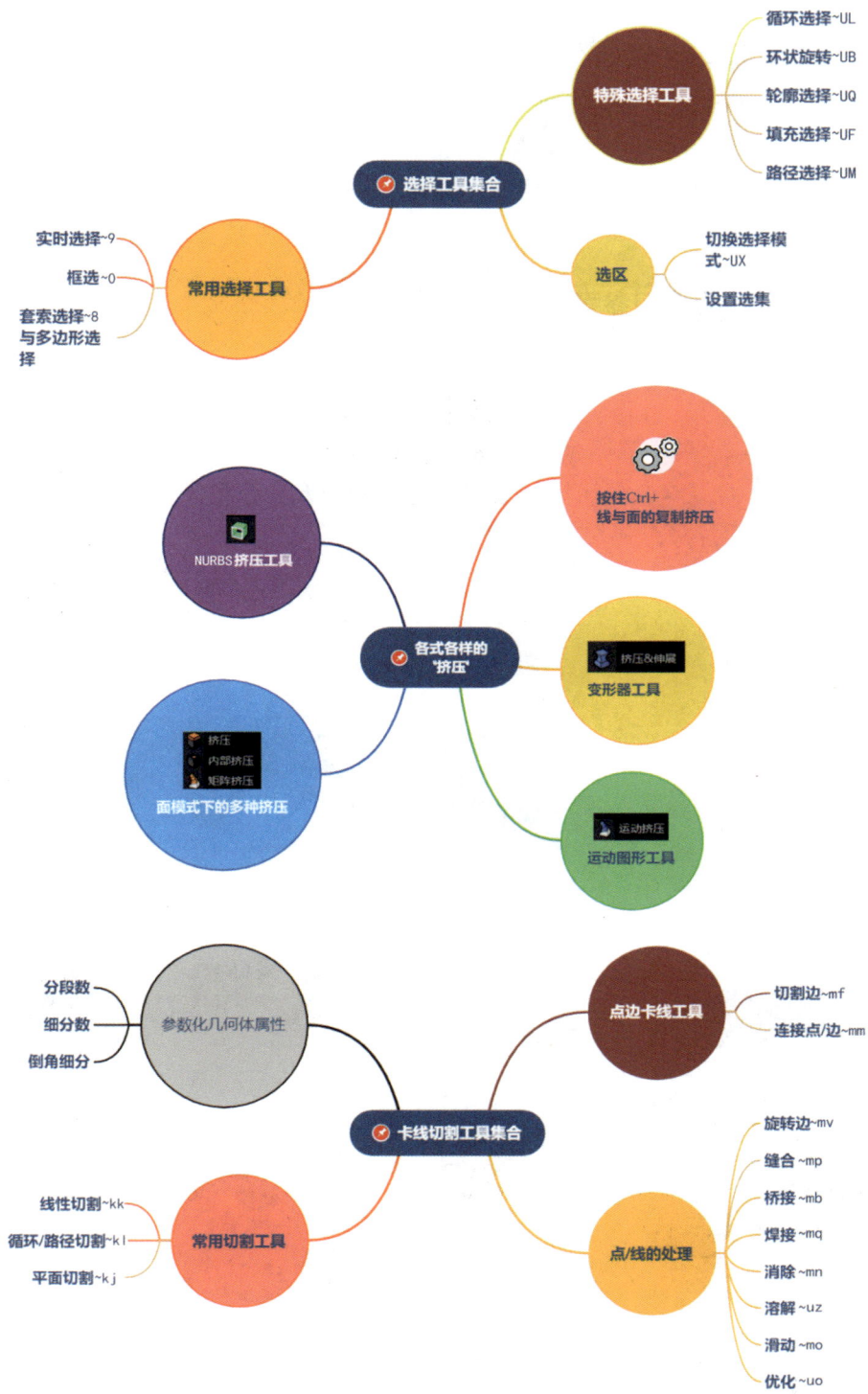

图　4-4-63

【本讲重点及创意练习】

● ● ● ● ● ● ● ● ●

　　本讲谈到数字三维设计的多维建模思路。从基础几何体组合的搭积木建模，到自由绘制样条线结合生成器功能进行曲面造型的做蛋糕建模，再到结合变形器、运动图形克隆、效果器等功能的缝娃娃建模，最后到较为综合应用多边形编辑的捏橡皮建模。由基础到复杂，从原型到拓展，从抽象到具象，从创意到创作，循序渐进地引导读者熟悉数字三维设计的基础建模。请以小方块为基本原型，设计一些有意思的模型造型。

📖 创意视觉拓展练习参考版

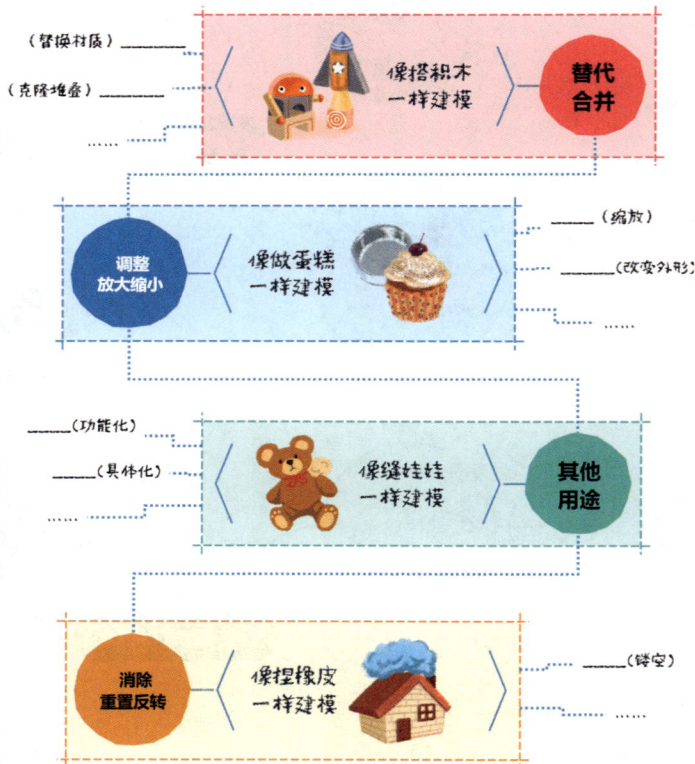

数字三维设计
多维建模思路
SCAMPER创意法

S = Substitute(替代)
C = Combine(合并)
A = Adapt(调整)
M = Magnify/maga mini(放大、缩小)
P = Put to other uses(其他用途)
E = Eliminate(消除)
R = Re-arrange(重置、反转)

(替换材质)_____
(克隆堆叠)_____

像搭积木一样建模　　替代 合并

调整 放大缩小　　像做蛋糕一样建模
_____(缩放)
_____(改变外形)

_____(功能化)
_____(具体化)
像缝娃娃一样建模　　其他 用途

消除 重置反转　　像捏橡皮一样建模
_____(镂空)

数字三维设计从创意到创作

● **中篇　设计感触**

第五讲 ┃ 设计感触：数字三维设计光影的层次感

在这个数字时代，每一个触碰单击的快门声音都是在记录生活的瞬间。我们揣着手机，无时无刻不在与摄影打交道，有人酷爱自拍，有人旅游打卡，有人分享美食……你是否曾留心过那些为照片注入灵魂的光影呢？光，作为影像表达中的核心元素之一，不可或缺地参与构建了我们的每一个画面。在光与影的世界里，可以感触氛围，可以表达意境，更可以触动情感。而在数字三维设计领域中，三维场景中的灯光就是照亮这个世界的核心，没有灯光，三维场景便一片漆黑，只有创建了灯光，才能照亮场景，场景中的对象才能形成光与影。本讲中，我们将学习设计感触部分围绕灯光的基础知识，如图5-0-1所示。

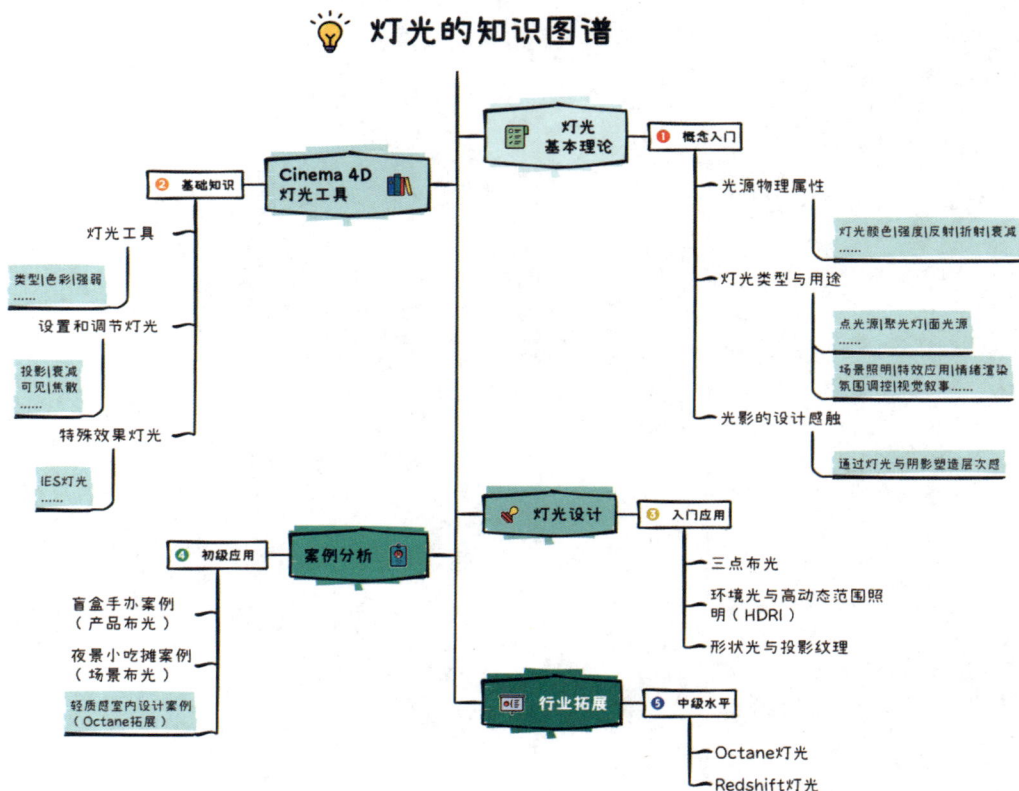

图　5-0-1

一、灯光基本理论与工具

光源物理属性

光是电磁波的一种形式，存在于一定的波长范围内，这些波长的差异决定了人眼所能感知的颜色。在数字三维环境中，虽然不需要直接模拟光的电磁波动理论，但理解光如何作为波的一些基本特性，可以帮助设计师更好地再现甚至表现真实世界中光的行为。不仅有助于设计师对光线传播特性的理解，还为三维场景和对象的真实感表现奠定了基础。

在三维设计中，光的传播和交互通常通过"光线追踪"和"全局光照"技术进行模拟。这些技术会计算光线从光源发出后与场景中对象的相互作用，包括光线的反射、折射和散射等，从而实现逼真的阴影、高光和颜色效果，因此灯光的基本理论不仅仅局限于光本身的属性和表现，同时与色彩和材质的表现息息相关，为后续内容中的色彩和材质设计提供了重要的技术基础。

📖 Tips

在 Cinema 4D（C4D）或其他类似的三维建模与渲染软件中，灯光的属性设置和效果表现很大部分取决于所选择的渲染器类型及相关属性。不同渲染器（如标准渲染器、物理渲染器或者第三方渲染器，如 Redshift 或 Octane）对灯光的支持与属性定义可能存在差异。如图 5-1-1 所示，以 C4D 软件的标准渲染器为例，灯光的基本属性包括但不限于以下方面。

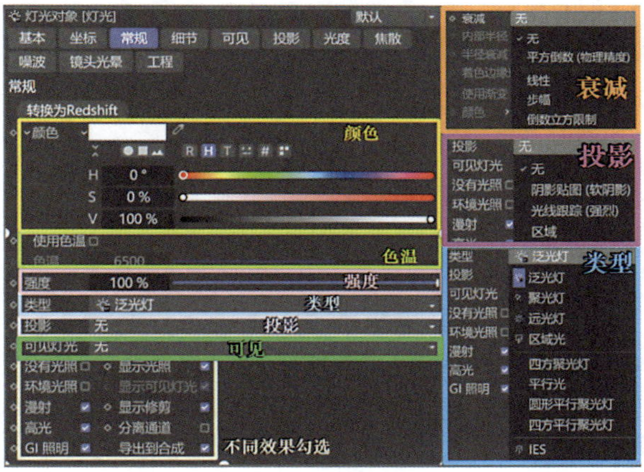

图　5-1-1

📖 光的颜色

光的颜色由其波长决定，可见光的波长范围在 380~740nm。在这个范围内，不同的波长对应不同的颜色，从紫色（最短波长）到红色（最长波长）。在三维软件中，如图 5-1-1 中黄框所示，这种关系通常以色彩编码直接在材质和光源设置中呈现，设计师可以通过调整色温和光源颜色来模拟不同的光照效果，如自然光的变化、日光、夜色、灯光或暖色调的烛光、阴雨天的冷色调光等。

📖 光的色温

色温描述光源发出光色的温度，以开尔文（K）为度量单位，它对环境氛围的营造有重要影响。在灯光设计中，往往可以用来描述其对环境氛围的影响，如温暖的光（较低色温，2000~3000K）可以产生温馨、舒适的环境，常用于家庭、餐厅、儿童活动场所等。冷光（较高色温，5000~6500K）可以产生清新、理性的感觉，常用于办公室、医疗、科技感环境。在三维软件中，如图5-1-1中绿框所示，通过调整灯光的色温，设计师可以控制场景的情绪和时间感，比如通过模拟清晨时分柔和的金色光线或暴风雨前天空的暗灰色光线，设计师可以传达不同的情感基调，通过色温参数的精确调整，有助于增强渲染图像的情绪表达和视觉吸引力。

📖 光的强度和衰减

光强度是描述光源发出光线强弱的量化指标。在三维软件中，如图5-1-1中粉框所示，准确控制光强度对于实现场景的正确曝光非常重要。光线随距离增加而逐渐减弱的过程称为衰减，常见的衰减模式如下。

① 线性衰减：光强度随距离线性减少。这种模式在现实世界中并不常见，但在某些特殊介质中，如某些类型的光纤会出现，在某些艺术和技术环境中，有时因其简洁的特性而被采用。

② 指数衰减：光强度按指数规律减少，更接近现实世界中光线在介质中传播发生衰减的行为，这种模型通常用于雾气或者烟雾弥漫衰减的环境。

③ 平方衰减：光强度与距离的平方呈反比减少。这是最贴近真实物理现象的衰减模式，可以模拟自然光在空间中的传播方式，适用于现实场景的高精度渲染。

📖 Tips

在C4D或类似的三维建模和渲染软件中，平方衰减通常是指逆平方定律（Inverse Square Law），这是最常见的用来模拟真实世界中的点光源衰减模型。平方倒数衰减和平方衰减实际上指的是同一种现象，在C4D中也叫作物理精度衰减，可以在灯光的"细节"属性面板中找到"衰减"设置选项（如图5-1-1中框所示）。这种模型非常适用于模拟自由空间中的实际光源，如太阳光或灯泡发出的光。

步幅衰减本身不是光学中的标准术语，但可以根据自定义步幅的参数控制衰减过程，适用于一些特定设计需求。同理，倒数立方限制更多地用于描述某些磁场或引力场随距离的衰减模式，如点磁偶或电偶极子的场强衰减，在这里也是一种衰减算法。在三维设计中，这种模式并不常见，可用于实现非真实感的艺术表现，而非基于光学物理规律的模拟可以通过自定义算法满足特定的场景或创意表现。

📖 常见灯光类型

在生活中常见的光源如下。

① 点光源发光点类似于理想化的单点，从一个点向所有方向均匀发散光线，类似普通灯泡。

② 聚光灯发出方向性光线，如可调节的锥形光束，常用于聚焦突出特定区域或对象。

③ 面光源提供来自一个较大面积的均匀光照，常见于模拟窗户自然光源或摄影棚灯光。

📖 **Tips**

在C4D或类似的三维建模和渲染软件中，如图5-1-1中"浅蓝色框"点开下拉里的"深蓝色框"里有多种类型的光源。

泛光灯是一种常用的光源，类似灯泡的较大面积点光源，能够从一个点向所有方向发出均匀光线，适合营造均匀的基础光照。

聚光灯类似生活中的舞台聚光灯，可以控制其照射的角度和范围，产生明显聚焦效果的光斑和明确的阴影，C4D中还提供了多种形状，如圆形、四方的聚光灯和平行光。

远光灯模拟来自无限远处的光线，类似于太阳光。光线基本平行，不显示任何衰减，常用于模拟自然日光效果，适合户外场景和大型景观渲染表现。

区域光使用得最多，类似从一个自定义的面积（如矩形、圆形）均匀发出，提供柔和、均匀的光照和自然的阴影，尤其适合室内场景，用于模拟窗户或其他人造光源的实际效果。

IES光源指导入预设调整好的光照效果的一些"光度文件"，是基于预设的光分布数据，可以精确再现实际灯具的照明效果，如光束的分布、强度和阴影形态。在设计项目中，IES光源常被用来提升光照的真实感和专业度。在后面的案例中我们会使用到。

📖 常见投影类型

光作为电磁波的一种，从光源发出并以直线传播。当光遇到不透明的物体时，由于光不能穿透这些物体，会在物体的背面形成一个没有光照的区域，即阴影。阴影的形成分为本影和半影，本影是阴影中最暗的部分，没有任何来自光源的光线到达。本影的形成是因为光源被完全阻挡了。如果光源是一个点光源（非常小的光源），那么会产生边缘非常锐利的本影。当光源有一定的大小时，光源会到达阴影的边缘区域，接收到部分光线的地方称为半影。半影中的光照不是完全被阻挡，而是部分被遮挡，因此半影区域比本影更亮且边缘模糊。光源面积越大，半影越大，边缘也越柔和。

光源的大小和形状对阴影的特性有显著影响。点光源产生锐利的阴影边缘。理想的点光源在现实中很难实现，但小光源接近这种效果。面光源，如太阳光或室内灯光，由于光源的面积较大，光线可以从多个角度绕过障碍物，产生的阴影便形成了模糊的边缘。

📖 **Tips**

在三维渲染中，正确地使用和理解不同类型的阴影投影至关重要，阴影不仅增强了场景的深度和立体感，还能提升渲染的真实感。如图5-1-1中"浅紫色框"下拉框里的"深紫色框"所示。

① 阴影贴图可以生成软阴影效果。这种处理增加了阴影的自然感，适合实时渲染，但可能需要更多的计算资源。

② 光线跟踪可以产生非常清晰、锐利的阴影边缘，适合模拟光源直接照射产生的强烈阴影，适用于高质量静态渲染，尤其是需要精准表现光线路径的场景。

③ 区域阴影是由面光源或体积光源产生，与点光源或定向光源产生的阴影不同，区域阴影具有渐变的软边缘，这些阴影的软化程度取决于光源的大小和与物体的距离，可以更自然地模拟现实世界中的光照效果，因为自然光源（如太阳光经过大气散射、云层等）和大多数人造光源（如室内灯具）通常都有一定的体积和面积，非常适合用于需要高度真实感渲染的电影制作、高端视觉效果和建筑可视化。

在选择阴影类型时，需要考虑渲染的性能需求、场景的具体需要以及期望达到的视觉效果。对于需要实时渲染的应用，阴影贴图通常是一个好的选择；而对于需要高品质渲染效果的项目，光线跟踪或区域阴影是更好的选择。每种技术都有其优势和局限性，有效地使用它们可以显著提升渲染作品的最终质量和真实感。

📖 光的反射、折射、散射与焦散

光线遇到物体表面时会发生反射，反射是光线遇到物体表面后返回环境的过程，包括漫反射和镜面反射。在三维渲染中，正确模拟漫反射和镜面反射对于物体外观的真实性至关重要。

漫反射是光线均匀地从物体表面散射，不会形成明显的高光，影响物体的基本色彩。光线在物体表面均匀扩散，适用于墙壁、布料等表面较粗糙的材质。而镜面反射是光线从物体表面反射，保持其一定的集中度和方向性，形成高光，镜面反射的强度和锐度取决于材质的光滑度和反光性。光线可以从光滑表面（如镜子或水面）反射，产生反射光和反射阴影，这种阴影有时可以在反射表面上看到。这些反射类型对物体的视觉感知有重要影响，在材质设计中会有所体现。

折射是光线通过透明或半透明物质时发生的方向变化。在数字三维设计中，折射效果对于创造如玻璃、水、宝石等"半透"材质的视觉效果至关重要。通过调整折射率（Index of Refraction，IOR），可以模拟不同材质对光线折射的影响，如水的IOR约为1.33，而典型玻璃约为1.5。当光线通过不同密度的透明介质（如水、玻璃）时，会发生方向上的变化，产生诸如水中的"折射阴影"等视觉效果。

散射是光线在通过介质（如大气、雾、霾）时，由于与小粒子相互作用而发生方向上的随机改变。散射作用使得光线和阴影边缘变得更加柔和，阴影更模糊，更难以定义清楚的阴影界限，如户外环境中，光线经过大气层或雾霾后，散射效应让光照显得更为柔和且均匀，产生更加自然的光影过渡。

焦散是一种因为镜头或其他光学系统无法将不同波长的光线聚焦到同一点上而产生的视觉现象。在摄影、摄像和光学设计中，焦散通常被视为一种光学缺陷，但在某些艺术和创意应用中，它也可以被用作一种视觉效果。焦散现象会导致图像边缘出现彩色晕影，尤其是在高对比度的场景中更加明显。在某些视觉艺术和创意摄影中，焦散被视作一种特殊效果，用来增加图片的美感和独特性。例如，在游戏和电影的视觉效果中，焦散被用来模拟相机镜头的光学特性，使得数字生成的图像更加贴近真实摄影的视觉体验，如图5-1-2所示。

图　5-1-2

光的可见

图 5-1-2 中最后紫罗兰色框里所显示的是"光的可见"属性，在灯光可见没有开启时，通常我们只能看见灯光照亮的场景或物体，而无法直接观察到光线本身。开启灯光的可见性后，能够看见类似丁达尔效应的现象，灯的路径和形状变得可见，甚至在某些情况下，光线穿过空气介质时能够模拟出一种"空气感"，如雾霾或烟雾中的光束。这种效果不仅增强了场景的氛围，还能更好地模拟自然环境中的光线传播。

最后，米色框里的内容为灯光相关的显示效果属性选项。这些设置可以用来进一步调整灯光的可见性、漫射、高光、GI 照明、修剪等参数，帮助设计师实现更精确的光影效果和更具表现力的视觉体验。

在数字三维设计和渲染中，通过模拟自然光的物理特性，可以创造出更加真实的视觉效果。理解自然光的这些基本原理不仅有助于提高光与影的精确度，还能在渲染过程中优化整体视觉呈现。

二、光影设计感触与应用

光影设计通过灯光与阴影的运用来有效塑造画面的层次感，广泛应用于基础的场景照明，以及影视作品和特殊艺术设计形式中的特效制作。此外，光影设计还具有显著的心理调节作用，会对人产生一定的情绪影响，比如能够通过光线的变化控制情绪变化，渲染特定的氛围。更重要的是，光影不仅是视觉效果的组成部分，还能成为一种叙事工具，引导观者的目光焦点和注意力，聚焦重要元素，增强叙事的视听节奏和情感张力，甚至通过光影的象征性作用，设计师能够强调特定情节，传达隐喻和深层次的暗示。

光影与层次感的构建

光影在层次感构建中的作用是通过多种因素综合作用来体现的。首先是明暗层次，主要由光线的强度和材质的固有色决定。例如，图 5-2-1 左图中近处的雪白色、中间深色的树木以及远处的灰色相互配合，共同构成了画面中的黑白灰层次感。进一步分析

图 5-2-1 右图，可以看到小男孩手中的书本和脸上的光影与背景中深色的树木形成鲜明对比，增强了画面整体的层次感。

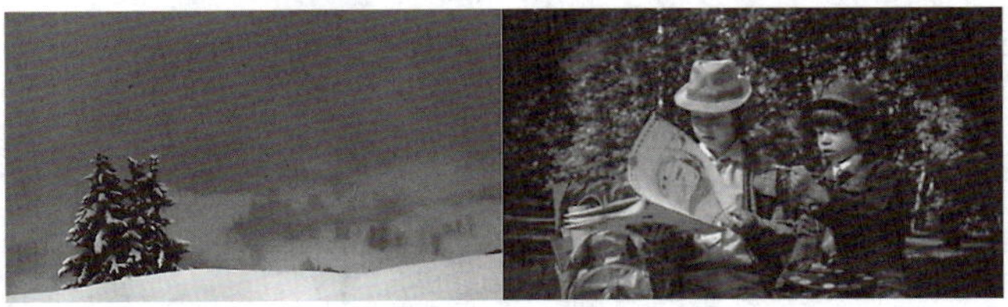

图　5-2-1

其次，除了明暗层次，不同颜色的光的色彩层次同样对画面层次感有重要影响。如图 5-2-2 左图所示，橙色的高亮岩浆与低亮度的蓝色海水之间的冷暖对比，再加上透过云雾的粉色氛围光，显著增强了画面的层次感。

图　5-2-2

再者，画面的虚实同样影响层次感，在光影虚实的讨论中，透视关系对场景层次变化有着重要作用，它能够提升图像的深度感和观者的视觉体验。在摄影中，虚实对比是一种常用技术，可以通过调整焦距和光圈来控制景深，从而使部分区域保持清晰（实），而其他部分则变得模糊（虚）。在透视关系中，物体随着距离观察者的远近而逐渐变小。这种大小变化是深度感的关键视觉线索，可以使得远处的物体显得更小，而近处的物体则显得更大。通过前景和背景之间光影的设计分隔，以及通过不同平面上的物体大小和清晰度的变化，可以创造出丰富的场景层次。这不仅增强了视觉吸引力，还提高画面的现实感，如图 5-2-2 右图所示。

除此之外，光线的方向和分布、质感、投影形状和大小、反射和透视等因素，也有可能影响场景的层次感。在数字三维设计中，灯光设计师常常将这些元素有效结合，以综合提升作品的艺术表现力和情感深度。

📖 场景照明

场景照明在电影制作、摄影、舞台设计和产品展示中都起着关键作用。常见的场景照明大致可分为室内与室外照明、白天与夜晚照明、特殊照明等类别。

在室内照明设计中，需要综合考虑多种因素，包括空间的功能、室内装饰风格以及所需的氛围效果。例如，环境光通常采用较为柔和的光源，如吸顶灯或壁灯，以提供整个空间的基础照明。针对重点对象，可以使用聚焦灯光，如射灯或轨道灯突出特定的艺术品、家具或其他装饰元素。在需要特别强调的区域，则设计额外的光源，例如在书桌、厨房操作台或阅读角落使用台灯或吊灯，如图 5-2-3 左图所示。

在室外照明中，尤其是夜间照明，其主要任务是营造夜间的环境氛围、确保安全性并提升美观性。例如，路灯可用于照亮步行道、车道和公共区域。而景观灯则可用于突出环境中的植物、景色或特定对象。同时，通过安装在建筑外墙上的墙体照明灯，可以向下或向上投射光线，增强建筑的视觉吸引力，如图 5-2-3 右图所示。

图　5-2-3

在产品展示照明方面，灯光设计的核心目标是突出产品的最佳特性，吸引顾客的注意力。通过定向光源直接照射到产品上，可以强调产品的细节。同时，使用柔光盒或漫射板来减少阴影和反光使产品的表面显得更加平滑和富有吸引力。此外，采用可调节的动态灯光可以根据需要改变光线的颜色和强度，从而适应不同展示场合的需求，进一步提升展示效果。

📖 特殊应用

特殊应用中的灯光效果能极大地塑造视觉表现、影响观众情绪。灯光不仅仅承担照明的功能，更是艺术表现的重要工具。通过个性化定制不同类型的灯光，能够在作品中实现不同的情感和视觉效果。

聚光灯是常用来制造戏剧性焦点的灯光工具，它能突出场景中的特定元素，如人物、物体或某个场景细节，从而吸引观众的注意力。在戏剧、音乐会或舞蹈表演中，聚光灯可以随着演员的动作而移动，强调演员的表现和情感变化。在展览或博物馆中，聚光灯被用于突出展示艺术品或展览品，增强观众的观赏体验，如图 5-2-4 所示。

图　5-2-4

面光源提供的光线柔和且均匀，适合用来创建没有明显阴影的环境光。这种灯光常常被用于模拟自然光，如窗外阳光，或在室内场景中提供平滑的照明效果。在摄影和电影中，面光源可以用来模拟窗户光，创造自然、柔和的氛围，特别适合人像摄影或电影中的室内场景拍摄，如图5-2-5左图所示。在商业广告和产品摄影中，面光源能够减少阴影，突出产品的细节和纹理，从而使产品看起来更加生动和吸引人。

环境光是一种非定向的软光源，常用于模拟间接光（如反射光），使场景看起来更加自然和生动。在办公室或住宅中，环境光可以减少视觉疲劳，创造舒适的生活或工作氛围，如图5-2-5右图所示。在电子游戏和虚拟现实中，环境光则增强了场景的深度和现实感，提升了用户的沉浸体验。

图　5-2-5

彩色光源通过不同的光色来创造特定的氛围或情绪，直接影响观众的情感反应。例如，在餐厅和商店中使用温暖色调的灯光来营造温馨、亲切的氛围。而在娱乐或活动场景中，动态变化的彩色灯光能够激发氛围，调动情绪。

此外，特效灯光，如追光灯、霓虹灯或带有颜色的滤光片，能够用于特定视觉效果和情绪表达，从而丰富视觉的层次。

📖 情绪与氛围

光影在视觉艺术和环境设计中，不仅承担着实际照明的功能，更影响着观众的情绪和观众对整体氛围的感知。通过巧妙设计的光影效果，艺术家和设计师能够引导观众的情感反应，创造特定的心理体验（图5-2-6）。

图　5-2-6

温暖光线通常指色温较低的黄色或橙色调光线，它能够营造出一种舒适和安心的氛围。这类光线常见于家庭环境，有助于放松身心，提升居家的舒适感，例如温暖的光线不仅让食物看起来更加诱人，还能使人物面容显得更加柔和亲切。

与之相对，冷光，如蓝色或白色调的光线色温较高，能够提高人的警觉性和生产效率，因此广泛应用于工作环境和零售环境。冷光通常与技术感、现代感密切关联，能够产生孤寂或未来感，适合用于创造专业或高科技的氛围。

动态光影的变化，如光线的渐变或颜色的转换可以引起观众的情感波动，增强场景的戏剧性，通过变化光线的强度和颜色，设计师可以与舞台情感变化相匹配，提升情感表达的深度。光线渐变的运用甚至能起到艺术疗愈的作用，帮助人们缓解压力和焦虑。

📖 Tips

光影不仅是视觉元素，它们还是情感和心理的触媒。适当的灯光设计可以直接影响顾客的消费体验和购买决策。通过柔和的光线可以减少病人的压力，创造更加安抚的环境。艺术家和设计师通过对光影之于人的心理影响的理解，可以创造出引发特定情感反应的环境，从而深化观众的体验和记忆，带来深刻的情感共鸣。

📖 视觉叙事

在视觉艺术、电影和戏剧中，光影不仅仅是用于创造美学效果的工具，它们也是强大的叙事和象征手段。通过恰当地运用光影，设计师和艺术家能够引导观众的注意力，增强视觉叙事，甚至将其作为象征或暗示，传达更深层的意义。

通过调整光线的定向和强度，设计师可以创造视觉焦点，引导观众的视线关注场景中的关键元素。局部照明或阴影的巧妙运用可以有选择性地展示或隐去信息，控制观众对细节的关注，从而引导观众对整个故事的理解与情感反应（图 5-2-7）。

图　5-2-7

灯光设计是叙事的有力工具，通过光线的变化，能够引导故事的发展，强调情节的转折或情感的变化。例如，通过将温暖的光逐渐转变为冷色调的光，可以表现情绪的冷却或紧张氛围的升起。光线的方向和质感的变化还能够象征时间的流逝或场景的转换，增加叙事的层次感和深度。

在电影、戏剧和视觉艺术中，光影经常被用作象征或暗示，以传达特定的主题或概念。通过暗角或阴影的处理，可以在观众心中建立悬念或不安感，尤其是在惊悚或神秘题材的作品中。特定的光影处理还具有象征意义，例如使用明亮的光线表达象征希望和启示，或使用阴暗的光影传递抑郁和绝望的情感。

灯光与阴影成为不可或缺的叙事元素，不仅深化了观众的视觉体验和情感反应，还使艺术作品的叙事层面更加丰富和多维。有效的光影运用不仅增强了视觉冲击力，也提升了作品的象征意义和叙事深度，为视觉艺术创作提供了无限的可能性。

在设计数字场景时，选择适当的灯光类型不仅关乎视觉美感，还涉及特定场景的功能需求和情感表达。理解不同灯光的特性，并知道如何有效地运用它们，是每位照明设计师和视觉艺术家的基本技能。

三、像舞台灯光师一样布光

📖 三点布光与环境光

三点布光是一个最基础的经典布光方法，最初用于摄影和电影中。在数字三维设计与渲染中，同样能够非常有效地模拟现实世界中的光影效果，提升三维渲染作品的真实感和视觉深度，具有广泛的适用性（图 5-3-1）。

图　5-3-1

主光源（Key Light）：主光源是场景中最强的光源，它定义了对象的主要阴影方向，是构成光影效果的基础。主光源不仅明确了物体的形状和纹理，还通过创造阴影增加了场景的深度感和空间感。

填充光（Fill Light）：用于减轻主光源阴影的灯光通常被称为填充光，也可以被称为辅光源（Key Fill）或侧光（Side Light），具体取决于其在场景中的具体位置和功能，通常位于主光源相对的一侧，用来减轻主光源造成的阴影，通常强度较低。

背光（Back Light）：从背后和上方照射，帮助突出对象的轮廓和边缘，背光增强了对象与背景的分离度，通过强调边缘的光晕效果，为对象增添了更多的层次和立体感。

📖 人像灯光效果分析

我们在前文讨论过不同灯光设置对层次感的影响，对同一个人物而言，灯光的不同安排能够显著塑造人物的精神面貌和视觉效果。以图 5-3-2 为例，最左侧的图像的主光源来自右侧的柔和广角光，左侧则配置了辅助光源。这种布光方式细腻地刻画了人物面部的层次感，通过黑白灰的明暗对比增强了立体感和空间深度，呈现出一种平衡且自然的效果。中间图像使用了来自左后侧的强光，形成了鲜明的明暗对比，虽然层次感没有前一幅图那么丰富，但强烈的光影对比成功地突出了人物的内心活动，使其情感张力得到了强化。这种光影对比不仅在视觉上形成了冲击，也让人物的情感表达更加直观。而在最右侧的图中，光源主要来自人物的背后，照亮人物的轮廓，形成了剪影效果。虽然层次感相对较弱，但背光的使用使得人物轮廓更加鲜明，并营造了一种神秘的氛围，观众的注意力被引导到人物的外形而非细节上，展现出一种深邃而富

数字三维设计从创意到创作

有隐喻性的视觉效果。三幅图通过不同的灯光布局和光影效果不仅表现出了不同的层次感，也在视觉上传递了人物的不同情感和精神状态。

图　5-3-2

📖 三维石膏像灯光实验

　　这三个不同角度的灯光配置展示了光线如何通过不同的方式影响物体的视觉表现。正面光图 5-3-3 左图将光线直接照射到石膏像的正面，强调了亮部并减弱了暗部的表现，背景则显得较为昏暗。这样的布光方式突出了物体的正面特征，提供了清晰的细节，适合强调物体的轮廓和表面。侧光（图 5-3-3 中图）从约 30° 的角照射，均匀分布了黑白灰的比例，增加了物体细节的表现，并使得背景的光影变化更为丰富，这种光线角度增加了作品的细节和纹理感知。背后光（图 5-3-3 右图）则使物体呈现出剪影效果，突出物体的轮廓和背景的空间感，增加了视觉的深度和神秘感。

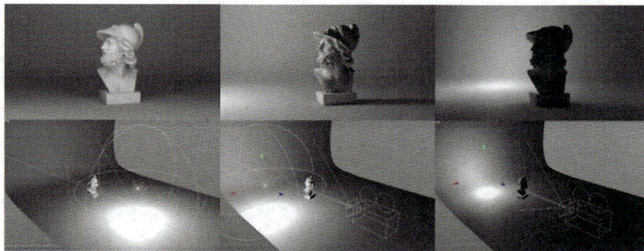

图　5-3-3

　　灯光的数量对于塑造物体的视觉表现也有着决定性的影响。通过对比不同数量的灯光对石膏像的照明效果，我们可以更深入地理解光与影在艺术表达中的作用。当只有单盏灯光照射石膏像时，光线主要集中在照射面，使得细节突出，而其他部分则落入较深阴影中，强调了对比和形状，但在暗部层次和背景空间感方面可能显得较为单一，缺乏层次感。增加第二盏灯光通常用来填充第一盏灯光未能覆盖的区域，以减少阴影的深度，从而增加物体表面的细节可见性。这不仅使暗部的层次更加丰富，也改善了整体的空间感。第三盏灯光的加入常常是背光，用于增强物体的立体感和背景分离度。这种光源设置增强了石膏像的边缘明暗对比，更加突出了物体的轮廓，同时为背景增添了更大的空间深度。随着灯光数量的增加，石膏像的视觉表现变得更加细腻和层次分明。每一盏灯光的加入都是为了解决前一设置中存在的视觉限制，从而增强整体的视觉效果。单灯配置虽然提供了强烈的对比和形状定义，但可能缺乏足够的细节和深度。双灯和三灯配置则通过补充光源来平衡光影，创造出更为平衡和立体的视觉效果，这也是逐步进行三点布光的实际操作过程（图5-3-4）。

图 5-3-4

在三维渲染和实际灯光设计中，合理运用三点布光可以极大地提升作品的视觉吸引力和情感表达。通过调整光源的位置、强度和颜色，可以模拟不同时间和环境下的光线效果。同时，不同材质对光线的反应不同，调整光源参数可以更好地展示材质的特性，如金属的光泽感或布料的柔软感。

> **盲盒娃娃手办**

① 在物体左右两侧及身后新建三盏灯 ⏻ ，在常规 常规 中修改灯光类型 ◇ 类型 为区域光，投影 ◇ 投影 方式改为区域阴影，将灯光细节 细节 中的衰减设置为平方倒数 平方倒数 (物理精度) ；设置好三盏不同角度的灯光，如图5-3-5所示。

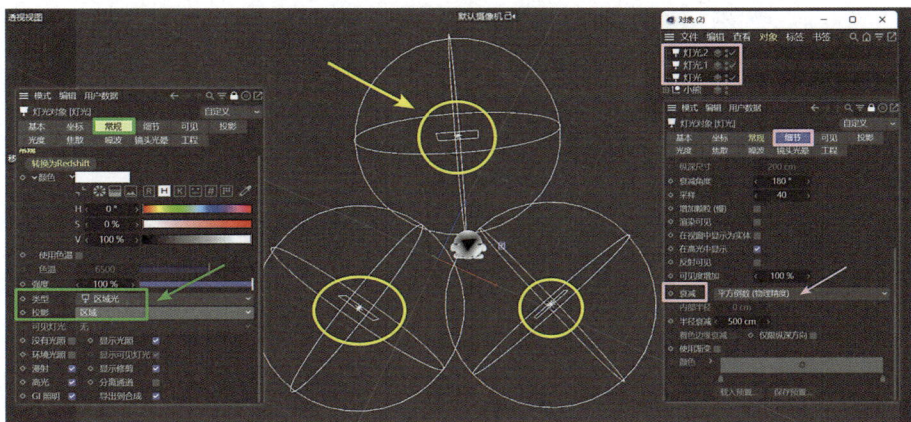

图 5-3-5

② 接下来放大物体左侧的主光源，并将其角度调整为45°左右；选中三个光并在动画标签 动画标签 中添加目标标签 ◎ 目标 ，将属性中的目标对象选定为被打光的对象 ◇ > 目标对象 ，这样，灯光将始终指向目标物体，并且可以在目标范围内自由调整灯光的位置和参数，如图5-3-6所示。

③ 创建平面 ◈ ，在属性面板中将宽度 / 高度分段设置为1，调整平面的大小，确保其覆盖物体的背景。然后进入可编辑对象 [C]，在线模式下 ⬠ 选中物体背后的边，按E键，按住Ctrl键向上移动挤压形成一个垂直的面，右击进行倒角 ⬡ 倒角 [M~D] 并增加偏移 / 细分值，如图5-3-7所示，制作物体的背景，再选择材质球为背景增加材质。

图 5-3-6

图 5-3-7

④ 新建两个摄像机 ⬚，右击选择其中一个摄影机，在装配标签中 装配标签 增添保护标签 ⊘保护 固定机位；继续选中另一个摄像机，在面板 面板 中单击新建面板 ⬚ 新建视图面板... 。进入1号固定摄像机，在右侧视图选择原始摄像机，这样在调整光源大小和位置时，就能够实时查看左侧视图中的效果，如图5-3-8所示。

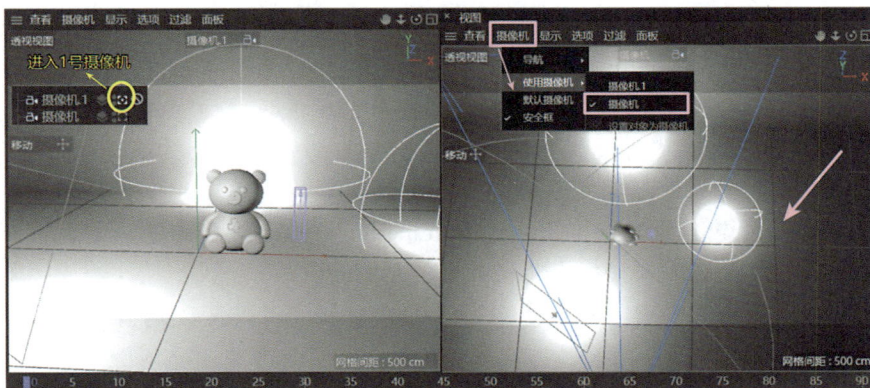

图 5-3-8

⑤ 开启渲染设置中的全局光照 全局光照，在线模式 下，调整平面的其他边缘，制作出一个柔光箱，将物体包裹其中，这样可以使光线更均匀地反射，提高渲染效果的自然度。如图 5-3-9 所示；最后在工具栏上方的窗口 窗口 处打开自定义布局 自定义布局，将窗口进行储存 另存布局为...，下次开启软件时可以在右上角的加号 ＋ 中加载上一次保存的自定义布局并使用 加载布局...。

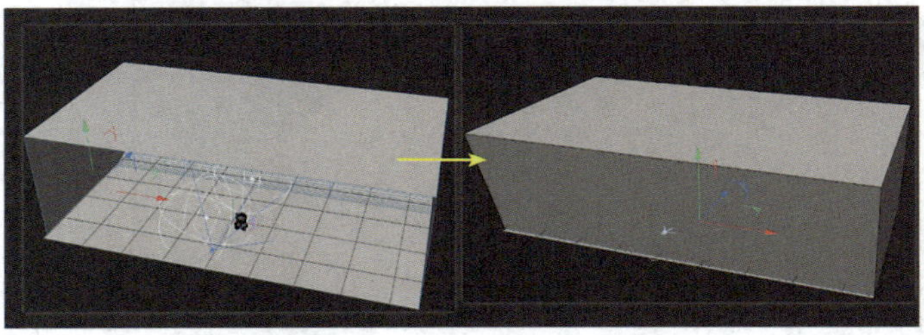

图　5-3-9

⑥ 增加环境光时，可以将其他灯和柔光箱删除，创建天空 天空，新建材质球，在材质编辑器中，选择发光通道 发光 的纹理，并使用一个 HDR 贴图。将该天空材质赋予天空对象后进行渲染，物体看起来仿佛存在于现实世界中，并接收自然环境的光照，如图 5-3-10 所示。

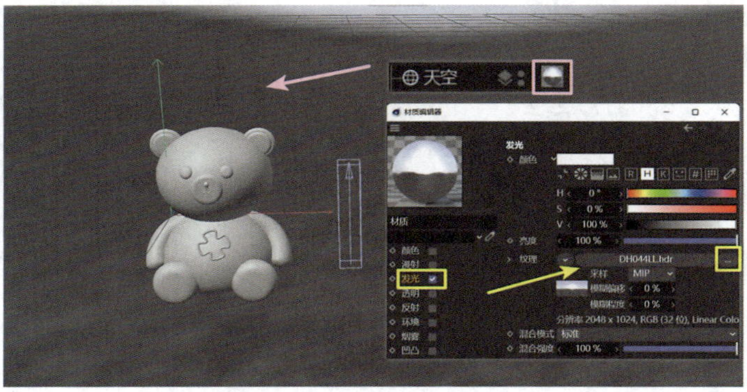

图　5-3-10

环境光照明

环境光（Ambient Lighting）是一种非定向的光源，用于模拟在现实世界中无处不在的散射光。在三维场景中，环境光用于模拟来自周围环境的间接光。这种光线没有明确的来源和方向，能均匀地照亮所有表面，减少阴影对比，提高场景的整体亮度，用来确保场景中没有过分暗淡的区域。环境光通过软件内的全局设置来调整其强度和颜色。环境光通常与全局光照（Global Illumination）技术结合使用，通过计算光线如何从表面反射到其他表面来模拟现实世界中的光照条件。

高动态范围照明

高动态范围照明是使用高动态范围图像（HDRI）作为光源的一种技术。HDRI 是一种在三维渲染中常用的技术，通过使用高动态范围图像作为环境球或天空盒来模拟复杂的光照和反射。

HDR 布光（High Dynamic Range Lighting）与前文的环境光照在一些方面有相似之处，尤其是在它们都用于增强整体的光照效果和提升场景真实感方面。提供方向性的光源和阴影效果使用真实世界的光照情况来增强三维场景的真实感，适用于创建复杂的光照效果，如强烈的日光、复杂的云层反射等，基于实际环境中的光照条件，具有明显的方向性和动态范围。在 C4D 中，使用 HDRI 进行照明可以创建更加真实和动态的光照效果，特别是在反射和高光细节上表现出色，能提供更复杂和细致的光影效果，包括真实的阴影和光线渐变。

📖 HDRI 高动态范围图像

HDRI 包含比标准图像更宽的亮度范围，可以捕获从最暗到最亮的详细亮度光照信息，使得渲染出来的场景能够拥有更复杂的光影效果和更丰富的细节表现。

➤ 夜景小吃摊

① 新建一个 IES 灯 🔆，选择具有较宽光束的贴图 🔳，以便大范围地照亮场景。通过 PRS 转移将光束移动到路灯的灯泡上。在灯光的常规 常规 设置中，将灯光设为红色，并将灯光的角度调整为 −90°。此时，渲染结果能展示灯的大致形状，如图 5-3-11 所示。

图　5-3-11

② 在灯光的常规 常规 设置中，将投影 投影 类型设置为区域投影，并将可见光 可见灯光 选择为正向测定体积。开启细节 细节 中的衰减 衰减 ，选择平方倒数衰减方式；灯光的可见范围应能够覆盖整个模型。同时，在可见 可见 设置中调整渐变色，并保持衰减设置为 100%，如图 5-3-12 所示。

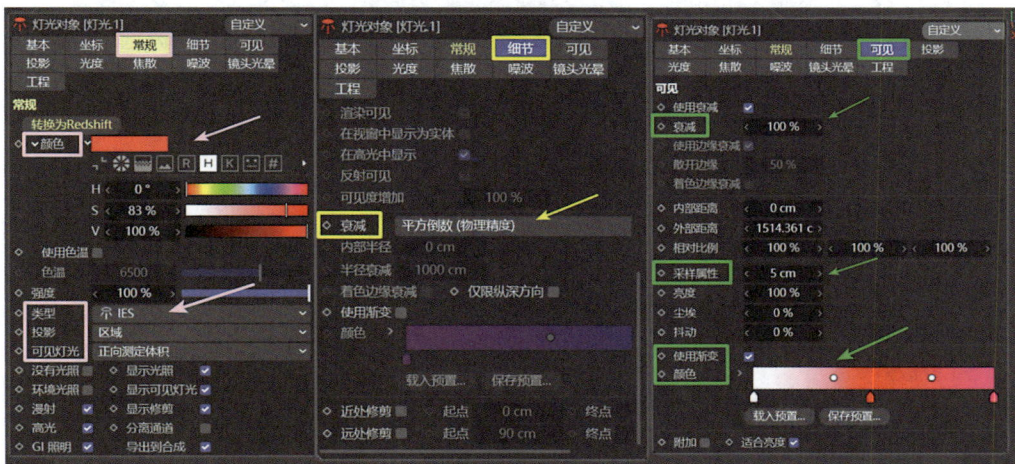

图　5-3-12

③ 将灯光的角度向内部倾斜，调整到合适位置后，按住 Ctrl 键复制该灯光，使用 PRS 转移将灯光的中心转移连接到另一个路灯上，如图 5-3-13 所示。

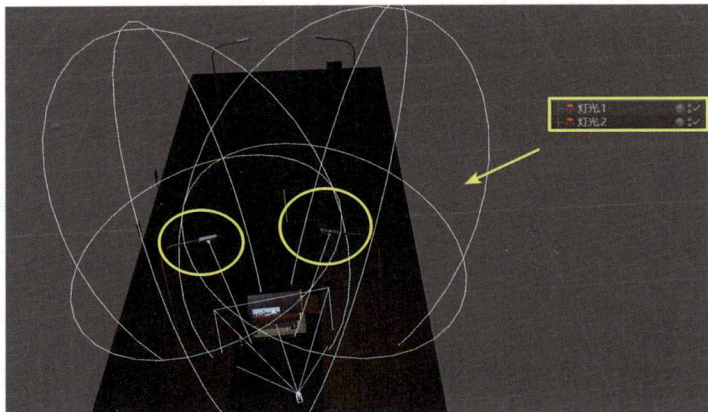

图 5-3-13

④ 将上一步的灯光复制到街道末端的两盏路灯上，然后将其中一盏路灯的可见 可见 颜色更改为偏冷的色调，另一侧的路灯则更换为一个氛围感较强的灯光 █，并扩大其光照范围，如图 5-3-14 所示。

图 5-3-14

⑤ 在物体的正前方新建一个区域光 █ 作为辅助照明。在常规 常规 设置下，将投影类型设置为区域投影，并在衰减 衰减 类型中选择平方倒数衰减。为了限制灯光只照亮目标物体而不影响街道的光照效果，需在工程 工程 设置下排除街道对象。这样，灯光就只会影响被打光的对象，而不会干扰其他实体。最后，适当增加灯光的距离，并提高衰减值，如图 5-3-15 所示。

⑥ 新建一个点光源 █ 作为画面的氛围光。在常规 常规 中，开启区域阴影，可见光 可见灯光 选择"正向测定体积"。扩大灯光照射范围，使其能够覆盖其他摄像机和物体。在灯光的颜色上选择与其他暖色灯光有所区别的冷色调，并在可见光 可见 设置中开启渐变以增加层次感，缩小采样属性 采样属性，完成这些设置后进行渲染操作，如图 5-3-16 所示。

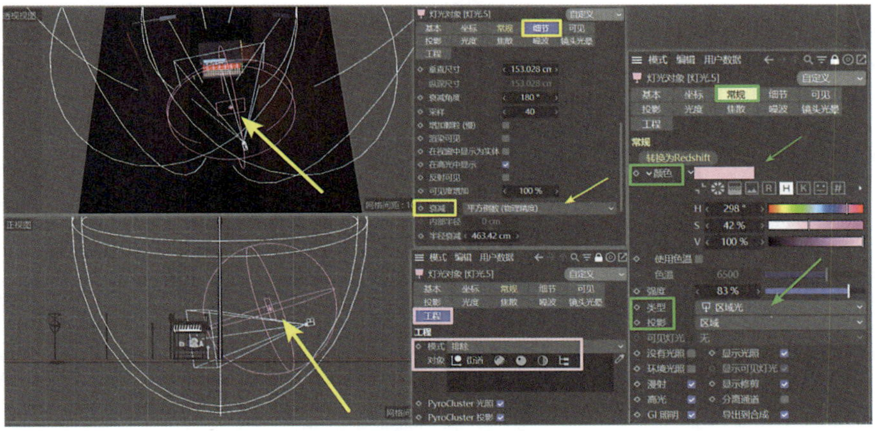

图 5-3-15

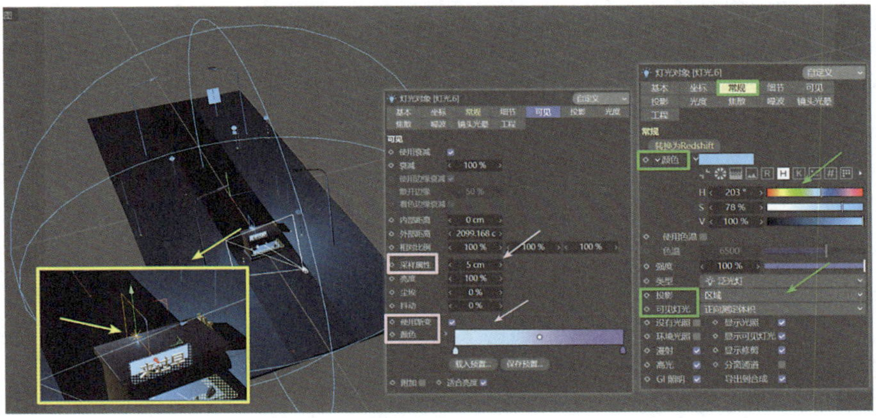

图 5-3-16

⑦ 在 C4D 中完成图像渲染后，可以打开图片查看器 图像查看器 中的滤镜 ☑激活滤镜 功能，调整渲染图的数值以优化效果。调整完成后，单击左上角的 进行导出。在保存图像时，确保勾选使用滤镜，如图 5-3-17 所示。此外，还可以通过多通道渲染输出不

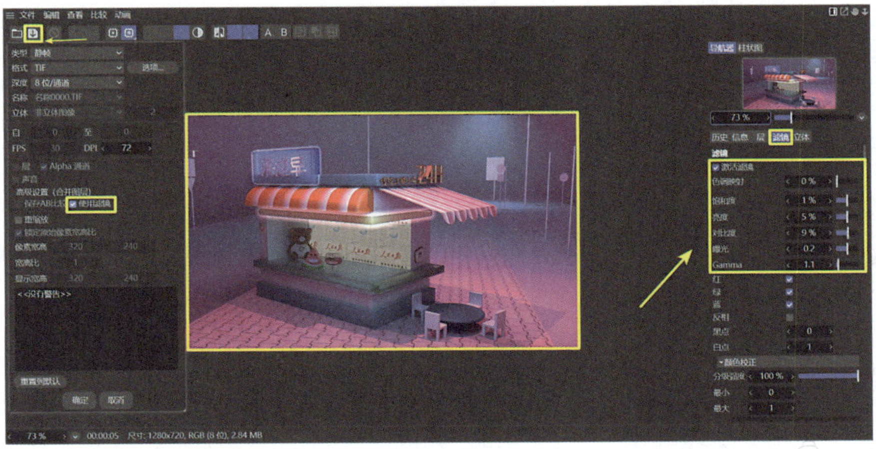

图 5-3-17

同的图层，之后再将这些图层导入 PS、AE 等合成软件进行后期调整。最终回到摄影机视角，进行渲染以得到最终效果，如图 5-3-18 所示。

图　5-3-18

IES 灯光照明与反光板

　　IES 灯光照明和反光板是两种在专业照明设计中常用的工具，尤其是在影视制作、摄影和建筑可视化中。IES（Illuminating Engineering Society）灯光是基于真实世界灯具的光分布数据制成的文件，这些文件在计算机图形中用于模拟特定灯具的精确照明效果。IES 文件包含灯光输出的度量信息，可以非常精确地再现灯光如何在物理环境中分布。IES 灯光可以应用于建筑可视化、模拟特定灯具在室内环境中的光效，以及在虚拟场景中进行影视制作，提高画面的真实感。在数字三维设计中，IES 文件允许设计师精确控制光线的散射和聚焦，模拟灯具的真实表现，包括光斑的形状、强度和颜色，可以增强场景的真实感和细节表现，特别是在三维设计室内外建筑可视化、产品展示等需要高度真实光照效果的场合。

　　反光板是一种用于反射光线的工具，常用于摄影和电影拍摄中。通过反射光线到主体的暗部，反光板可以帮助照亮主体，减少阴影，增加细节的可见性。在户外或室内肖像摄影中，使用反光板可以增亮面部或衣物的阴影部分。在产品摄影中，使用反光板可以增加产品的立体感和高光表现。在场景拍摄中，利用反光板调整光线可以改善演员或场景的光照效果。在数字三维设计中，虽然没有实体的"反光板"，但设计师可以通过模拟反光板的效果来控制光线，尤其是在模拟摄影灯光设置时，可以通过调整场景中的其他光源或使用特定的材质和反射属性来实现。在三维场景中，模拟反光板效果可以帮助填充阴影，提升细节可见性，尤其是在复杂模型或动画中，可以通过增强光线的填充来平衡主光源和背景光。

形状光和投影纹理

　　在数字三维场景中，可以使用具有特定形状的光源或在光源上应用投影纹理来创建有趣的光影效果，常用于创造窗户投影、树叶阴影等自然界中的复杂光影，或者在舞台布景和虚拟现实环境中创造特定的氛围，用于创造特定的视觉效果和增强场景的氛围感。这些技术允许设计师在三维空间中以创新和控制的方式应用光影效果，从而达到更复杂的叙事和情感表达。

📖 形状光

　　形状光有时被称为 Gobo，在照明设计中，Gobo 是一个专门术语，通常指代用于控制光影形状的物理模板或屏障。Gobo 来源于 Goes Before Optics 或 Goes Between Optics，是一种放置在光源和照射对象之间的装置，用于塑造和操纵光线形状和图案。Gobo 通常由金属或玻璃制成，上面刻有各种图案，如窗户形状、树叶、抽象图形等。当光线通过这些图案时，它们会在被照射的表面上投影出相应的形状或图案。

　　在三维建模和渲染软件中，Gobo 的概念也可以被模拟实现。设计师可以使用相似的技术在虚拟环境中创造特定的光影效果，例如使用纹理遮罩在光源上模拟实体 Gobo 的效果，这使得在数字媒体中可以无需实体光源和模板就能创造出复杂和动态的光影图案。在数字三维设计中，这种效果可以通过使用带有特定图案的透明纹理来模拟。在虚拟舞台设计或影视制作中，形状光可以用来模拟自然环境中的光影效果，如最常见的树叶摇曳或窗户光影斑驳，以增加场景的真实感和空间感。通过动态改变 Gobo 的图案，可以创造视觉动画效果，如模拟水面反射或其他环境动态变化。

📖 投影纹理

　　投影纹理是一种技术，它允许将图像或纹理投射到三维模型的表面上。这不仅可以用来增加细节，还可以创造特定的光影效果。在建筑可视化或产品设计中，投影纹理可以用来添加表面细节，如标识、文字或装饰图案，而无须改变基础几何形状。在游戏设计和虚拟现实中，投影纹理可以用来环境模拟，以增加环境的复杂性和层次感，如投影复杂的光影图案或环境纹理到场景中。

➤ 轻质感室内

　　① 打开 Octane 渲染器，为整体室内模型添加 HDRI 环境光🔵，导入合适的 HDR 灯光贴图，并通过调整灯光的纹理强度和方向来实现光源的合理布局，使室内环境光达到理想效果，如图 5-3-19 所示。

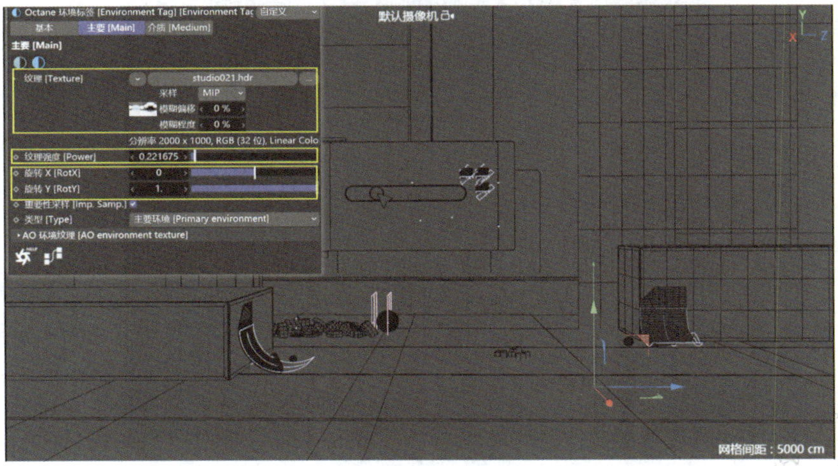

图　5-3-19

② 创建两个 ■ Octane 区域光，并在灯光的快捷菜单中选择动画标签，添加目标标签 ◎。将需要被打光的物体拖到目标对象（场景内的方体建筑）下，通过这种方式，灯光可以自动对准目标对象，便于后续调整光线的投射方向和位置。

③ 为两个 ■ Octane 区域光分别添加两个不同的分布纹理图，以创造独特的光影效果。接着，调整灯光的纹理强度和色温，进一步改变光影的强度和颜色。最后，取消勾选表面亮度，这样可以通过调整光源大小来控制场景的整体亮度。

④ 为场景添加一个白色的 ■ Octane 区域光，调整灯光的纹理强度以确保环境的均匀照明。为了避免灯光形状出现在渲染场景中，将灯光的不透明度调整为 0。这样，虽然灯光形状不会出现在场景中，但其光照效果仍然有效，如图 5-3-20 和图 5-3-21 所示。

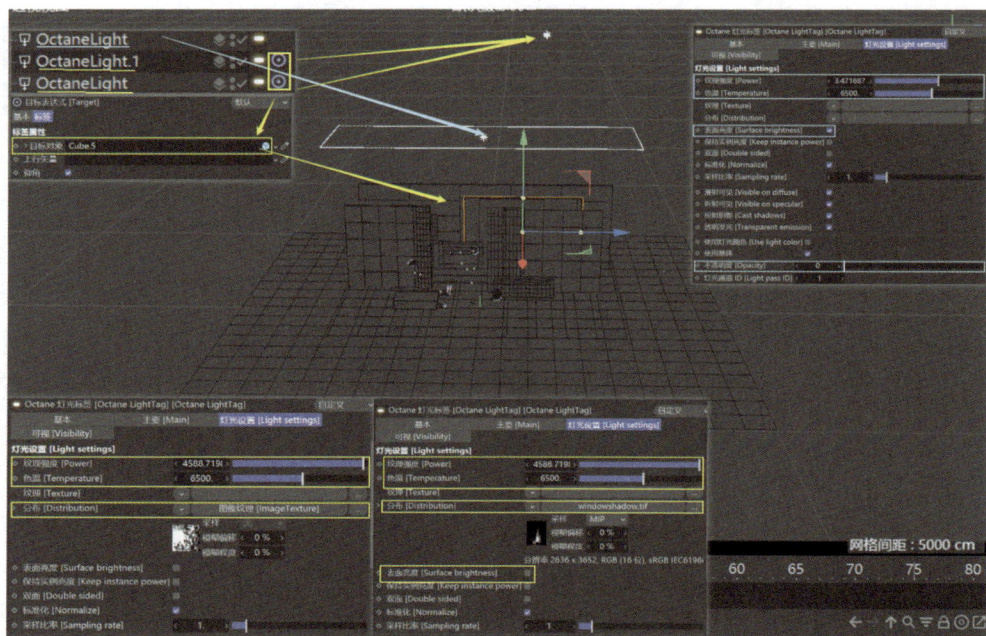

图　5-3-20

图　5-3-21

☞ 在这个案例中，①灯光设置中的"纹理"（Texture）和"分配"（Distribution）的区别在于：不同的"纹理"贴图可以打造不同的灯光发光效果，主要用于改变物体的光照。例如通过贴图调整光源颜色和强度，以塑造不同的光线特质。而"分配"贴图是将纹理贴图映射到表面，用于创造独特的光影形状、纹理效果，用于丰富场景的视觉层次。②表面亮度选项对场景亮度控制的作用。当取消勾选表面亮度时，场景亮度会随光源的增大而降低。反之，当勾选表面亮度时，场景亮度会随光源的增大而增高。

📖 Octane 灯光与 Redshift 灯光

选择什么渲染器最终决定选择什么样的灯光，默认情况下，标准渲染器和物理渲染器使用的是默认灯光属性。在三维渲染领域，Octane Render 和 Redshift 都是非常流行的 GPU 加速渲染引擎，每个都有其独特的特点和优势，尤其是在灯光系统的实现上。

Octane Render 是一个无偏渲染引擎，这意味着它尝试模拟真实世界的物理光线传播，不做任何"技巧"上的简化。这通常会产生非常真实的结果，但可能需要更多的渲染时间。同样，Octane 支持各种基于物理的灯光类型，包括环境光、点光源、聚光灯、IES 灯光等；支持 HDR 图像作为环境贴图来模拟复杂的光照环境；支持光谱渲染，可以更精确地模拟光的色彩和分散。

Redshift 灯光是一个有偏渲染引擎，使用技术优化，如光子映射和自适应采样等提高渲染速度。Redshift 同样提供了多种灯光类型，包括面光源、点光源、聚光灯、方向光和 IES 灯光；支持 Portal 灯光，用于提高封闭环境中环境光的质量和效率；支持高度可定制的着色器网络，包括灯光着色器，可以创造特殊的光照效果。

选择 Octane 还是 Redshift 取决于项目需求，如果项目需要极高的真实性并且渲染时间较长是可接受的，则 Octane 可能是更好的选择。如果项目需要快速迭代和高效率的生产流程，则可以考虑 Redshift。在三维渲染领域，有偏差（biased）和无偏差（unbiased）渲染器的概念主要涉及渲染算法处理光线的方式，以及它们如何平衡真实性、速度和计算资源的使用。无偏差渲染器尽可能真实地模拟光的物理行为，模拟了所有可能的光线交互，不采用任何简化算法来加快渲染过程，严格遵循物理规律，尤其是能量守恒定律和光线传播的准确模拟，通常不需要做很多调整或优化即可获得物理上准确的结果，因为渲染器已经处理了所有复杂的光线计算，这种对真实性的追求通常意味着更高的计算成本和更长的渲染时间。有偏差渲染器在渲染过程中使用各种技术和算法上的"偏差"来加速计算过程，包括优化和简化某些光线交互的计算，可以大幅提高渲染速度，尽管可能会牺牲一定的物理准确性，但可以快速产生视觉上可接受的结果，特别适合渲染速度需求高、计算需求大、普通硬件和大规模生产环境。

【本讲重点及创意练习】
• • • • • • • • •

本讲从灯光基本理论与工具入门，介绍了光影设计的感触及应用，通过案例的学习解析理解了如何像一个舞台灯光师一样为数字三维场景设计灯光。请以人像光影、室内光影、游戏夜景或其他数字三维场景或对象为例，回忆你喜欢的光影氛围，分析喜爱的原因，并做创意视觉拓展练习。

📖 创意视觉拓展练习参考板

你喜欢的
光影氛围

每一个数字时代的快门触碰都是记录生活的瞬间
每一种光影氛围的塑造都在表达它独特的语言

有人偏爱温暖黄金光线。无论是在日落时分的柔和金黄，还是晨曦初升时的绚烂朝霞，这种光线总能给人一种温暖和希望。让人物的轮廓更加柔和，而且在背景中留下了长长的影子。

柔和的暖灯可以让家居空间更加温馨而惬意，而精心设计的聚光灯则可以在影厅中创造一种正式而精致的感觉。在这些空间中，光线不仅提升了功能性，还增添了美学价值，使得每个空间都能散发出独有的个性和情感。

柔和的散射光，通过云层或雾气，柔和地洒在一切物体上。它几乎没有阴影，展现一种平和、细腻的美，捕捉细腻的风景，让整个画面显得更加温柔、更加真实。

人像光影

室内光影

风景 ......

→ 游戏场景

→ 电影画面

→ 自然 ......

想象你在一个史诗级的冒险游戏中穿行，灯光指引着你的道路，动态闪烁的火把、神秘的光环、或是一束安静照亮古老遗迹的光线，都能极大提升沉浸感和紧张感。

在背光中捕捉剪影，当光从背后照射时，主体转变成了黑色轮廓，视觉的对比凸显了形状的美感，赋予了一种神秘和戏剧性，引人深思，感受光与暗的较量。

光影不仅定义了自然的时间和空间，清晨第一缕阳光洒满蓝蓝的湖面，或是傍晚夕阳余晖映红了茫片森林，自然光的变化无疑是画家和摄影师最喜欢捕捉的瞬间。

第六讲 | 设计感触：数字三维设计材质的风格化

　　风格化是一个涵盖范围广泛的设计概念，艺术家和设计师通过有意识的视觉处理和有意图的表现手法，传达特定的情感、主题和氛围，使作品呈现独特的风格和个性。在数字三维设计领域，作品的风格化不仅是对现实的模拟，更是对现实的艺术化再创造。通过不同的数字三维基本视觉元素，包括线条与形状、光影、色彩与纹理、动态与静态、主题与内容等，都能为作品赋予独特的风格。在这些视觉元素中，材质的风格化在视觉艺术、设计和三维渲染中尤为重要。通过对材质进行风格化处理，能够显著影响作品的表现力和感染力，创造独特的视觉效果和氛围。本讲将深入探讨设计感触部分关于材质的基础知识和风格化在数字三维中的应用，如图 6-0-1 所示。

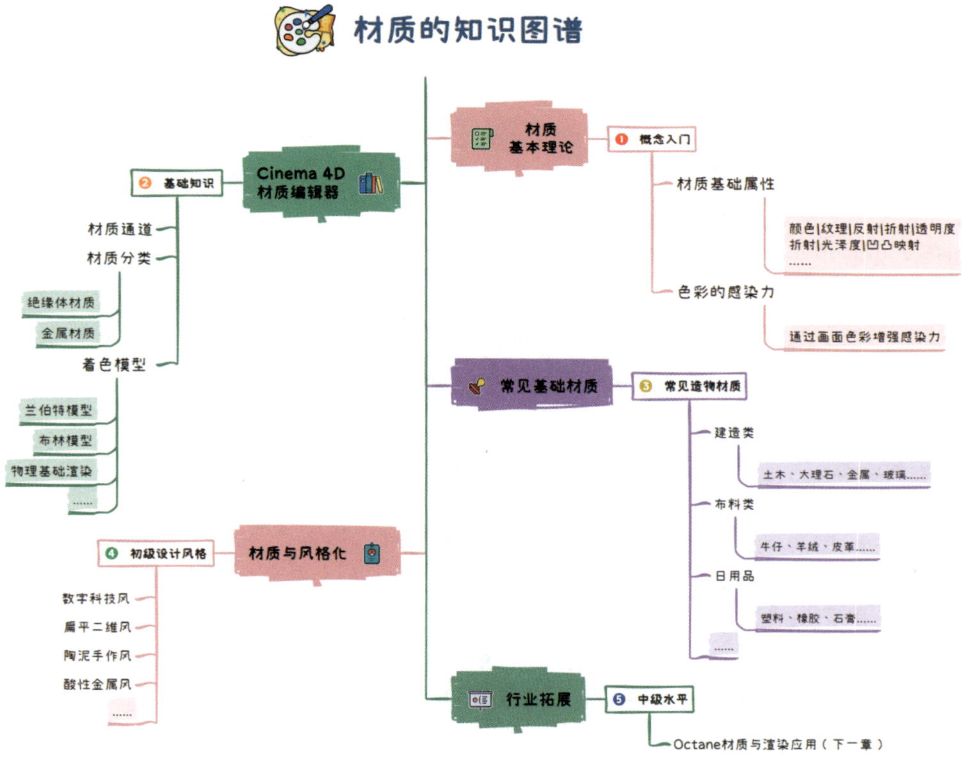

图　6-0-1

一、材质基本理论

📖 色彩与感染力

　　在视觉艺术和美学领域，研究者长期探讨如何利用视觉感知规律（光线、颜色和

形状等）来引导观众的注意力和解读作品的内涵。不同艺术作品如何通过视觉构成来影响观众的情感和美学体验，也一直是设计师关注的重点议题之一。James Gibson 在其生态视觉理论中探讨了环境中的视觉信息如何被感知和理解，提出"环境赋予性"（affordances）这一概念，指出人类会直接感知物体的功能性，这种感知部分依赖于形状和表面特性，比如明暗对比和颜色，这也是人们在复杂视觉环境中快速识别和定位物体的关键线索。

在视觉艺术与设计领域，色彩理论是一个至关重要的核心概念，广泛应用于视觉艺术、设计、摄影、动画和数字媒体等领域。色彩理论探讨了颜色的感知原理、色彩的组合规则以及色彩在设计中的应用等。值得注意的是，日常所提及的色彩只是感官上宽泛而笼统的概念，而在色彩理论中，涉及多个需要辨析和区分的具体范畴，比如光的三原色与颜料的三原色、纹理与材质、明暗与黑白等，我们在学习的时候需要注意理解与区分。

色彩属性与模型

色彩主要有三个基本属性：色相、饱和度和亮度。色相指的是颜色的基本种类，如红色、蓝色、黄色等。色相是区分不同颜色的最直观特征。饱和度指的是颜色的纯度或鲜艳程度。饱和度高的颜色看起来更明亮、更生动。亮度指的是颜色的明暗程度。在同一色相下，亮度可以变化，产生从白到黑的渐变效果。

HSV（色相、饱和度、亮度）模型：常用于艺术和设计，更符合人类对色彩的感知方式。

RGB（红、绿、蓝）模型：用于光的色彩混合，主要应用于电视和计算机屏幕。

CMYK（青、品红、黄、黑）模型：用于油墨的色彩混合，主要应用于印刷和绘画。

三原色

色彩的三原色理论是理解色彩混合、色彩生成和视觉感知的基础。这个概念在物理学和艺术领域有两种主要的应用：一种是光的三原色，用于加色系统；另一种是颜料的三原色，用于减色系统。

RGB（红、绿、蓝）系统基于光的加法混合原理，适用于任何涉及光的颜色混合。当红色、绿色和蓝色光以不同比例混合时，它们可以生成几乎所有其他颜色，这些颜色通过叠加各种光的波长实现，每种原色的光波长在视网膜上叠加，产生新的颜色感知。在电子显示技术中，像素点通过调整红、绿、蓝光源的强度来显示不同的颜色。当这三种颜色光完全混合时，生成的是白光。

CMYK（青、品红、黄、黑）系统基于颜料或染料的减色混合原理，适用于任何涉及实体颜料的色彩生成。当颜料混合时，它们实际上是吸收（减去）某些波长的光，反射其他波长的光。例如，青色颜料吸收红色光波，反射绿色和蓝色光波。在全彩印刷中，使用青、品红、黄三种颜料的不同组合可以产生广泛的颜色。黑色通常作为第四种颜色（CMYK 中的 K）添加，用于提供更深的色彩和增加印刷品的对比度。

数字三维设计从创意到创作

还有一种色彩三原色指的是红色、黄色和蓝色。这三个颜色之所以被称为三原色，是因为如果没有它们，其他颜色也不会存在，它们是色轮中的基础颜色，所有其他颜色都可以通过三原色调和得来。

理解这几种三原色系统的工作原理对于从事任何形式的视觉艺术和技术工作的专业人士来说都是至关重要的。它们不仅影响着色彩的创建和表示方式，而且影响着材料的选择、技术的应用以及最终作品的视觉效果和质量。

📖 色彩组合与视觉感知

色彩对比是增强视觉效果的重要手段。不同颜色能够唤起各种情绪和感受，而这些情绪和感受往往会受到文化背景和地域习俗的影响，在不同社会和文化背景中可能大相径庭。如白色在西方文化中常被视为纯洁和无瑕的象征，婚礼上新娘穿白色婚纱。而白色在中国传统文化中常与丧礼和哀悼相关，丧服通常为白色，白色也象征悲伤和肃穆。当然这往往并不绝对，在中国的文化中白色也有纯洁、朴素和高尚的含义。理解色彩的文化语义和背景对于设计师而言尤为重要。

色彩的组合与搭配是影响画面视觉感知和画面和谐度的关键因素。通过使用色轮，设计师可以直观地了解颜色之间的关系并创建和谐的色彩方案。常见的搭配包括单色配色方案、类似色配色方案、对比色配色方案和互补色配色方案。

色轮是设计师选择和理解颜色关系的基本工具，它通过可视化的方式展示了颜色之间的混合与关联，帮助设计师直观地构建色彩方案。首先可以回到色彩三原色开始了解色轮，红色、黄色和蓝色是色轮中的基础颜色，如图 6-1-1 左上图所示。三原色无法通过其他颜色混合得到，但可以混合生成所有其他颜色。当两种原色混合时，会得到次原色，如图 6-1-1 右上图所示。橙色（红黄混合）、绿色（黄蓝混合）和紫色（蓝红混合）是色轮里的次原色。当三原色和次原色混合，将得到六个三次色，即红橙色、黄橙色、黄绿色、蓝绿色、蓝紫色和紫红色，如图 6-1-1 下图所示。

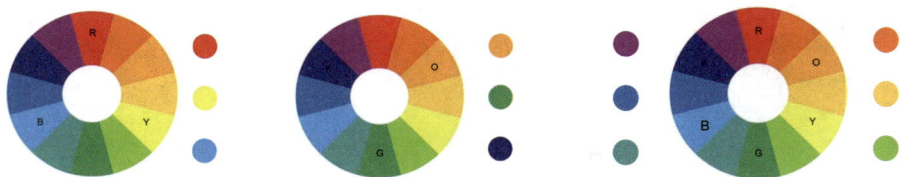

图　6-1-1

画面配色是增强视觉感染力的关键因素之一。通过指向性选择和设计性搭配，画面将更加吸引人、有意趣和表现力。在了解色轮和色彩 HSB 三要素之后，我们可以进一步理解和运用设计中的色彩平衡法则。如三种典型的配色平衡：视觉互补对比、色彩冷暖情感、色彩深浅平衡等（图 6-1-2）。

互补色是色轮上夹角为 180° 的一对颜色，例如橙色与蓝色、红色与绿色。互补色的色相对比最为强烈，能够制造强烈的视觉冲击，使得主题和形象更加突出，有聚焦主题和利于信息表达的优势。互补关系可以是一个色彩区间内的对比，通过调整饱和度和明度，可以形成丰富的风格变化，如图 6-1-3 所示。

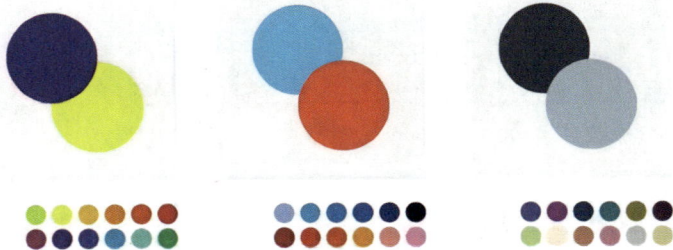

互补色的平衡
侧重协调视觉刺激上的平衡

冷暖色的平衡
侧重协调色彩情感上的平衡

深浅色的平衡
侧重协调色彩层次方面的平衡

图　6-1-2

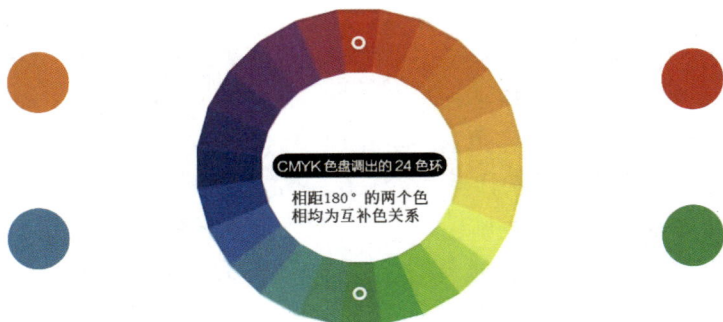

CMYK 色盘调出的 24 色环

相距180°的两个色
相均为互补色关系

图　6-1-3

在冷暖色平衡中，色环暖色的极点是正红色，冷色的极点是冰蓝色，而紫色和绿色等颜色则属于中性色。中性色越接近红色越暖，越接近蓝色越冷，如图 6-1-4 所示。

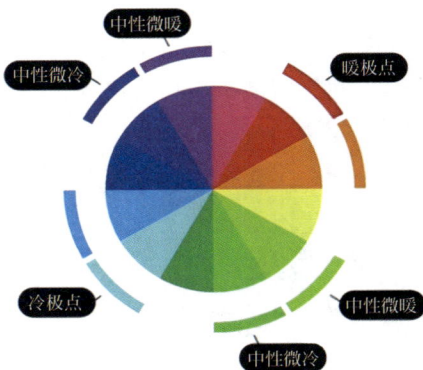

中性微暖

中性微冷

暖极点

冷极点

中性微暖

中性微冷

图　6-1-4

和互补色平衡相同，我们也可以通过调整冷暖色的饱和度和明度营造不同的情感特质。例如，冷暖色的对比可以减弱单一情绪带来的刻板印象，形成视觉上的张力与平衡感。自然界中的色彩通常是冷暖并存的，因此冷暖平衡的画面会让人感到和谐与熟悉，符合自然界的色彩分布规律。

深浅色平衡的变化即明度的变化，能够显著影响画面的立体感和空间感。明度的差异类似素描中的光影表现，最深色和最浅色之间的对比凸显了画面的层次感和空间结构。在多色相的作品中，颜色也需要自身的深浅色平衡。色彩的深浅和距离感知有着很大的关系，利用色彩自身的距离感知特点进行搭配组合也可以制造出画面中的空间感。

📖 **还有哪些技巧？**

色轮相邻颜色：色轮上相互靠近的颜色是相邻颜色，如橙色和黄色、蓝色和绿色。这些颜色搭配在一起往往会营造出情绪平缓、和谐、舒适的感觉。

三色法则：选择三种主要颜色来构建画面配色，通常包括主体色、辅助色和强调色。主体色占主导地位，辅助色用于平衡，而强调色用于吸引注意力。

区域色彩块：将画面分为不同的区域色彩块，每个区域块都有自己的颜色主题。这种方法可以创建视觉层次和丰富程度，使画面富有感染力。

渐变：使用渐变来过渡颜色，可以创建柔和的过渡效果。

黑白灰：黑白画面或灰色调可以强调形状、纹理和光线，产生独特的艺术效果。

📖 材质基础理论

在数字三维设计中，材质是一个综合性的概念，范畴和我们在通常情况下谈及的材质概念不同，涉及了多个基本概念，涵盖了色彩、纹理、材料介质等，它们共同作用于创造视觉对象的外观和感觉。理解这三者之间的关联对于制作逼真的视觉效果和提升设计的整体质量至关重要。

色彩在材质表现中决定了物体的第一视觉感受，是物体表面反射或发射光的视觉属性。色彩能够强化材质感，影响光线表现。比如暖色调增强柔软材质的温暖感，冷色调则让金属显得更加硬冷和高科技；金属材质因高反射性使颜色鲜艳明亮，而多孔木材吸收光线，使颜色显得柔和内敛。

纹理是物体表面的详细结构，有图案、纹样这样的视觉纹理，也有凹凸、粗糙这样的物理纹理。纹理的复杂度丰富了物体的视觉层次感、真实感，同时影响触觉感受。纹理能够增强色彩表现，改变色彩感知。比如高对比度的色彩搭配粗糙纹理能使细节更突出；低对比度的色彩则使纹理显得平滑柔和。砂纸表面让颜色显得暗淡，而镜面反射则让颜色更鲜亮。

材料介质是我们常说的金属、布料、石材、液体等具有独特视觉表现和物理属性的综合属性，它决定了物体如何与光发生交互，包括反射、折射、吸收、漫射等光学特性。不同的材质传递不同的触感和情感，材质能够决定纹理的表现，也能够通过纹理来模拟材质属性。如模拟木材纹理、布料纹理能增强材质的真实感；光滑玻璃表面与粗糙石墙对相同纹理的展现方式截然不同。

这三者共同决定了材质的风格化表现。风格化是一个相对广义的艺术概念，也是视觉艺术的核心元素之一。它通过图像的视觉表现来传达情感、氛围和观念。在材质的风格化表现中，对材质的感知与理解尤为重要。因为不同的材质能够唤起不同的情感反应和感官体验。每种材质都有其独特的视觉感知、理解认知，甚至是触觉属性，这些属性可以被艺术家和设计师用来为作品的主题和情感表达注入特定的意义层次和艺术内涵，强化作品的情感基调和观者的心理感受。如图 6-1-5 中自然形成的天然系列材质。

图 6-1-5

岩石让人感受到坚固、粗糙、冷硬，象征着力量、永恒、坚韧、稳定。树桩则让人觉得古老、坚韧、粗糙，让人联想到生命的循环、时间的流逝、根基等。麦田让人感受到丰收、自然、质朴、广袤，通常与繁荣、劳动成果、丰收、自然和时间的流逝相关联，金黄色调和波动的纹理能够唤起温暖和希望的感觉。再如图 6-1-6 中的人造材质，砖头让人感受到整齐划一、规整或者单一，象征着建筑基础、劳动和汗水、持久。麻绳粗糙、坚韧，但又有一丝单调，让人联想到连接的坚固、简朴的实用。大理石光滑、冷硬，令人感受到一种人造的重复感。

图　6-1-6

图 6-1-7 中的这些有机材质又给人不同的感受，荆棘生长得有一定自然的结构，较之人造材质更富有生命力，让人联想到感受到刺痛、防御和保护性。蜂巢复杂、精细又自然，象征着合作、勤劳、自然的奇迹、结构的美。细胞微小、复杂而又是生命的基本单位，让人感受到繁殖的生命力与复杂性。

图　6-1-7

再如图 6-1-8 中的这组让人感受到触感的材质系列，棉花柔软、轻盈、温暖，象征舒适、纯净、自然，让人想上手触碰。龟裂的土地则干燥、粗糙、脆弱，象征干旱、贫瘠、环境恶化。丝绸光滑、柔软、轻盈，让人会想起它的丝滑、优雅、细腻。

图　6-1-8

图 6-1-9 中的几何纹理系列则有序、对称、结构化，意味着秩序、理性、现代性美学。

图　6-1-9

这些材质在艺术创作和设计中，能够通过其独特的视觉和触觉等特性传达特定的情感和象征意义，使作品更具深度和感染力。每一种材质都带有独特的质感和视觉效果，通过巧妙地运用这些材质，可以创造出不同的氛围和情感体验。天然材质，如岩石和树桩能够传递自然的坚韧与岁月的沧桑；人造材质，如砖头和大理石地板则可以体现人类劳动的结晶与建筑的宏伟；有机材质，如蜂巢和细胞则揭示了生命的奇妙和复杂性；触感材质，如棉花和丝绸通过其柔软和光滑，能够唤起舒适和奢华的感受。通过这些材质的运用，作品不仅在视觉上丰富多样，还能在触觉和情感层面引发观众的共鸣。材质的选择和处理直接影响作品的整体风格化，加强了作品的叙事性和象征性，使其不仅仅是视觉的享受，更是一种多感官的综合体验。这种深度的艺术表达使作品更具吸引力和持久性，能够在观众心中留下深刻的印象，达到艺术创作的更高境界。

📖 色彩、纹理与材质的关联

一般情况下，我们感知的色彩是指色相，然后以饱和度和明暗信息来描述这个颜色是深或者浅，如浅绿色、亮黄色等。色彩视觉设计中的基本元素传达情感和气氛，影响材质的感知。色彩的选择可以定义一个对象的视觉感受，比如喜庆、纯洁、柔和等。纹理不仅增加了视觉上的复杂度，还影响着触觉感受和材质的光学特性。而材质可以是光滑的、哑光的、透明的或半透明等，这些特性通过色彩和纹理的表现进一步加以展现。色彩可以强化或改变材质的感知，可以增强纹理的可见度或深度感。材质的物理属性决定了纹理如何展现，纹理可以模拟材质的特性。当这三者在日常生活中相互结合时，会出现一些设计上有趣的叫法，如牛油果绿、克莱因蓝等。在数字三维设计中，这三者的有效结合是创造具有高度真实感和视觉吸引力作品的关键。

二、材质编辑器工具

📖 材质常见属性

颜色（Diffuse Color）指的是材质在白光照射下的固有颜色。作为材质最基本的属性，直接影响观察者对物体的色彩感知。

纹理（Texture）是指材质表面的图案或细节，可以通过映射图像或程序生成的图案来实现。纹理可以模拟现实世界中的复杂表面，如木纹、砖墙、布料等，从而增强材质的真实感和视觉表现力。

反射（Specularity）是材质表面对光线的反射能力。高光泽表面，如金属和水会反射更多的光线，而哑光表面，如橡胶和木头则反射较少。反射的强度和特性直接影响材质的视觉质感。

透明度（Transparency）涉及材质允许光线穿透的程度。玻璃和水是透明材质的典型例子，透明度的调节是表现材质通透性的重要手段。

折射（Refraction）描述了光线穿透透明材质时路径的弯曲程度。折射指数决定了光线进入材质时的弯曲强度，不同材质具有不同的折射指数，例如水的折射指数约为

1.33，而玻璃的折射指数约为 1.5。光泽度（Glossiness）影响反射高光的锐利度和分散程度。光泽度低的材质产生模糊的反射，而光泽度高的材质则产生清晰的镜面反射。

光泽度（Glossiness）影响反射高光的清晰度和分散程度。光泽度高的材质（如镜面）会产生清晰的镜面反射，而光泽度低的材质（如哑光漆）会产生模糊的反射，从而影响物体的表面质感表现。

凹凸映射（Bump Mapping/Normal Mapping）通过模拟凸起或凹陷来增强表面的视觉深度和细节，而不改变几何形状。

📖 材质通道

在三维建模和渲染领域，"材质通道"是定义材质特性的重要组成部分，它涉及材质属性的组织方式和如何影响渲染输出的各方面。它通过一组独立的参数控制材质的光学表现，直接影响渲染输出的质量和视觉效果。每个通道控制着材质的一种特定属性，如颜色、反光性、透明度等。理解材质通道的工作原理可以帮助设计师更好地管理物体表面的属性，从而实现更复杂、更逼真的渲染效果。在数字三维软件中，在不同的渲染器中，材质通道的组织方式和表现会有所不同。如 C4D 的标准渲染器或者物理渲染器，材质通道以"层级技术逻辑"形式组织，每个通道是一个集合的层，包含其相关的属性设置，如反射强度、折射指数等。每个通道都可以为材质增加一层细节，设计师可以通过叠加多个通道层形成复杂的材质效果。而类似 Octane 和 Redshift 等基于节点的渲染器，材质通道以节点形式组织，设计师可以通过连接不同节点来控制材质属性，从而获得更高的灵活性和精细度。

📖 Tips

图 6-2-1 展示了 C4D 软件标准渲染器下材质编辑器中默认颜色通道的设置，如绿色方框所示。左上角的粉色框内便是材质球的预览显示，该区域用于实时显示材质效果的预览图，当前展示的是默认颜色。用户可以通过右击材质球预览框选择不同的显示形态（如球体、立方体、平面等）。不同的显示模式适合预览材质在不同类型几何体上的表现，尤其是复杂的纹理和反射效果。在某些

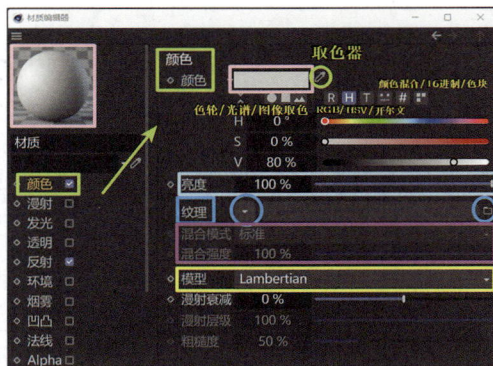

图　6-2-1

情况下，材质球的预览可以接近最终渲染效果的 80% 左右，为用户提供直观的参考。

📖 颜色通道

颜色通道用于定义材质的主色调，是材质最基础的表现部分，决定了物体在白光照射下的固有颜色。通过颜色通道可以定义物体的视觉属性，并为复杂的材质效果提供基础支持，如通过设置亮度/纹理/混合模式来呈现更丰富的材质效果，分别为图 6-2-1

中的浅蓝色框、深蓝色框、紫色框所示。其中，纹理的蓝色圆圈里的小三角图标点开能够看到预制的多种纹理模式，也能直接选择蓝色圆圈中的文件夹图标来导入图片文件，作为颜色通道的贴图纹理和颜色进行混合叠加显示，这里的混合模式为常见的标准、添加、减去、正片叠底四种。

混合模式常见于 Photoshop、After Effects 等图像编辑软件中，通过调整层与层之间的交互方式可以创造丰富的视觉效果。混合模式可以极大地增加创意的可能性，通过不同的方式组合图层来达到各种视觉效果。标准模式不应用任何混合，上层完全覆盖下层，适合基本色彩表达。添加模式通过增加颜色值来混合图层，使最终颜色更亮，用于创建光效和发光效果。减去模式从底层颜色中减去顶层颜色的值，可能导致颜色变暗，用于生成阴影效果或在颜色调整中创造更深的色调。正片叠底模式是将顶层的颜色值与底层的颜色值相乘，然后再除以 255（8 位 / 通道 RGB 图像）得到一个更暗的颜色。这个模式对白色不改变结果（乘以 255 再除以 255 仍是底层颜色），黑色则会使任何颜色变黑（乘以 0 除以 255 仍是 0），

📖 Tips

正片叠底在纹理合成中确实可以增加图像的深度和丰富度，它通过将纹理的颜色与底层图像的颜色按照相乘的方式混合，使纹理能够自然地融入底层图像，让图像看起来更有层次感和质感。例如，将一张带有粗糙纹理的图像（如旧纸张纹理）以正片叠底模式叠加到一幅绘画作品上，可以使绘画作品看起来像是画在旧纸张上，增加复古的感觉。

在 C4D 中，具有多种颜色选择调节方式，如图 6-2-1 中的黄色标示与图 6-2-2 中的浅蓝色框图标所示，依次分别为色轮（色盘）、光谱、图片取色、RGB 调节（三原色红 / 绿 / 蓝）、HSV 调节（三属性色相 / 饱和度 / 亮度）、开尔文色温、颜色混合、十六进制以及色块调节。图 6-2-2 左图为色轮，右图为光谱 HSV 调节模式，色轮可以通过滴管图标取色，并以不同方式旋转配色。C4D 提供了我们在前文学习的一些互补色配色的常见原则，图标所示分别为自由、单色、互补色、相邻色（次元色）、分割互补（次元色互补）、四元组、等角五色等多种配色方式，图 6-2-2 右图中显示的为分割互补模式。

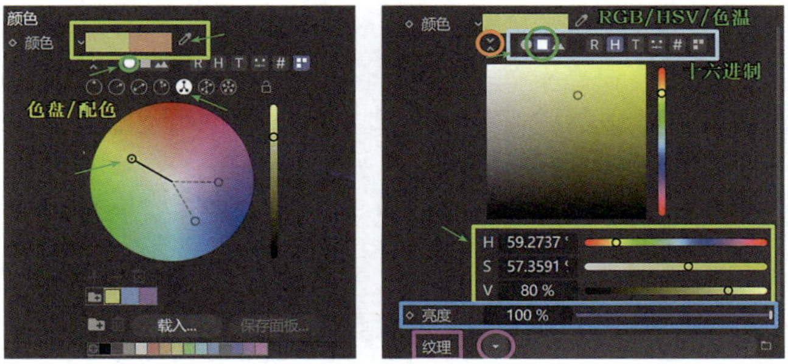

图　6-2-2

📖 材质着色模型

在材质编辑器颜色面板中，图 6-2-1 黄色框部分是"模型"的下拉选项框。这里的

模型是一种材质着色模型。材质表面的反射可以分为绝缘体材质（如玻璃、塑料、木材等,具有较高的折射率和较低反射率)和金属材质(具有高反射率且几乎没有透明度)，例如金属颜色主要由其表面状态（如氧化或涂层）决定。这涉及常见的着色模型概念，着色模型（Shading Models）在三维渲染和图形设计中扮演着核心角色，用于计算和模拟光与物体表面的相互作用，从而生成具有真实感的图像。着色模型决定了物体如何反射和散射光线，这些模型可以帮助创建高度真实的视觉效果和特定风格的表现。

兰伯特着色模型（Lambertian Shading）是一种反射模型，假设表面对所有方向的光线散射均匀。表面的亮度不会随观察角度的变化而变化，只与光的入射角度有关，广泛用于模拟非光泽表面，如纸张、未上光的木材或石材等。在实时渲染（如视频游戏）中非常常见。

冯氏着色模型（Phong Shading）由兰伯特漫反射和镜面反射两部分组成。它引入了一个镜面高光组件，这个高光的大小和亮度依赖于观察者的位置和光源的位置，适用于模拟有光泽的表面，如塑料、金属等。

布林-冯氏着色模型(Blinn-Phong Shading)是对冯氏模型的改进,通过引入"半向量"的概念简化了镜面反射的计算。半向量是光线方向和视线方向的中间向量，其计算效率比传统的冯氏模型更高，常见于 3D 游戏和交互应用。

物理基础渲染（Physically-Based Rendering，PBR）是一种现代最常用的着色方法，它可以更精确地模拟光与物质的物理交互。PBR 通常包括两种工作流：基于金属 / 粗糙度的工作流和基于镜面反射 / 光泽度的工作流。PBR 在视觉效果和游戏行业中被广泛采用。

Oren-Nayar 着色模型是对兰伯特着色的扩展，用于更准确地模拟粗糙表面的漫反射，适用于表面粗糙度较高的材质，如沙砾、粗糙石材等，能够更真实地表现这些表面的光照效果。

📖 漫射通道

在三维渲染和视觉艺术中，颜色和漫射（Diffuse）这两个概念常常相连，特别是在讨论材质与光照的交互时。颜色是物体表面反射的光所呈现的属性，而漫射则描述了光线照射物体表面后向各个方向均匀散射的特性。这两者的结合决定了物体在不同光照条件下的外观。

颜色源于物体表面对特定波长光的反射，而漫射是材质的一个基本属性，用于描述光线照射到物体表面时光线如何被均匀散射到各个方向。漫射反射的特点不依赖于观察者的位置，这意味着无论从哪个角度观察，物体表面的颜色和亮度看起来都是一致的。物体的表面结构也会影响其漫射特性，例如粗糙或细腻的表面会以不同方式散射光线。

漫射颜色通常被视为物体的固有颜色，即在白光直接照射下显示的颜色。在三维渲染中，颜色与漫射通过漫射颜色通道结合使用，该通道定义了物体在自然光照下的基本颜色。在设计三维材质时，选择适当的漫射颜色尤为重要，因为它直接影响了物体在不同光照条件下的视觉表现。不同的光照环境会显著影响漫射材质的外观。

📖 Tips

在 Cinema 4D 中，可以通过控制亮度强弱，以及勾选是否影响发光 / 高光 / 反射来调节，漫射也能叠加纹理进行混合。

📖 发光通道

发光通道允许用户为材质添加自发光效果，这意味着材质可以在没有外部光源的情况下发光。这种效果在创建特定的视觉效果时非常重要，如显示屏、光源，或其他需要自行发光的物体。发光通道是一种材质属性，它能够模拟光的发射，而不仅仅是反射外部光源的光。该通道可以单独使用，也可以与其他材质属性（如漫反射、反射、透明度等）结合使用，以创造更加复杂和动态的视觉效果。发光通道的应用广泛，如科幻电影中的光剑、灯光效果或者科技元素的光效，以及模拟建筑或室内设计中的灯具、LED 灯条等。

📖 Tips

在 C4D 中，勾选"发光"（Luminance）可以激活材质编辑器发光通道。颜色的选择决定发光颜色，并可以调整光的强度、纹理等。可以在发光通道中添加特定纹理（如渐变、噪点或图像文件）以创造特定的光效模式。在其他渲染器中，还可能涉及发光的衰减（光强随距离减少）、光晕效果等的设置。

📖 透明通道

透明通道是三维建模和渲染软件中的一个关键材质属性，允许材质模拟透明或半透明效果。通过透明通道，可以创建诸如玻璃、水、薄雾等能够透过光的物体。这一功能广泛应用于视觉效果制作、产品设计可视化和建筑演示等领域。透明通道通过控制材质对光的透射来实现透明效果。在三维渲染中，透明度通过模拟光线穿过物体表面时光的衰减来实现。这种衰减可以是均匀的，也可以根据材质的厚度或角度变化。

📖 Tips

在 C4D 中，可以通过调整透明通道的颜色影响透明物体的颜色。透明度通常通过颜色的亮度或灰度值来控制，颜色越深，透明度越低，如图 6-2-3 黄框部分所示。折射率用于调整光线穿过材质时的折射程度，软件提供了一些常见的折射率的预设，如图 6-2-3 粉色框所示。另一个调整颜色的地方是吸收颜色，如绿框所示，它决定了透明材质的颜色质感，不同的吸收距离可以呈现不同的通透效果。此外，橙色框内的模糊数值可以调整透明对象的磨砂粗糙程度，呈现不同的表面质感。

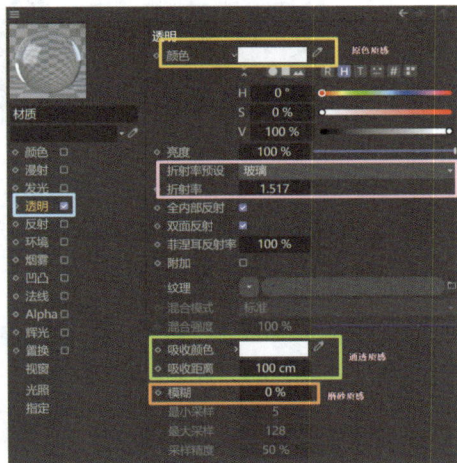

图 6-2-3

📖 反射通道

　　反射通道用于模拟材质表面如何反射光线，是增强材质真实感和视觉吸引力的重要工具。对于金属、玻璃、水面等光滑表面，反射通道能极大地提升场景的真实性，同时有助于创造引人注目的视觉效果。对于木料、石材、布艺等材质，适当的反射设置可以增强其质感和立体感，还可以将环境的元素，如光线和颜色反射在物体上，提升整体的一致性和融入感。

　　一般情况下，反射强度控制反射的强度或亮度，数值越高，反射越明显。反射颜色定义反射光的颜色，通常根据场景中的光源和对象颜色设置。光泽度/粗糙度可以调整反射的清晰度或模糊度，低光泽度或低粗糙度意味着更锐利和清晰的反射，常见于光滑的表面；高值则产生模糊反射，适用于粗糙表面。菲涅尔效应（Fresnel Effect）增加基于视角的反射变化，模拟真实世界中光线与物体表面相交角度的自然变化，在边缘处反射更强而中间部分反射较弱。在现实世界中，使用菲涅尔效应可以自然地模拟自然的反射变化，避免了整个物体表面都采用相同反射强度而导致的不真实感，使得渲染效果更加贴近真实世界中的光照现象。

📖 Tips

　　在 C4D 标准材质编辑中，反射通道的应用仅次于颜色通道，通过不同模式可以直接调节反射材质，例如 GGX 模式下的金属与绝缘体，如图 6-2-4 中图所示，各向异性可以叠加拉丝纹理，如图 6-2-4 右图所示，Irawan 模式下可以模拟织物布料模拟等。

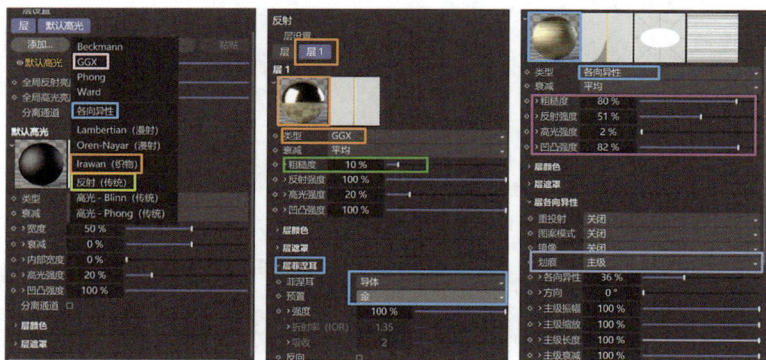

图　6-2-4

📖 凹凸通道 / 法线通道 / 置换通道

　　凹凸通道、法线通道和置换通道是三维建模与渲染中增加模型表面细节和纹理复杂度的关键工具。它们通过模拟表面的微观几何形状增强视觉效果，而无须过多增加实际的几何复杂度，综合比较和深入理解这些通道的作用和适用场景，能更高效地应用于项目实践。

　　凹凸通道利用凹凸贴图模拟表面高度变化。这种贴图基于灰度图，其中灰度值表示表面的相对高度。凹凸贴图不会改变模型的实际几何结构，而是通过渲染时的光影变化，给人一种表面高低起伏的错觉，适用于添加表面纹理的细节，如布料的织纹、木材的纹理或其他不需要改变几何形状的表面特征。相比法线通道，凹凸通道的细节表现相对简单，通常用于快速实现基础纹理效果的场景。

法线通道利用法线贴图改变表面法线的方向，从而影响光照计算和表面的视觉外观。法线贴图是一种特殊类型的纹理贴图，通常以 RGB 颜色值编码表面法线方向的信息。与凹凸通道相比，法线贴图能够更精确地模拟复杂的光照细节，适用于需要高光照精度的场景，同时不会增加几何复杂度。法线贴图适合实时渲染中对性能和视觉细节要求平衡的项目。

置换通道使用置换贴图在渲染过程中动态调整模型表面的顶点位置，从而改变实际的几何形状。与凹凸贴图和法线贴图仅通过光影变化模拟表面细节的方式不同，置换贴图会根据贴图中的值动态调整模型表面的顶点位置，创建实际的几何细节，适用于需要高精度细节和几何变形的场景，例如造型复杂的雕塑、详尽的地形等。需要注意的是，置换贴图的效果依赖于模型的细分网格。基础模型顶点数量越多，置换效果越细腻。因此，在使用置换通道时，需对模型进行适当的细分处理。此外，由于其计算需求高，置换贴图更适合用于渲染时间和资源充裕的高端视觉效果或电影制作中。

📖 Tips

在许多免费或者付费材质网站上可以下载包含粗糙度贴图、法线贴图、置换贴图的贴图文件材质包。通过分别将这些贴图导入通道，并结合颜色贴图，可以模拟出逼真的三维效果。贴图的正确选择和应用能够显著提升视觉效果，同时保证渲染效率。凹凸通道和法线通道主要用于增加视觉细节，而不会增加实际的多边形数，适合实时渲染或多边形预算受限的项目。置换通道则提供最高级别的细节和真实性，但计算开销较大，适合渲染时间充裕的场景。

如今，通过 AIGC 技术，能够快速生成纹样花纹的颜色贴图，然后通过 Photoshop 或其他软件的转换功能，制作生成相对应的法线和凹凸贴图。这种方式显著加速了基于 PBR（物理材质渲染）模式的贴图制作，能更高效地模拟真实的三维效果。

📖 Alpha 通道

Alpha 通道用于定义材质或对象的透明度，控制图像哪些部分是透明的，哪些是不透明的。在材质或纹理中，Alpha 通道通常以灰度图像表示，其中白色区域（高值）代表完全不透明，黑色区域（低值）代表完全透明，灰色区域则表示不同程度的半透明。这种基于灰度的控制方式使得 Alpha 通道可以精确地实现透明效果，尤其适合用于复杂的边缘处理或叠加效果的制作。

Alpha 通道在许多场景中被广泛应用，包括创建复杂的覆盖效果、屏幕上的 UI 元素，或者在后期合成中实现视觉层次的分离和调整。需要注意的是，Alpha 通道的质量直接影响到透明材质边缘的平滑度与精细度，因此在制作过程中应尽量避免低分辨率或压缩导致的问题。

📖 环境通道、烟雾通道、辉光通道

环境通道用于控制材质在没有直接或强光照射下的颜色和亮度，表现材质受到环境光影响的效果。环境光是一种全局光照，不来自特定方向，它均匀地影响场景中的所有物体，从而增强非直接照明区域的可见度和细节。这种通道对于模拟复杂的自然光线或室内场景的间接光效尤为重要，可以有效提升场景整体的光照均衡性和真实感。需要注意的是，环境通道的效果依赖场景设置中的全局光照（Global Illumination）参数。缺乏全局光照支持的渲染器可能无法充分发挥环境通道的优势。

烟雾通道用于模拟空气中的烟雾、雾气或其他气体效果，影响光线在穿过时的散射和衰减。通过调整烟雾的密度、颜色和散射程度，可以控制视觉上的深度感和空间感。这类效果在视觉效果制作中非常重要，常被用来增强场景氛围，例如迷雾天气、水下环境或科幻场景中飘浮的尘埃。烟雾通道的实现通常基于体积光（Volumetric Lighting）技术，结合粒子系统（Particle Systems）或体积纹理（Volume Textures）。需要注意的是，高质量的烟雾模拟对计算资源有较高要求，因此在实时渲染中可能需要使用预渲染贴图或优化粒子数量来平衡性能和效果。

辉光通道用于在特定材质或场景元素上添加光晕或发光效果。通过调整发光强度、范围和颜色，可以模拟物体或光源自身发出的光。辉光效果常被用来提升视觉冲击力，例如科幻场景中的光剑、霓虹灯牌，或屏幕显示的特效。在现实世界模拟中，辉光通道还能为灯泡、车灯等光源提供更生动的表现。辉光通道通常与发光通道（Luminance Channel）结合使用，以增强效果的自然感。例如，通过加入纹理噪点或渐变，可以模拟发光物体的表面细节。此外，辉光的半径和强度需要与场景中的其他光源协调，避免过度发亮而导致视觉失衡。

📖 **Tips**

常见通道知识点如图 6-2-5 所示。

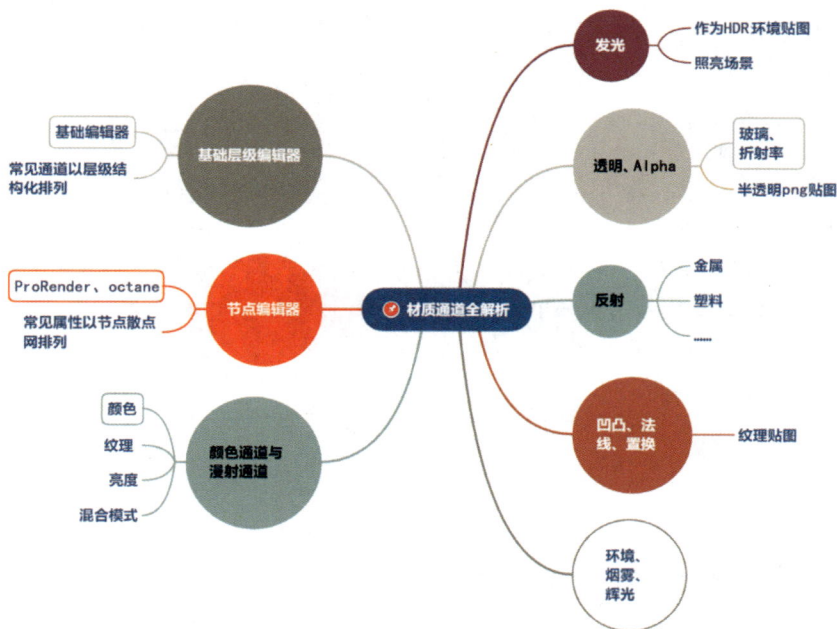

图　6-2-5

三、像造物师一样观察常见材质

"造物"这个概念在不同的语境中有着多样的解释和应用，其核心在于创造、制作或构建某物的过程。在艺术、设计与科技领域，造物不仅涉及创作本身，还与创新、工艺和技术的综合应用密切相关。造物的意义在于通过构建新的形式或功能，传达特定的意义、表达情感，或解决实际问题。造物师倾向于通过对真实对象的创作来实现目的，就如同建筑师精通建筑材料，服装设计师熟悉布料，机械师了解金属加工。与传统木匠、陶艺师、手工编织等类似，工艺师在造物过程中需要结合设计理念和技术手段来"造物"，以传达意义、表达情感或解决特定问题。这种综合能力的培养不仅依赖设计和技术本身，还需要对材质的深入观察和理解。像造物师一样观察常见材质是一种非常直观的学习方式，通过观察和深入理解分析各种材质的物理和视觉属性，可以在数字环境中尽可能真实地再现它们，甚至创造性地表现它们。

这一过程包括分析材质的物理特性以及表面处理对材质特性的影响，理解材质的成因和结构。一方面，重视材质表面的纹理特性，包括细节的规模与重复性。例如木材的年轮是自然形成的纹理，而织物的编织模式则是人造纹理。另一方面，需要关注材质的光泽度和反射特性，它们影响了其在光照下的表现。例如，金属通常具有高反射率和光泽，而木材的光泽较低，反射较为散射。

材质的颜色可能随光照条件和观察角度而改变。例如珍珠或油污的颜色会随光线角度变化而呈现不同的色彩效果。对于珍珠来说，其表面具有多层的霰石结构，这些微观结构会使光线发生干涉和衍射等光学现象。当光线以不同角度照射珍珠时，这些光学现象会导致反射光的波长成分发生变化，从而使我们看到珍珠的表面颜色发生改变。油污在水面上形成的薄膜也有类似情况。油膜的厚度在微观尺度上不均匀，并且其分子结构能够使光线产生干涉。不同角度的光线照射在油膜上，由于干涉增强或减弱的波段不同，所以观察到的颜色也会不同，这就需要我们不仅要从生活中积累观察经验，也需要理解和分析其材质特性。另外，一些材质在经过特殊处理后，其物理特性会显著改变。涂层可以增加表面的防水性，抛光处理则增强了材质的光泽，而蚀刻则创造出独特的纹理。

在数字造物中设计材质，模拟真实材质的视觉效果需要结合观察与技术的双重能力。一方面，通过高级纹理映射技术应用置换贴图、法线贴图与凹凸贴图等技术，可以显著增强材质的视觉深度与真实感。这些贴图通过对光线反射与表面细节的精确控制，使得材质在数字环境中的表现更加接近真实。另一方面，优化光照与着色模型，合理设置光照与阴影是提升材质真实感的核心步骤。光照算法能够准确模拟材质的反射、折射与散射特性，使材质在不同光源下的表现更加自然。选择合适的着色模型（如金属/非金属着色模型）能够优化材质在特定场景中的表现，例如金属的高光泽与镜面反射特性，或布料的柔和散射效果。另外，考虑材质与环境的交互模拟，模拟材质与环境之间的动态交互能进一步增强真实感。例如，水滴在玻璃上的聚集、灰尘在物体表面的沉积，或油渍在金属表面留下的微光，都能够传递出独特的细节与质感。这一过程通常需要结合粒子模拟、体积光效与动态贴图技术，通过微小细节提升整体效果的可信度。

"造物"不仅是一个创作过程，也是对物质世界深刻理解后的创新表达。在材质的观察与模拟中，像造物师一样观察常见材质，通过分析材质的物理属性与视觉特性，结合数字技术，实现材质的真实还原与场景适配。这种结合科学与艺术的观察理解，不仅依赖对真实生活中的美学价值的"观"，也重视对技术逻辑的"察"。

📖 常见材质

为了便于在统一且一致的灯光环境和模型下观察常见的材质，可以搭建一个标准渲染场景。

① 创建基础平面。创建一个平面 ✉，并将其分段数设置为1，拉宽平面，按 C 键转为可编辑对象。进入 🔘 边模式，选择平面后侧的长线条，按 D 键向上挤压，形成一个新的平面。选择平面底端的长线条，按 M+S 键进行倒角 🔶，使其在转折处形成一个倾斜的夹角坡度，这一步通过增加倒角坡度优化了光影的过渡效果，从而避免了在场景中出现不自然的锐利阴影，如图 6-3-1 和图 6-3-2 所示。

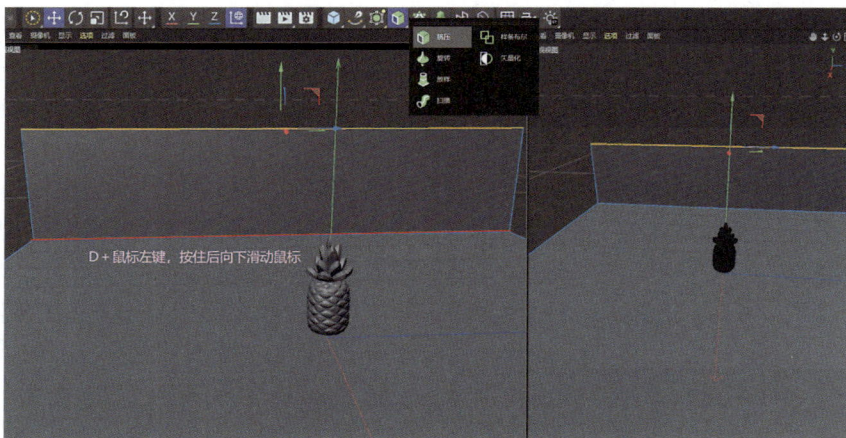

图　6-3-1

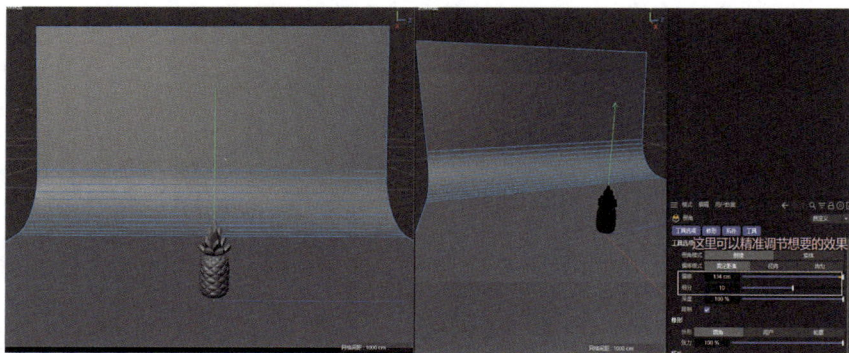

图　6-3-2

② 给地板添加材质。新建一个材质并取消勾选反射通道，仅保留颜色通道。在颜色通道的纹理设置中，新建一个平铺效果。在纹理合集的表面分类中选择平铺，单击平铺图片进入编辑，即可修改平铺的颜色与宽度等参数。修改完成后，应用该材质到

数字三维设计从创意到创作

地面，在属性面板的标签栏选择设置材质投射方式为立方体投射，立方体投射能够更均匀地覆盖平面区域，避免平铺纹理在接缝处出现拉伸或扭曲问题，如图 6-3-3 所示。

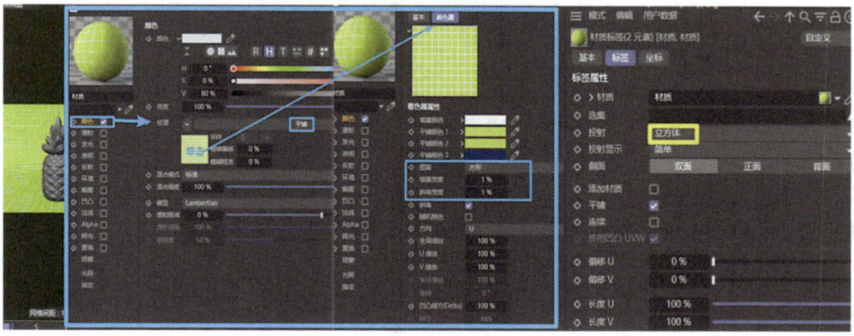

图　6-3-3

③ 架设光源制作环境光。新建一个天空，创建材质，并在发光通道内的纹理设置中导入灯片 HDR 贴图，将该材质应用到天空上，形成一个巨大的灯球。灯片 HDR 贴图为场景提供了均匀的全局光照，其动态范围更高，可更真实地还原环境光的明暗细节。

按 R 键旋转灯球至合适的角度。在布局菜单中选择双排列布局，并切换至透视视图。新建一个摄像机并进入摄像机视角，利用右上角的工具调整视角角度。在摄像机的合成属性面板内勾选网格，通过网格辅助调整画面布局，使物体大致处于画面中心位置。调整完成后关闭网格。

在标签栏的装配标签内为摄像机添加保护标签 己 摄像机 ，以保证其位置和视角固定。选择左边的视图，按住 Alt+R 组合键进行实时渲染，检查场景的整体效果。如图 6-3-4 所示，再次按住 Alt+R 组合键可关闭实时渲染。

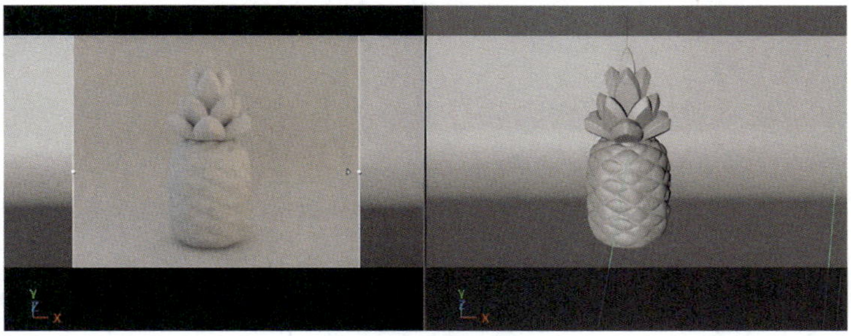

图　6-3-4

> ➢ 白色石膏

新建一个材质并命名为"白色石膏"，由于只需要表现石膏表面的颜色，因此在材质设置中取消勾选反射通道。修改材质的颜色，将颜色亮度适度提高，并应用该材质到目标物体上。此处应注意颜色的选择，不建议使用纯白（RGB 值为 255, 255, 255），而是将亮度控制在 80~90。纯白材质容易引发曝光过度，导致渲染结果失真。完成材质球设置后，将其直接拖动到模型上，赋予目标对象，如图 6-3-5 所示。进行渲染后，得到图 6-3-6 所示的效果。

图　6-3-5

图　6-3-6

> 玻璃

① 制作基础透明玻璃。

在 C4D 中，玻璃材质的核心是透明通道。因此，在制作玻璃材质时，只需勾选透明通道，并调节折射率的参数。折射率可以直接选择预设为"玻璃"，以符合玻璃材质的光学特性（通常为 1.5）。将材质应用到模型并渲染后，即可得到一款基础的无色透明玻璃材质，效果如图 6-3-7 所示。

② 制作有色玻璃。

将透明通道的模糊值和反射通道的粗糙度都调整为 10%。在透明通道中，可以通过两个颜色选项调整材质颜色。其一是颜色选项，直接调节颜色值会使玻璃的渲染结果显得更深。另一个是吸收颜色选项，此选项模拟了光线穿过有色玻璃时的真实物理特性。与直接选择颜色不同，吸收颜色在模型顶部堆叠的位置仍能保持通透，不会因多层叠加而导致颜色过深。在大多数情况下，有色玻璃建议使用吸收颜色进行调整，以获得更自然的色彩表现，如图 6-3-8 所示。

③ 制作有色磨砂玻璃。

制作有色磨砂玻璃时，可以参照无色磨砂玻璃的制作方法。在反射通道中调节透明度，并将粗糙度值提高。在透明通道中增加模糊值，以强化玻璃表面的散射效果。调整完成后，将材质应用到模型并渲染，最终效果如图 6-3-9 所示。

图　6-3-7

图　6-3-8

图　6-3-9

与选择颜色的渲染结果不同，选择吸收颜色后，在模型顶部堆叠位置的颜色依然通透，而不是一味地叠加而使颜色变深。有色玻璃在大多数情况下都可以使用吸收颜色来调整。

> **大理石和木纹**

① 在材质编辑器的颜色标签中导入一张大理石纹理贴图，如图 6-3-10 所示。

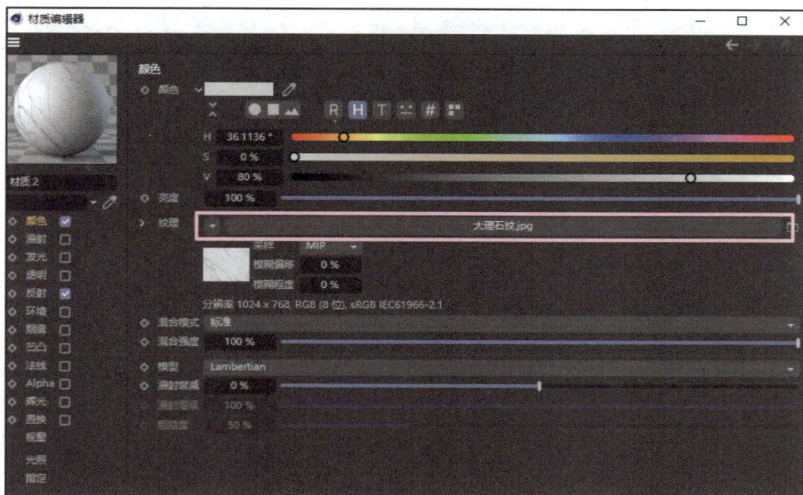

图　6-3-10

② 保留反射标签，同时移除默认的高光效果，添加一个 GGX 高光层，在 GGX 高光层中，注意调整粗糙度参数以控制反射的模糊程度，同时设置"菲涅尔"选项，可以是绝缘体类型，以模拟更真实的材质反射特性，如图 6-3-11 所示。

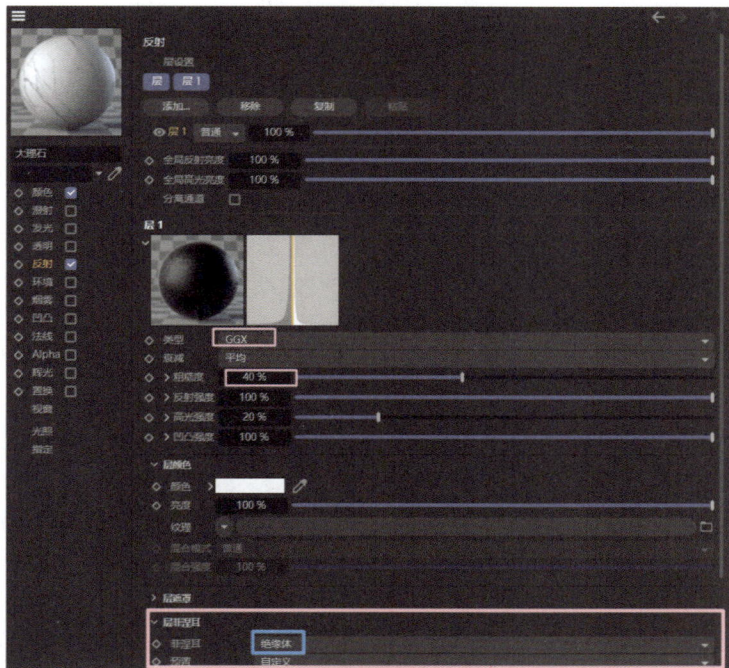

图　6-3-11

③ 为了让大理石的花纹更加清晰，可以将"颜色"标签页中的纹理着色器复制到

"凹凸"标签页中，并将凹凸强度调整为50%。这种操作可以通过凹凸通道模拟大理石表面的细微起伏，使模型更具质感，如图6-3-12所示。

图 6-3-12

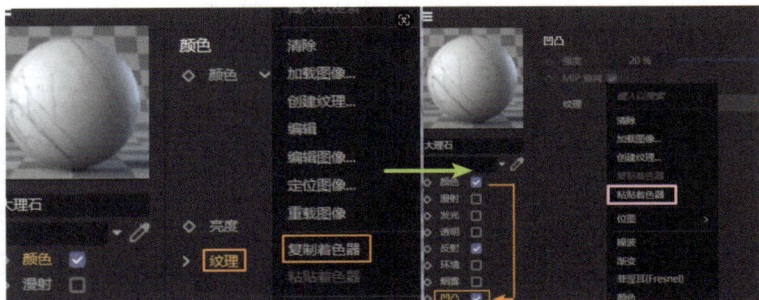

图 6-3-13

④ 在将带有大理石花纹的材质球拖入模型时，需要注意材质的投射方式。进入材质球对象的标签，调整平铺系数和投射方式。将平铺U和平铺V的值都设置为5，以增加花纹的密度。这种调整可以在纹理图片质量有限的情况下优化花纹的清晰度和细腻度。将投射方式设置为"立方体"。完成调整后进行渲染，效果如图6-3-13所示。

接下来制作木纹，木纹同样属于纹理类贴图，思路和大理石材质的制作方法类似。

① 新建一个材质球。双击材质球打开材质编辑器，在"颜色"中的纹理设置里导入木纹贴图，同样在"凹凸"通道中导入相同的木纹贴图，以增加表面细节。

② 进入"反射"设置，移除默认高光并添加GGX高光层。在反射层中，将菲涅尔选项设置为"绝缘体"，以更符合木材的反射特性。为减少木纹的光滑程度，可将粗糙度值调整为40%左右，营造更自然的效果。

③ 如果需要木纹纹路更加深刻、清晰，可以打开"置换"通道，在纹理中导入木纹贴图，调整高度为5cm、强度为50%并勾选"次多边形置换"，最后将材质应用到模型上时，同样需要调整投射方式和平铺数。根据需求适当调整平铺U和平铺V的比例，以匹配木纹的纹路方向与密度。设置投射方式为"立方体"，确保贴图均匀覆盖模型表面。完成渲染后效果，如图6-3-14所示。

图 6-3-14

➤ 布料

与上文导入材质贴图的思路不同，C4D提供了一些自带的材质预设，例如织物和牛仔等，便于快速设置常见的布料材质效果。

☞ 制作牛仔布料。

① 添加 Irawan（织物）效果。双击材质球打开材质编辑器，进入"反射"通道后，单击"移除"以删除默认高光效果，再单击"添加"并选择 C4D 中的 Irawan（织物）材质预设。

② 设置牛仔布料材质。在"层布料"的预置中选择"牛仔"选项。随后，将材质球应用到模型上，并在材质标签中将投射方式调整为立方体投射，确保材质均匀覆盖模型表面，实现效果如图 6-3-15 和图 6-3-16 所示。

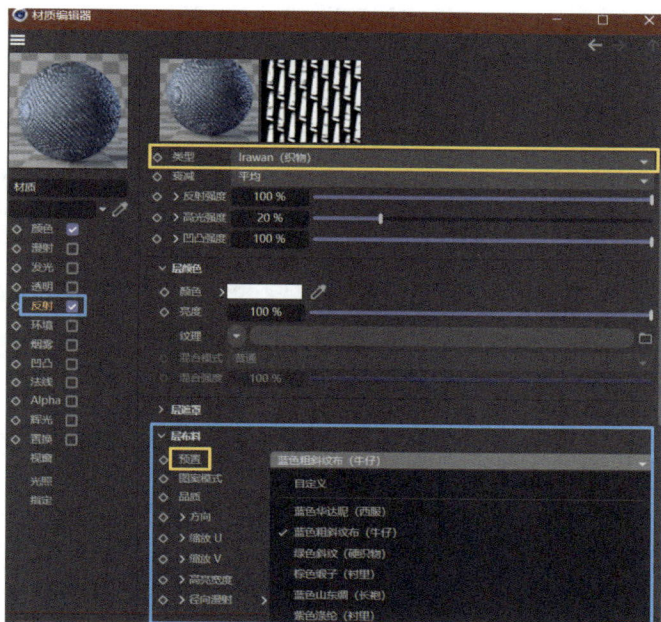

图　6-3-15

☞ 制作棉麻布料，可以参照大理石材质的方式，通过导入纹理贴图并利用凹凸通道来实现布料的真实效果。

① 新建一个材质球，对于具有哑光特性的布料，取消勾选"反射"通道，以避免出现不必要的光泽效果。

② 在颜色、凹凸和法线通道的纹理设置里分别导入对应的材质贴图。需要注意的是，法线贴图通常为紫色，主要用于模拟表面光照方向的微小变化，以增强立体感。凹凸贴图通常为黑白灰，用于表现表面高低起伏的细节。法线和凹凸贴图功能不同，初学时应熟悉它们的特点和用途。案例中导入了绿色亚麻织物的贴图后进行渲染，如图 6-3-17 所示。

图　6-3-16

图　6-3-17

☞ 制作皮革材质，皮革材质需要结合反射通道和贴图的细节处理来表现其质感。

① 设置反射通道，在材质面板中勾选"反射"通道，并移除默认高光层。随后，单击"添加"并选择 Ward 反射模式，这种模式适合表现皮革的微光泽特性。

② 调整菲涅尔与粗糙度，在"层菲涅尔"选项中选择"绝缘体"，并将材质的粗糙度调整至 40%，使皮革表面的反射效果更加柔和和自然。

③ 导入皮革贴图，在"颜色""凹凸""法线"通道中分别导入皮革相关的贴图，确保纹理能够真实还原皮革的表面特性。完成设置后进行渲染，皮革材质的效果如图 6-3-18 所示。

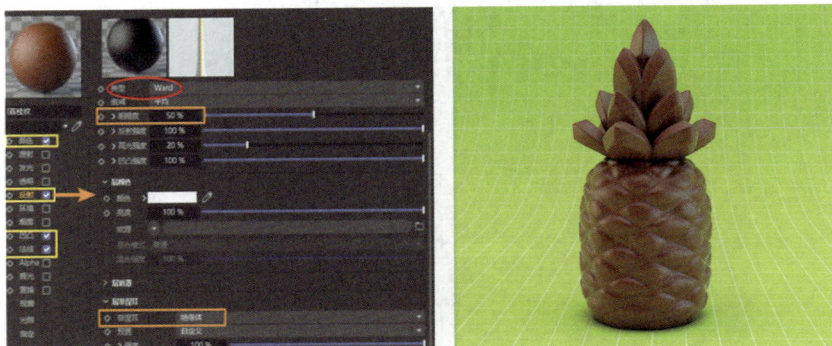

图　6-3-18

➤ 金属材质

☞ 制作不锈钢。常见的金属材质都有反光的特性。

① 创建一个新的材质球，取消勾选"颜色"通道，打开"反射通道"。

② 设置反射效果，移除默认的高光效果后，添加 GGX 反射效果。在"层菲涅尔"选项中，将材质类型设置为"导体"，并选择预置为"银"或"钢"。导体的菲涅尔设置能够准确模拟金属材质的高反射特性。最后将材质球应用到模型上实现效果并进行渲染，如图 6-3-19 和图 6-3-20 所示。

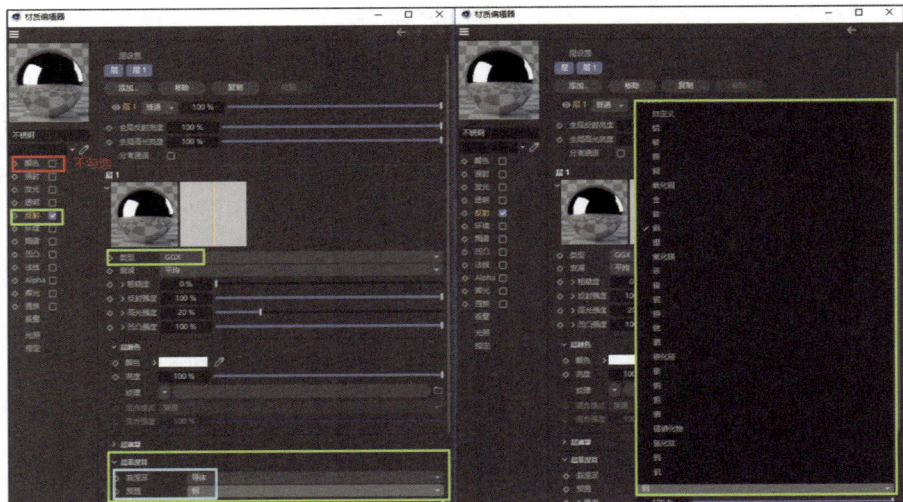

图　6-3-19

图　6-3-20

📖 Tips

磨砂银色不锈钢，在不锈钢材质的基础上，将"粗糙度"调整至40%，即可呈现磨砂效果。磨砂金材质是将"层菲涅尔"的预置从"银"改为"金"，并适度调整粗糙度即可，渲染效果如图6-3-21和图6-3-22所示。

图　6-3-21

图　6-3-22

👉 制作拉丝金。

① 添加各向异性效果。双击材质球打开材质编辑器，取消勾选"颜色"通道，进入"反射"通道后移除默认高光，并添加"各向异性"效果。各向异性反射能够表现金属拉丝的独特质感。

② 设置划痕参数。在划痕设置中，将主级划痕设置为横向，次级划痕设置为纵向，并选择"主级＋次级"以实现横向和纵向划痕的叠加效果。调整各向异性百分比为30%，用于控制划痕强度。

③ 调整划痕清晰度和纹路细节。将主级振幅设置为200%，以增加划痕效果的清晰度和硬度。调整主级缩放至50%，控制划痕纹路的粗细。

④ 设置菲涅尔与材质参数。在"层菲涅尔"中将材质类型设置为"导体"，并选择预置为"金"，以完成拉丝金材质的整体设置。将材质应用到模型，调整材质的平铺U和平铺V为5，以增加纹理细密度，同时设置投射方式为"平直"。渲染效果如图6-3-23和图6-3-24所示。

第六讲　设计感触：数字三维设计材质的风格化

171

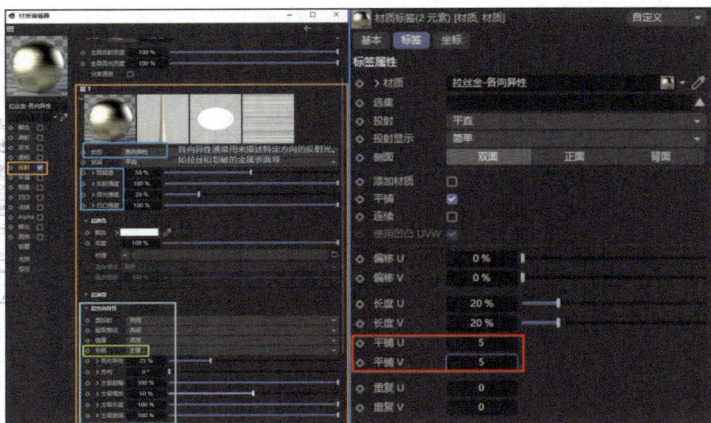

图　6-3-23

图　6-3-24

📖 Tips

金属材质的多样性。通过调整反射通道中的"添加层"模式、层级设置以及"层菲涅尔"的预置参数，可以制作出多种金属效果。

👉 制作烤漆材质。

① 设置基础属性，烤漆材质具有光滑、高反射、色彩饱满且带有一定深度的特点。在"反射通道"中添加"层颜色"，本案例选择红色 ■ 作为基础颜色。

② 添加第一层反射，将"层菲涅尔"设置为"导体材质"，预置选择"钢"。添加一层 GGX 效果，并设置为添加效果 **层2　添加 ▾**，将第二层颜色调整为较浅的红色 ■，以模拟漆面的光泽效果。

③ 添加第二层反射，将"层 2"的菲涅尔设置为"导体材质"，预置改为"铝"。调整这一层反射的亮度以增强漆光的层次感。

④ 添加第三层反射，在"反射通道"中添加一层 Beckmann 效果，将"层 3"设置为添加效果 **层3　添加 ▾**。设置第三层颜色为更深更暗的红色 ■，将菲涅尔设置为"导体材质"，预置为"钢"，并将粗糙度调整至 30%。多层反射的叠加能够更真实地表现烤漆材质的深度和光泽感，材质编辑器设置如图 6-3-25 所示，渲染后的效果图如图 6-3-26 所示。

➤ 塑料与橡胶

制作塑料材质。

① 设置基础颜色，新建一个材质球。进入"颜色"通道，选择适合的颜色。本案例色相（H）设为 202°，饱和度（S）设为 69%，明度（V）设为 90%。■ 这一颜色参数能够表现典型塑料的较高饱和亮色效果，同时可调整为其他色彩以满足多样化需求。

② 设置反射效果，切换到"反射"通道，移除默认的高光效果，并添加一层 GGX 效果。

③ 调整菲涅尔反射参数，在"层菲涅尔"选项中，将反射设置为"绝缘体材质"，并选择预置为"乙醇"。乙醇的菲涅尔预置能够较好地模拟塑料材质的反射特性，包括适度的光泽与柔和的高光。完成设置后渲染，材质编辑器配置如图 6-3-27 所示，渲染效果如图 6-3-28 所示。

数字三维设计从创意到创作

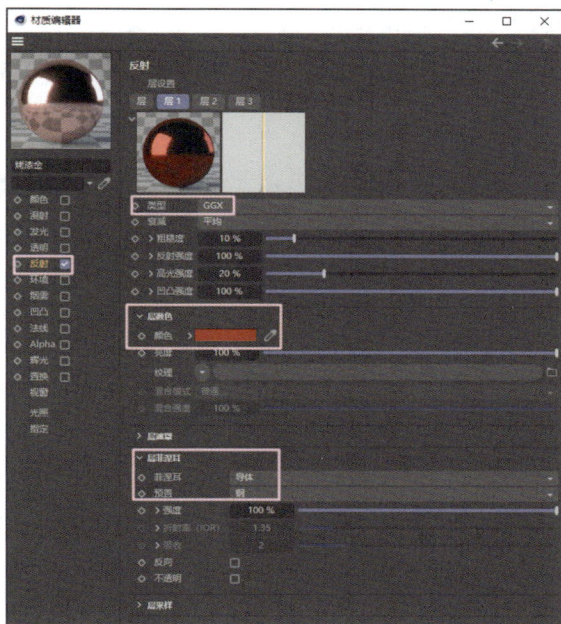

图 6-3-25

图 6-3-26

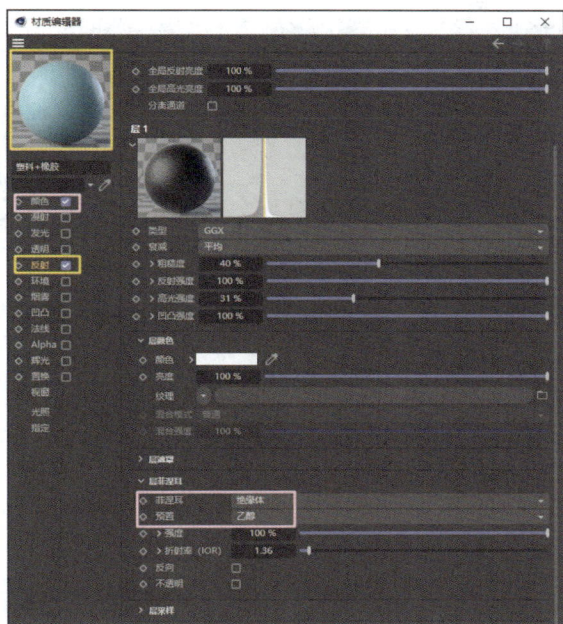

图 6-3-27

图 6-3-28

制作橡胶材质。可以在已有的塑料材质球的基础上进行调整。

① 调整反射参数，进入"反射"通道，将粗糙度值提高至40%。这一步能够显著增加漫反射效果，使橡胶材质表现出其哑光的表面质感。

② 在"颜色"通道中选择适合的颜色。例如，可以使用深灰色或黑色，以符合橡胶的典型外观特性。颜色的选择需结合具体场景要求，例如工业橡胶通常为深灰或黑色，

而玩具橡胶可能具有鲜艳的色彩。完成后渲染,效果如图 6-3-29 所示。

图 6-3-29

3S 玉石材质

① 设置场景光照。制作玉石材质时,首先需要关闭场景的环境光,以凸显材质的细节效果。接着,在模型后方放置灯光,并将灯光的投影方式设置为区域投影,以模拟更柔和的阴影效果。将灯光的衰减方式调整为"平方倒数(物理精度)",以实现更真实的光强度衰减。将灯光的半径衰减值设置为 118cm,使光的范围与模型的大小相匹配,从而精准控制光的覆盖范围。

② 创建基础玉石材质,新建一个材质球,取消勾选"颜色"和"反射"通道,仅勾选"发光"通道。在发光通道中选择纹理/效果/次表面散射,并单击纹理下的白色方形图标进入次表面散射的颜色设置界面,设置案例中的颜色参数为 ■ H:136°/S:54%/V:80%,次表面散射设置能够模拟玉石材质内部的光线透过与散射效果,表现出其自然的半透明特性。材质参数如图 6-3-30 所示,最后将材质球拖到模型上,渲染效果如图 6-3-31 所示。

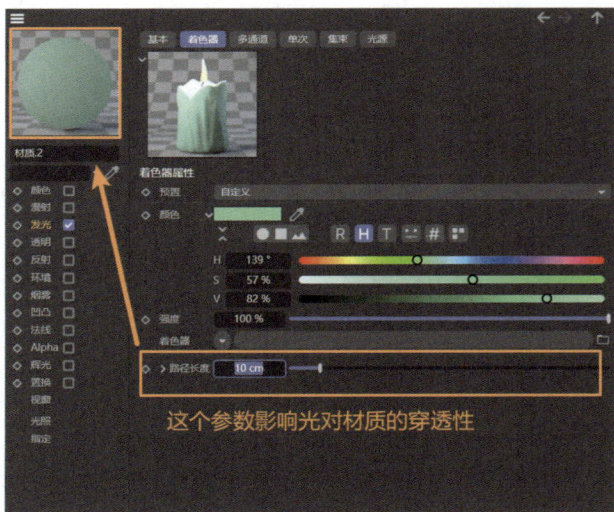

图 6-3-30

图 6-3-31

制作更加通透的玉石效果。

① 勾选"反射"选项以移除默认高光,并添加一层 GGX 效果。

② 将菲涅尔反射设置为"绝缘体材质",并选择预置为"翡翠"。翡翠的菲涅尔预置能够精准模拟玉石的光学特性,如高光反射和光线折射的微妙表现。最后进行渲染,效果如图 6-3-32 所示。

数字科技风

① 创建一个新的材质球,双击打开材质编辑器。在编辑器中,取消勾选"颜色"和"反射"通道,并勾选"发光"通道,在发光通道中设置具有科技感的蓝色,本案例的 HSV 值为 H:214°/

图 6-3-32

S:92%/V:87% 。

②增强模型的通透感，勾选 Alpha 选项，在其纹理设置中选择"菲涅尔"（Fresnel）效果。菲涅尔的使用能够使材质在中间区域更透明，而在边缘区域保持发光的效果，从而营造出通透的视觉层次感。

③将配置好的材质球拖动至模型，材质主要参数如图 6-3-33 所示。

图　6-3-33

为模型添加晶格效果。

①创建晶格模型。晶格效果主要体现在模型身上的布线，复制原始模型，并在复制模型上添加晶格效果。将晶格的圆柱半径和球体半径调整到 0.3cm，使晶格效果显得细腻而精致。晶格效果的布线设计能够强化模型的机械科技属性，同时增加模型的结构层次感。

②创建发光材质球，新建一个材质球，取消勾选"颜色"和"反射"通道，勾选"发光"通道。设置发光颜色为较浅的蓝色，案例数值为 H:206°/S:68%/V:100%，亮度:130% ，较浅且高亮的蓝色增强了晶格的视觉吸引力，使其在科技风格中更具表现力。

③将材质球拖到晶格上实现效果，渲染效果如图 6-3-34 所示，材质主要参数如图 6-3-35 所示。

图　6-3-34

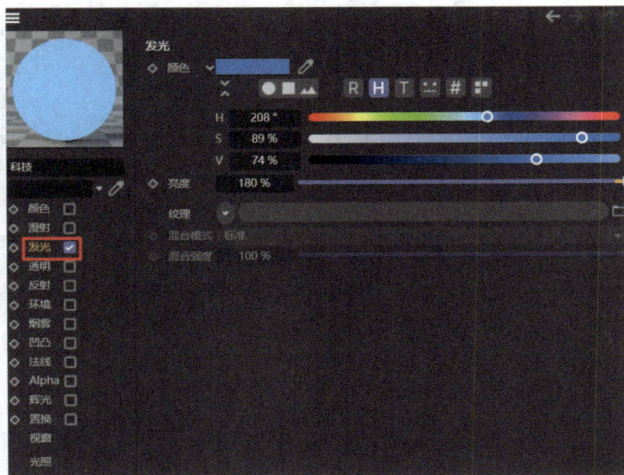

图　6-3-35

数字科技风格主要通过半透明材质与发光效果的结合来体现。这种风格不仅增添了设计的未来感与科技感，同时赋予机械型物体发光晶格效果，使其科技属性更加鲜明。通过晶格的布线设计与材质的发光特性，可以进一步增强模型的视觉复杂度，呈现科技元素的审美效果。

➤ **酸性金属风**

思路一：通过薄膜渐变实现酸性金属效果。

① 在材质制作前，为模型场景添加天空⊕，用于设置全局光照环境。

② 新建一个材质球，可以通过内容浏览器选择一个纯白色的环境灯光纹理，也可以导入一个这样的素材，并将其拖入材质编辑器"颜色"通道的纹理设置。

③ 将配置好的材质球应用于天空，以创建所需的灯光环境效果。

④ 创建金属材质，新建一个材质球，将"反射"类型更改为"反射（传统）"，降低粗糙度至 2% 并提高反射强度至 59%，同时取消勾选"颜色"。

⑤ 添加薄膜渐变效果，在"反射"通道中选择"层颜色 / 纹理 / 效果 / 薄膜"。双击薄膜进入调节面板，通过调整厚度（单位为纳米）改变渐变颜色。本案例的厚度设置为 562nm，以实现酸性渐变的效果。

⑥ 调节渲染设置。打开渲染设置，在"效果"选项中启用全局光照（GI），如图 6-3-36 所示，以增强场景中的光影表现。完成设置后，材质参数如图 6-3-37 所示，渲染效果如图 6-3-38 所示。

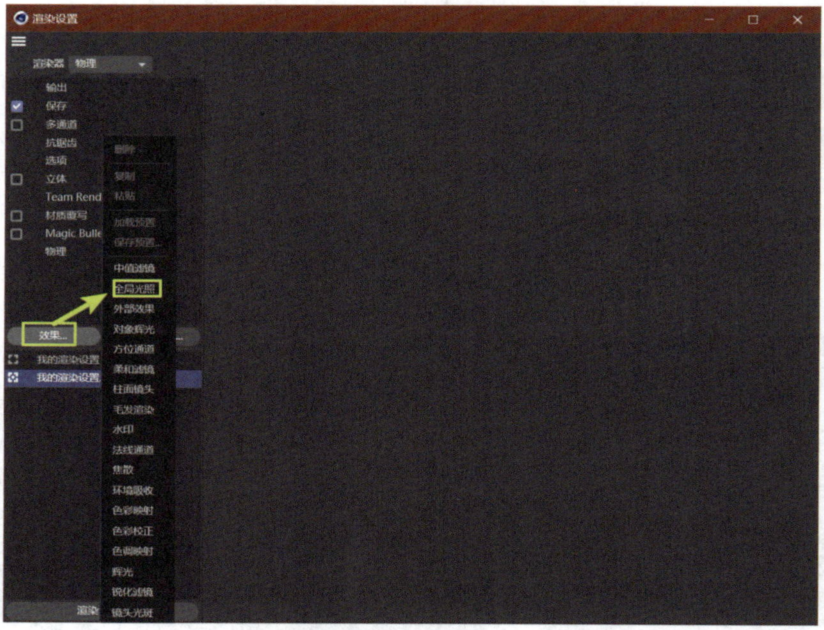

图 6-3-36

思路二：通过环境灯光实现酸性金属效果。

① 创建金属材质，新建材质球，取消勾选"颜色"通道。

② 将"反射"属性中的类型更改为"反射（传统）"，降低材质的粗糙度并增强反射强度（案例参数为粗糙度 3%，反射强度 78%）。

数字三维设计从创意到创作

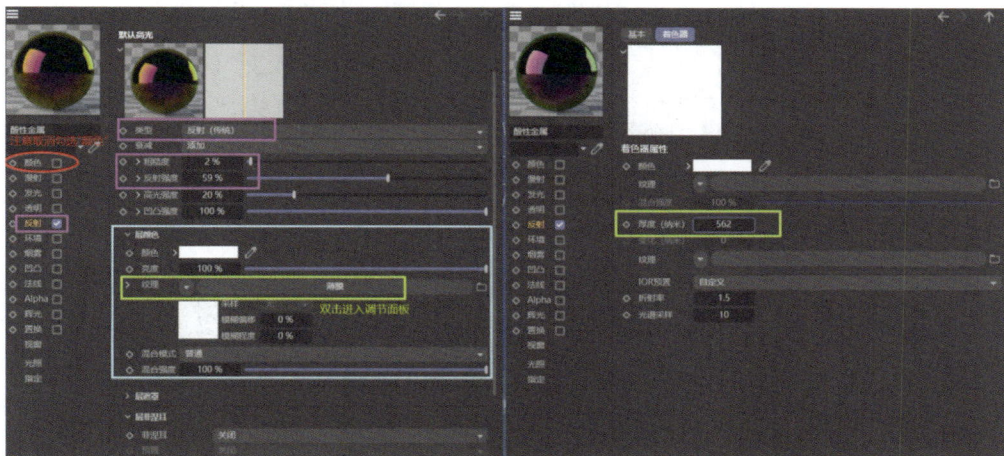

图　6-3-37

③ 将材质球应用于机器人模型，以实现所需的金属材质质感。

④ 添加天空与环境灯光。向场景中添加天空⊕。创建一个新的材质球，可以在内容浏览器中选择一个色彩丰富的环境灯光纹理，也可以导入一个类似的纹理贴图。本例选择了一个包含紫色、绿色、橙色和蓝色元素的环境灯光。

⑤ 将该灯光纹理拖入材质编辑器中的"颜色"通道纹理设置。将此材质球应用于天空，以创建所需的灯光环境。根据需要旋转环境灯光至合适的角度，并进行最终渲染，得到具有酸性金属风格的图像。渲染效果如图 6-3-39 所示。

图　6-3-38

图　6-3-39

➤ **软陶手作风**

软陶手作风又可以叫作黏土风，材质具有独特的明暗变化和凹凸不平、不规则的表面质感。

① 新建一个材质球后打开材质编辑器，勾选"置换"通道，然后在置换的纹理设置中选择"噪波"，单击噪波视图以打开调节面板，并将全局缩放的数值调整至120%，以减少噪波的密集程度，增强软陶表面的自然感。

②在"颜色"选项中选择一个合适的陶泥颜色，具体数值可参考案例▇（H:31°/S:91%/V:81%）。接着，在"反射"设置中，将类型更改为"反射（传统）"，并调整粗糙度和反射强度的数值，案例中的数值为粗糙度51%，反射强度5%。较高的粗糙度与低反射强度能够表现出软陶的柔和光泽与哑光质感。

③在层颜色的纹理设置中，选择"菲涅尔（Fresnel）"效果，用于增强表面高光的自然分布，材质设置如图6-3-40所示。

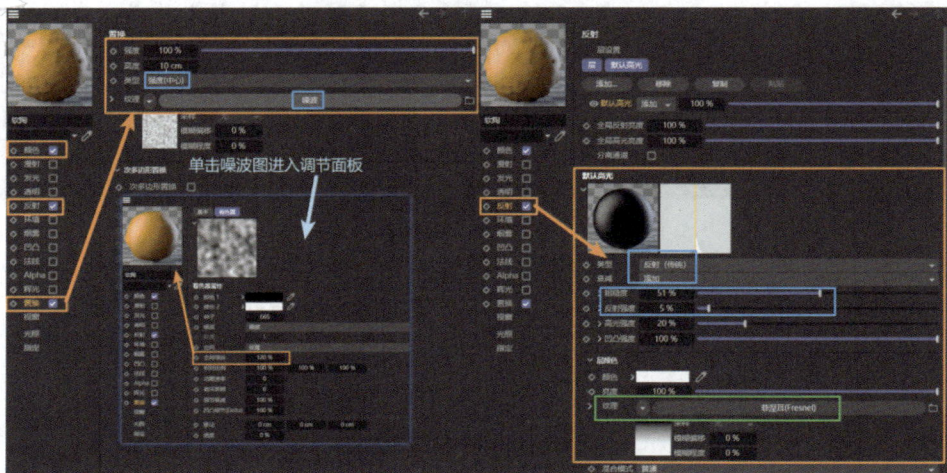

图　6-3-40

④添加指纹纹理。打开软陶的材质球。在材质编辑器中勾选"凹凸"，并导入一张指纹贴图素材，拖入"凹凸"的纹理设置框内，以模拟软陶表面手工制作的细节纹理。

⑤调整"凹凸"的强度至500%，以突出指纹纹理效果，增强软陶表面的不规则性与手作感。调整完成后，材质设置如图6-3-41所示，渲染效果如图6-3-42所示。

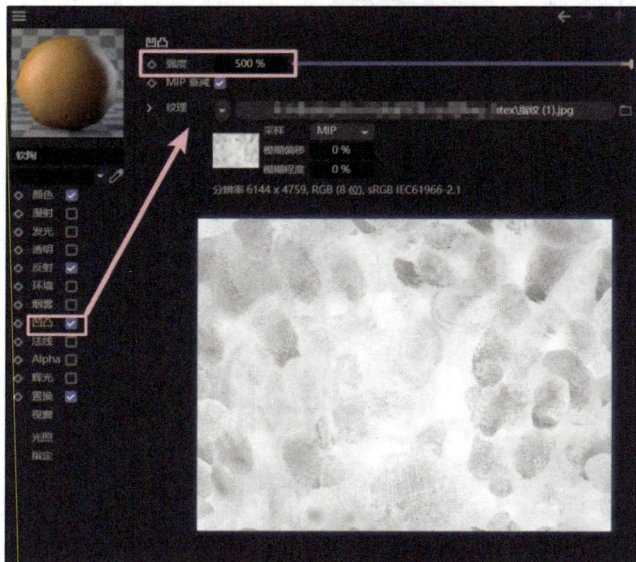

图　6-3-41

图　6-3-42

> **扁平二维风**

二维渲染风格通过调整颜色、光照和描线效果实现扁平化的视觉表现。新建一个材质，并在"颜色"选项中选择一个合适的颜色，具体案例颜色数值为 H:65°/S:90%/V:91% ，将设置好颜色的材质球拖到菠萝上，接下来设置二维渲染风格。

① 开启渲染选项。在渲染设置 中打开"效果"菜单，勾选"素描卡通"和"全局光照"。素描卡通用于实现扁平化的卡通着色与描线效果，全局光照（GI）用于增强场景光影的整体表现力。随后进行渲染，得到扁平化的二维风格模型。

② 调整着色设置。在"素描卡通"的着色设置中修改背景颜色和对象的着色方式，将模型的着色选项从"量化"更改为"渐变"，去除渐变颜色中的黑色和白色部分，仅保留灰色和深灰色两种颜色进行过渡，这种设置能够增强扁平化效果，同时简化光影细节，使得视觉更加清晰简洁，如图 6-3-43 所示。

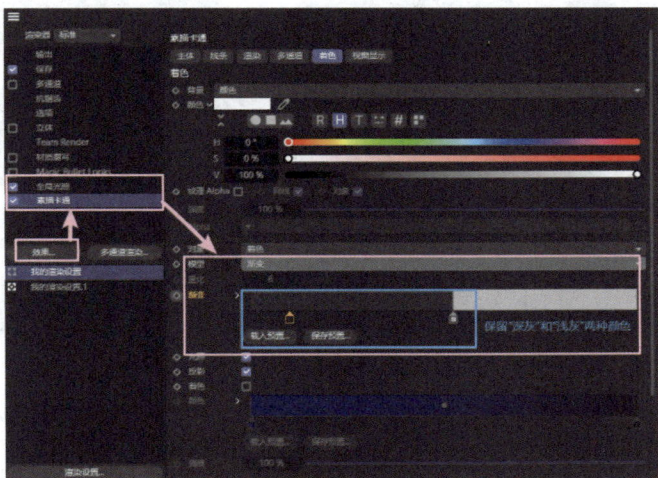

图 6-3-43

③ 调整描线的粗细及颜色，双击打开底部材质球栏的素描材质 ，进入粗细设置界面，将粗细值调整为 4。再单击颜色设置，选择一个合适的描线颜色（案例数值 ：H:26°/S:75%/V:20%），描线参数如图 6-3-44 所示。最后进行渲染，得到最终效果图，如图 6-3-45 所示。

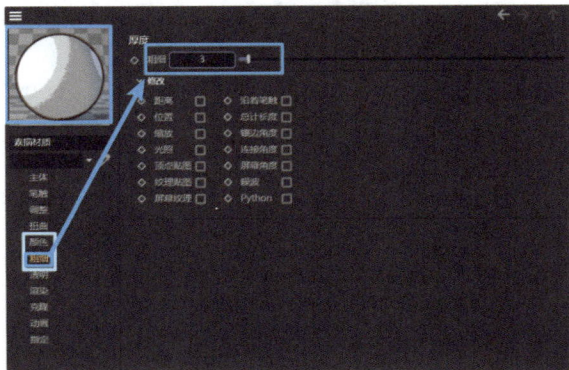

图 6-3-44

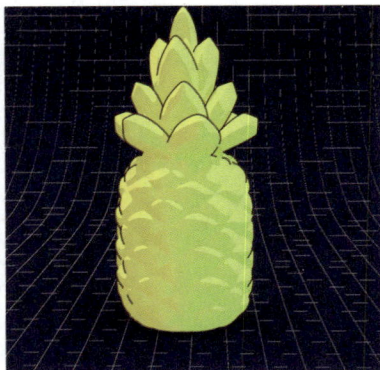

图 6-3-45

➤ 动漫卡通风

动漫卡通风通过卡通材质和灯光的结合，强调鲜明的颜色、清晰的明暗对比以及简洁的高光效果。

① 创建一个新材质球，取消勾选"颜色"和"反射"通道，勾选"发光"通道并选择"纹理/素描与卡通/卡通"，调整卡通效果颜色。以适配模型的视觉需求。颜色的选择应符合整体风格定位，例如明亮、对比强烈的配色更适合动漫风。

② 取消勾选"摄像机"，勾选"灯光"，使卡通效果随灯光变化而动态调整。同时，勾选"高光"以增强卡通材质的层次感和视觉冲击力。最后，将此材质球应用于模型，如图 6-3-46 所示。

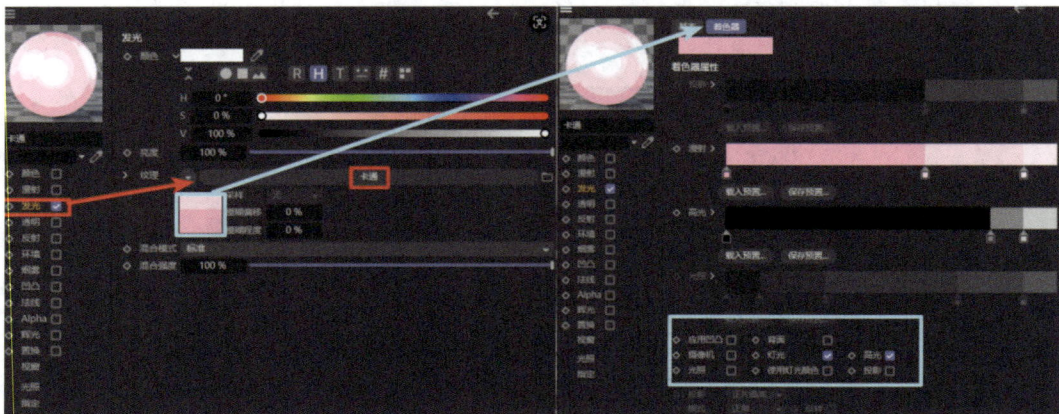

图 6-3-46

③ 复制并调整该材质球以制作背景材质，调整卡通颜色并取消勾选"高光"。使背景材质与主模型形成对比。将调整后的材质球应用于背景模型，并更改其投射形式为立方体，以确保背景材质的均匀分布和视觉完整性。最终，调整灯光的位置和大小，以优化场景光影效果，使卡通材质的颜色和明暗更加鲜明有层次。完成设置后的渲染效果如图 6-3-47 所示。

图 6-3-47

【本讲重点与创意练习】

● ● ● ● ● ● ● ● ●

　　本讲通过介绍数字三维设计色彩与材质的基本理论、基础材质编辑器和十二种常见材质，引导大家学习如何像造物师一样理解生活中的常见材质，并尝试给模型赋予不同的材质来塑造不同的风格。

📖 **创意联想视觉练习参考**

平铺纹理与投射方式

白色石膏、墙面

有色、无色
光滑、磨砂

玻璃系列

织物、牛仔、棉麻、皮革

塑料、橡胶

基础编辑器常见材质

有色、原色
光滑、磨砂、拉丝
酸性金属风

金属系列

大理石、木纹 ── 软陶手作风

卡通 ── 扁平二维风

发光、3s玉石 ── 数字科技风

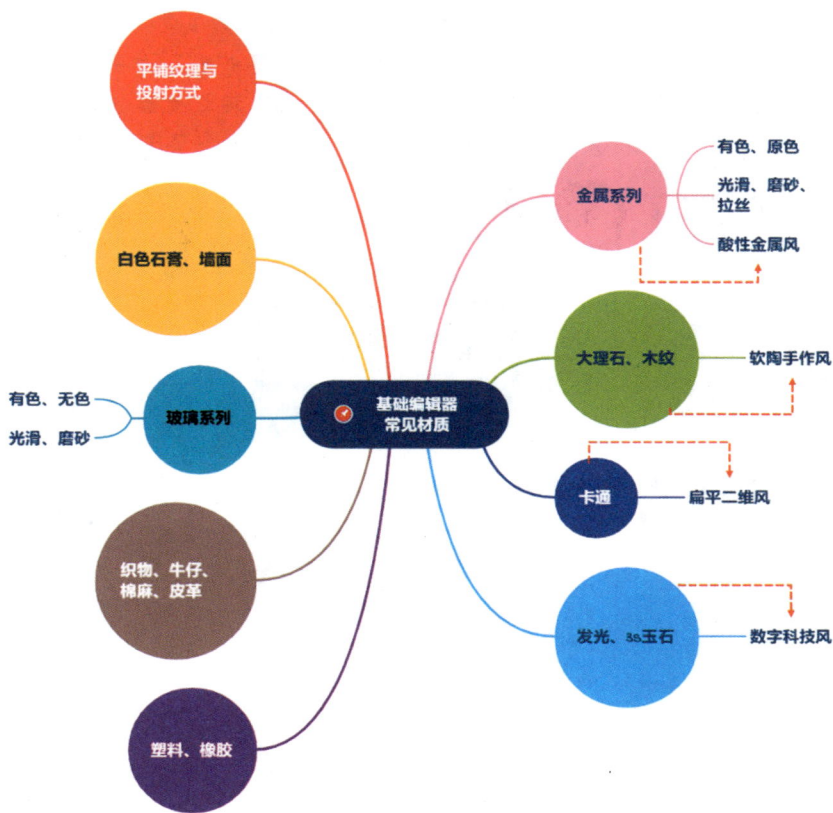

第七讲 ｜ 感触实践：数字三维设计渲染的表现力

　　画面的表现力体现在多方面，通过对视觉元素的精细组合与创作处理，可以传达特定的情感、氛围和信息。色彩的合理搭配可以强化作品的情感表达并营造不同的视觉效果；光线与阴影的分布直接影响画面的层次感和氛围感；构图通过布局与比例的安排引导观众的视觉焦点并增强整体平衡感；表面细节的纹理不仅增加真实感，还传递材质与情感信息；空间感则通过透视、深度模糊或环境光增强了立体感和沉浸感；动态与静态的结合可以增加画面的节奏感，使作品更具吸引力。每一个细节的精心处理都是为了更准确地传达创作者的意图，并唤起观众的情感共鸣。而在数字三维设计中，作品的表现力最终通过渲染这一关键步骤得以完整呈现。通过光影和材质的协调作用，渲染是艺术表达的升华，赋予了作品视觉冲击力与感染力（图 7-0-1）。

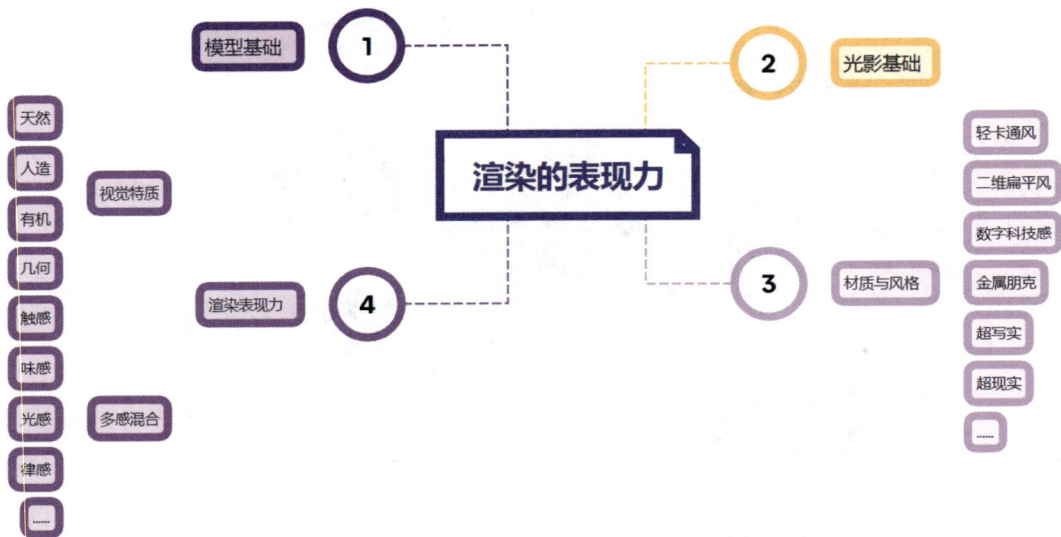

图　7-0-1

一、渲染的表现力

　　渲染是指将三维模型转化为二维图像或动画的过程，它是数字三维设计中至关重要的步骤。渲染过程涉及精确的光照计算、材质应用、阴影生成和纹理处理等技术操作，以创建逼真或风格化的视觉效果。渲染的质量与速度直接影响了作品的表现力和制作效率。渲染不仅仅是一个技术过程，而是一个将所有设计元素整合在一起，赋予作品生命和真实感的重要环节。通过渲染，设计师能够逼真地模拟现实世界中的光照效果、材质质感和空间深度，使三维模型不仅看起来真实可信，而且富有艺术感染力。高质量的渲染可以展现材质的微妙变化、光影的动态互动以及色彩的细腻过渡，从而赋予作品更强的视觉冲击力和表现力。

在这个过程中，渲染软件和方式的选择、参数调整、光源布置以及后期处理等每一个环节都至关重要。合理的工具使用和流程优化能够显著提升渲染效果和工作效率。高质量的渲染可以显著增强作品的表现力，使其在视觉效果和情感表达上达到最佳状态。通过对渲染技术的精准把握，设计师能够将复杂的三维模型、光影和材质转化为逼真且富有感染力的视觉作品，真正实现从创意到创作的完美呈现。

在三维建模和视觉效果领域，渲染的表现力涉及将模型、纹理、光照和动画等设计元素整合后，通过渲染软件计算生成最终画面的能力。渲染的表现力事实上是一种预判能力，它要求设计师能够通过模型、光影与材质生动地表达设计意图、情感与细节。在这个意义上，渲染不仅是一个技术过程，更是一种艺术与技术相结合的创造性表达方式，它赋予数字作品生命和情感。

📖 渲染类型

渲染按应用场景与时间需求分为实时渲染（Realtime Rendering）和离线渲染（Offline Rendering）两种类型。实时渲染依赖于引擎软件的支撑，能够在短时间内（通常每秒30~60帧）完成渲染，适用于交互式应用和需要即时反馈的场景，例如视频游戏、虚拟现实（VR）、增强现实（AR）以及实时建筑可视化。常见的渲染器有 Unity、Unreal Engine 和 Lumion。离线渲染不需要即时反馈，允许更长的计算时间以获得高质量的图像和动画效果，它广泛应用于电影特效、广告制作、建筑可视化以及高质量静态图像的生成，常见的渲染器包括 Octane、V-Ray、Arnold、Redshift、Blender Cycles 等。

渲染因不同技术和算法实现方式分为光栅化渲染（Rasterization Rendering）、光线追踪渲染（Ray Tracing）、全局光照渲染（Global Illumination）、路径追踪渲染（Path Tracing）等。光栅化通过将三维物体映射到二维屏幕，使用顶点、像素等几何信息进行快速计算，速度快，适合实时渲染，但对复杂光影和反射等效果的支持有限，在视频游戏和实时可视化中应用较多，在传统的电影特效、建筑可视化、高端产品展示中仍然占有一定的应用市场，目前在这些领域里更广泛应用的是光线追踪渲染。光线追踪渲染模拟真实的光线行为，光线从相机视角反向传播，追踪其与物体的交互，生成具有逼真的反射、折射、阴影效果的高质量的图像，画面真实感高，但计算量大，适合离线渲染。

另外，全局光照渲染计算直接光与间接光的相互作用，模拟光线多次反射后的能量分布，产生更高的光影质量与真实感，但计算复杂，实时应用有限，在需要表现高质量光影互动的场景中十分常用，例如建筑可视化和影视制作。路径追踪渲染是一种光线追踪的扩展，通过随机采样路径来计算光照，能模拟复杂的光影效果，计算成本更高，适用于高质量的静态图像和复杂动画场景。

📖 常见渲染器

不同渲染器往往可以适用于各种三维设计软件，并支持多种渲染类型。常见渲染器如 V-Ray 支持光线追踪和全局光照，能够生成高质量的图像和动画。广泛应用于建筑可视化、产品渲染和影视特效，具有细腻的光影表现和多样的参数设置，适合需要高品质静态图像和复杂动画的场景。Arnol 是高质量的光线追踪渲染器，能够表现逼真的光影模拟，适合复杂的场景和动画制作，尤其在影视工业中有广泛应用。Octane

Render 是基于 GPU 的渲染器，在特定硬件配置（如高端 NVIDIA GPU）及相对简单的场景（模型面数较少、光照数量有限）下具有极快的渲染速度，并支持实时预览，适用于快速生成高质量图像，非常适合产品设计、广告制作和快速迭代的工作流，支持物理精确的材质和光照，提供真实感极高的渲染效果。Redshift 是 GPU 加速的光线追踪渲染器，在处理大规模数据场景（如包含海量模型和高分辨率纹理的影视场景）时展现出了性能优越的特点，其采用的优化算法支持高效的光影计算，适用于影视和动画制作。Blender Cycles 是开源渲染器，支持光线追踪和路径追踪，适用于各种类型的 3D 渲染，包括静态图像、动画、建筑可视化和游戏资产制作。由于其开源特性，开发人员可深入代码层对渲染算法进行定制修改，例如根据科研需求定制特殊物理现象模拟算法或优化特定渲染环节，这使其适合各种类型的 3D 渲染。值得注意的是，不同渲染器的性能和特点在各种复杂条件下会有更多变化，在实际应用中存在差异。

📖 材质风格与渲染

材质风格对视觉作品的渲染设计具有决定性的影响，在上一讲中已经学习过，材质是视觉设计呈现中的关键要素，涵盖颜色、纹理、材料、光泽、粗糙度、通透感等多种视觉特质。材质的应用能够引发多种混合感官印象，赋予视觉作品以质感、深度甚至情感。

天然材质和有机材质。使用天然材质，如木材、石头、皮革等，可以赋予设计温暖、舒适和有机感。这种材质通常与自然主题风格、原始主题或乡村风格相关联，能够带来质朴的写实感，甚至是超写实风格，例如曾流行一时的侘寂风、软陶手作风就是通过天然材质传递独特的情感与艺术氛围的。

金属和工业人造材质。金属材质如钢铁、铜和铝，工业人造材质如混凝土、大理石、砖墙、管道和玻璃等，能够为设计增添现代感、工业化和未来感的特质。这些材质常用于现代工业风、科技风以及超现实主义风格的作品中。例如曾流行过的酸性金属风、赛博朋克风通过金属和工业材质展现出强烈的未来科技感。

几何纹理和花纹图案。不同的几何纹理和花纹图案可以为设计增加层次感和视觉兴趣。例如复古花纹能够赋予作品浓郁的复古风格，而几何图案则可以带来现代感、抽象美学，甚至二次元扁平卡通风格的表现力。

触感软质材料。绒布、织物、毛皮等触感柔软的材料可以为设计增加舒适感与柔和质感。这些材质风格常见于形象设计、服饰配饰、环境装饰、时尚设计和室内设计领域，通过质地的柔和感引发情感共鸣。

透明材质和玉石材质。透明材质如玻璃、塑料、玉石、薄膜等材质，能够为设计赋予轻盈、透明、空间感，甚至是一种空气感。这种材质多用于特殊对象的设计中，也常见于跨空间媒介表达的装置作品，以营造明亮、开放的空间氛围。

从传统到现代，从柔软到凌厉，材质的应用不仅能决定设计作品的风格，还可以浓缩意趣、呈现情感、增加表现力，是设计中不可或缺的重要元素之一。

📖 Tips

材质的调节离不开光和颜色。通过在材质上运用光线和反射，可以显著改变材质的外观和质感。例如使用反射光和阴影，可以使平面材质显得更加立体，或强调材质表面的粗糙细节；结合颜色选择可以创造独特的设计效果。例如深色木材与暗色调的搭配能够提升高端质感，而光滑的金属材质与冷色调相结合可以增强现代感。

📖 渲染表现力的理解与应用

在渲染表现中，不同视觉元素的综合理解与运用对整体设计表达至关重要，通过光影的处理和纹理的强调，可以增强材质的视觉影响力。如通过侧光照明来突出棉花的绒毛感，而强烈的顶光能更好地展现混凝土的粗糙质感。光影的选择与运用是材质呈现中不可或缺的核心手段。

颜色与对比也是强化材质观感的重要因素。如麦田的金黄与天空的蓝色可以形成对比，不仅可以突出材质的色彩特性，还可以增强画面的广阔和开放感。通过恰当的配色和对比效果，可以使材质更具表现力。此外，在一个画面中巧妙布局和组合不同材质，还可以创造出丰富的视觉和情感层次。通过特别的应用方式，艺术家可以灵活利用多种材质特性来增强作品的表现力，使观众通过视觉感受到作品传达的深层意义。

对画面视觉元素的多样感触和利用是提高画面表现力的重要手段之一。如图 7-1-1 所示，左边的图呈现了糖果般硬塑料玩具的质感，这种质感在我们日常生活中非常常见，广泛应用于从汽车飞机制造到锅碗瓢盆等日用品中。硬塑料的高光反射特性使其具有鲜明的视觉识别性，而这种材质的细节可以通过反射通道和高光调整来实现。中间的图呈现了石膏材质的质感，通过细小的磨损纹理呈现真实感。这种效果在材质设计中通常通过划痕的置换纹理或凹凸纹理来实现，微小的细节能够显著提升材质的真实感，使画面更加生动。最右边的图展示了一种轻质感材质，这种材质既没有硬塑料的强反光特性，也没有石膏的明显磨砂感，适用于一些 3D 组件或者卡通人物的设计，其质感介于两者之间，看起来柔和而具有一定软弹性。

图　7-1-1

在现实生活中，我们可以观察到各种各样的金属，它们因不同色泽、粗糙度以及表面处理工艺而呈现丰富多样的视觉效果。如图 7-1-2 所示的镭射金属材质，经过人为处理后，不仅保留了金属的光泽，还展现出绚丽的高光效果。另外，还有发光材质，这种材质在渲染中不仅作为一种材质而存在，在很多情况下还充当照明元素。发光材质能够营造整体氛围，同时增强局部区域的光影表现力。例如，霓虹灯效果或科幻场景中的发光元素能够通过光线的扩散作用，增加设计的动态感与空间感。除此之外，透明材质的汽车外壳展现了一种如薄膜般的透明材质。透明材质有很多类型和属性，不同的透明度会带来截然不同的视觉感受。常见的玻璃材质传递出轻盈和空间感，而玉石或蜡质材质则因其半透明特性，呈现温润柔和的效果，这种材质在渲染中广泛应用于艺术装置、珠宝设计以及高质量的静态表现。此外，还有自然纹理材质，如木纹、沙地或云雾等，这些材质为作品增添了自然气息和真实感。这类材质通常需要高分辨率的图像素材作为支撑。如果希望展现更多细节，还需要结合不同通道的贴图，如置换贴图、法线贴图、凹凸贴图等，这些贴图可以增强材质的立体感，为作品增加层次与质感。

图 7-1-2

除了上述所说的单一材质外，还存在混合材质。这种材质通过将两种或多种不同的材质相互混合，展现出更加丰富和逼真的效果。举例来说，墙壁表面可能由于油渍的存在而产生反光或颜色变化，导致部分区域呈现出油渍的质感，而其他区域仍保持正常的墙壁材质特性，或者墙皮脱落露出里面斑驳的石砖。类似地，涂层油漆材质与金属锈渍材质的混合也能够模拟老旧物体表面的真实划痕、做旧、包浆状态，比如破损的金属门或废弃的工业设备。混合材质的关键特征在于它的多样性与局部差异化。通过结合不同材质的属性（如颜色、光泽、粗糙度或透明度），可以在同一个物体表面展现多样的视觉效果。

📖 Tips

混合材质通常通过混合贴图或材质蒙版来实现。混合贴图（Blend Map）用于定义不同材质在表面上的分布比例与过渡方式；材质蒙版（Material Mask）通过黑白或灰度图控制材质的分布，例如黑色区域显示一种材质，白色区域显示另一种材质，中间灰度过渡区实现平滑混合。混合材质在很多领域中应用广泛，如在游戏设计中用于模拟复杂的场景表面（泥泞的地面、带污渍的墙壁等）；在建筑可视化中展现老旧或复杂建筑材料的真实状态（斑驳的墙面或涂鸦与老化痕迹的结合）；在影视特效中重现物体的损坏、腐蚀、磨损效果，增强场景的真实感与历史感。通过混合材质的运用，设计师可以为作品赋予更高的细节丰富度和真实感，使画面更加生动、自然，进一步增强观众的代入感与视觉冲击力。

二、缝三个基础娃娃

📖 基础卡通人物设计

在前面的章节中，我们学习了像缝娃娃一样建模的基本思路，其模型原型的迭代方式就类似于常见游戏角色的卡牌人物设计，从基础的 R 层级开始，注重简易性与实用性，代表最基础的层次和复杂度。首先，R 层级的娃娃特点之一是相对简化的肢体形状处理，它采用简单几何形状作为躯干，并对手脚进行简化设计。这种方式非常适合初学者掌握和理解，降低了建模难度，例如使用圆柱体或长方体作为四肢的基础形状，以避免复杂细节的制作。

其次，R层级模型具有情绪特征的面部呈现。通过简单的线条和形状，如点状的眼睛和弧线构成的嘴巴，可以表达角色的基本情感（如高兴、悲伤、愤怒、平静等）。例如，在像做蛋糕一样建模的食物案例中，仅用简单的线条即可传达情绪，使角色看起来生动有趣。再次，模型具有有限的细节表达。基础设计注重简化角色的核心特征，如头部、身体、四肢以及简单的衣物。少量细节通过材质来增强表现力，确保角色容易辨认和记忆。例如，为角色设置特定的材质纹理，以补充衣服或皮肤的表现力，而不是通过复杂的几何建模来完成。

最后，R层级模型注重原型迭代的一致性和可重复性。在不同的应用场景和姿态情景下，模型需要保持一致的视觉特征。例如经典角色米老鼠、小猪佩奇等，依靠简单的几何形状和基础表情，便在各种媒体中都易于识别并可轻松复用。这种设计方法确保了角色的多样化应用，同时保持品牌或作品的视觉统一性。在这一基础上，我们可以为"缝"好的娃娃穿上不同造型的服饰，通过丰富的材质、颜色和附加细节实现多样化的呈现。例如，为基础娃娃设计不同职业的服饰或赋予其特定的节日主题。这种多样化的迭代，不仅增强了角色的趣味性和实用性，也进一步验证了基础模型设计在多场景应用中的灵活性与表现力。这里我们为前面"缝"好的娃娃穿上不同纹理材质的服饰，多样化地呈现基础娃娃设计。

📖 布料的理解与应用

在这里，我们通过前面已经"缝"好的基础层级娃娃，应用不同的布料材质来理解材质的应用，如图7-2-1所示。

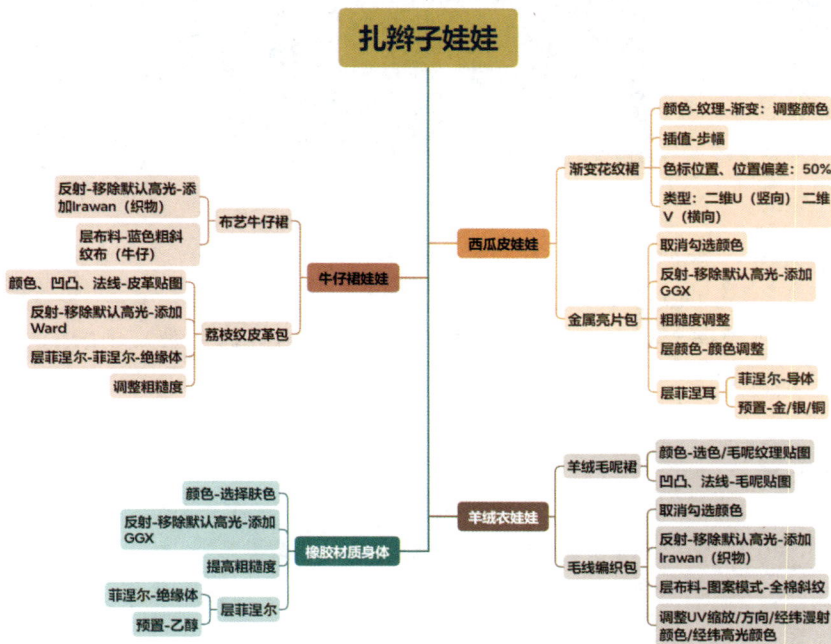

图 7-2-1

> **西瓜娃娃**

① 分析人物对应材质质感。下面我们制作一个西瓜娃娃，如图 7-2-2 所示。通过分析示例图可知，除了娃娃本体的基础材质外，其头发装饰、斜挎包包和帽子上的材质质感均有所不同。头发装饰和帽子上的五角星光泽感强烈，属于金属材质。在制作时，需要考虑提高反射度并适当降低粗糙度值。斜挎包的包面材质同理，具有较强的反射性，同时需要在褶皱处注意阴影处理，以表现光滑的布面质感。西瓜裙子则是反射性一般的橡胶材质，与娃娃本体类似。

② 制作基础娃娃身体的橡胶材质。新建一个材质球，启用颜色、反射和置换通道。在反射栏中，修改类型为 GGX，衰减模式修改为平均，粗糙度适中即可，不需要太高。打开层菲涅尔栏，选择菲涅尔类型为绝缘体，预置设为沥青，并适度调整折射率和强度，如图 7-2-3 所示。复制该材质球，并在颜色栏调整具体色彩数值。本案例中，娃娃身体参数为 RGB:224/195/159，帽子参数为 RGB:10/87/51，五官与头发参数为 RGB:77/45/7。

 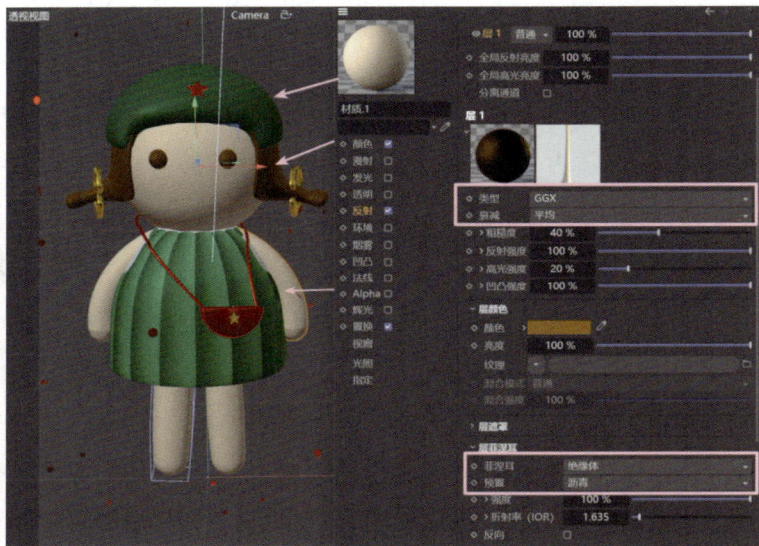

图　7-2-2　　　　　　　　　　　　　　　　　图　7-2-3

③ 制作西瓜裙材质。复制身体材质球，启用颜色、反射和置换通道。在颜色通道中修改颜色为绿色（RGB:10/87/51），修改纹理为渐变，并进入着色器，右击渐变栏修改为偏差手柄，新建一个深绿色标，形成颜色凹凸的视错觉效果（RGB:18/161/94），设置类型为二维 -U 并勾选循环，如图 7-2-4 所示。反射设置与身体材质相同，如图 7-2-5 所示。

④ 制作斜挎包材质。新建一个材质球，仅启用反射通道。删除默认图层后，新建一个 GGX 层，调低粗糙度数值使其表面更光滑。将层颜色设置为亮红色（RGB:255/46/46）。打开层菲涅尔栏，将菲涅尔类型修改为导体，预置设置为金，如图 7-2-6 所示。头发装饰与帽子上的五角星装饰同理，直接复制斜挎包材质球，并修改层颜色为金色（RGB:255/196/0）。

图　7-2-4

图　7-2-5

图　7-2-6

渐变条纹纹理的处理

除了自设的渐变纹理，也可以使用预设纹理，并通过调节其类型来获得不同的样式。默认情况下，渐变纹理呈现从黑向外射的渐变形式，可以通过拖动滑块更改渐变的方向和分布，从而实现更加灵活的颜色赋予。在设置效果时，修改衰减类型是一个关键步骤，决定了层颜色在各种反射强度下如何混合，从而影响最终的视觉效果。

➤ 牛仔娃娃

① 制作娃娃本体材质。复制前文娃娃本体的橡胶材质球，根据不同部位的需要分别修改颜色后，将材质球应用于娃娃本体（图7-2-7）。

② 制作牛仔底纹贴图。牛仔布料在娃娃裙子和帽子部分使用，可以通过更改预设或导入贴图来呈现牛仔布料效果。此处介绍第一种方法，新建一个材质球，启用颜色和反射通道。移除普通层后新建层，类型设置为 Irawan 织物，衰减类型设置为平均。调整反射强度和凹凸强度为100%，高光强度为20%，呈现牛仔布料的纹理感（图7-2-8）。

图 7-2-7

图 7-2-8

③ 制作牛仔布料细节。在层布料栏中，将预置修改为自定义，图案模式设置为全棉牛仔。根据模型需要调整参数，如图7-2-9所示。在层布料中，缩放和方向决定纹理图案的呈现比例和朝向，径向和纬向维度则分别对应织物的经线和纬线。通过调整这些参数可以更直观地展现牛仔布料的细节。此方法适用于牛仔及其他纺织纹理明显的布料，通过灵活调整可以贴合模型表面，增强质感真实度。

④ 制作塑料质感的头发装饰。娃娃头饰为横行条纹的塑料质感。同制作西瓜裙时的方法类似。新建一个材质球，启用颜色和反射通道，在颜色通道中，通过修改色标的颜色间隔生成横向条纹，设置类型为二维-U并勾选循环，如图7-2-10所示。进入反射通道，将默认高光层的类型修改为高光-Blinn（传统），修改衰减类型为添加。由于塑料材质相较前文的橡胶材质表面更加光滑，反射更强，粗糙度更低，因此降低粗糙度值以增强反光效果，如图7-2-11所示。

⑤ 制作斜挎包材质。新建一个材质球，启用反射通道，在层布料中选择预置为自定义，图案样式为羊毛华达呢，根据模型需求调整布料参数，如图7-2-12所示，完成斜挎包的材质制作。

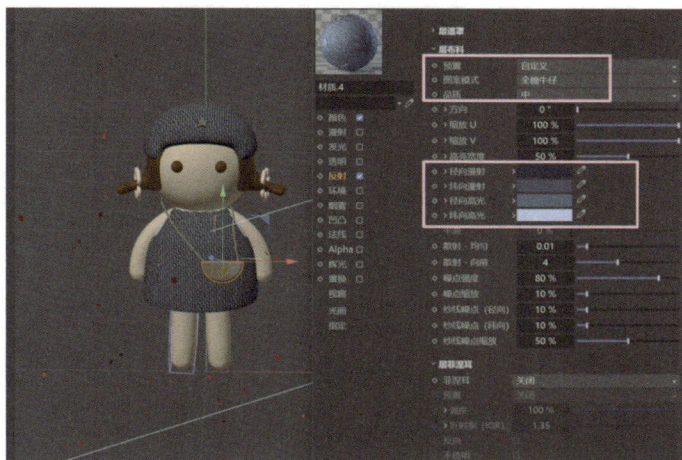

图　7-2-9

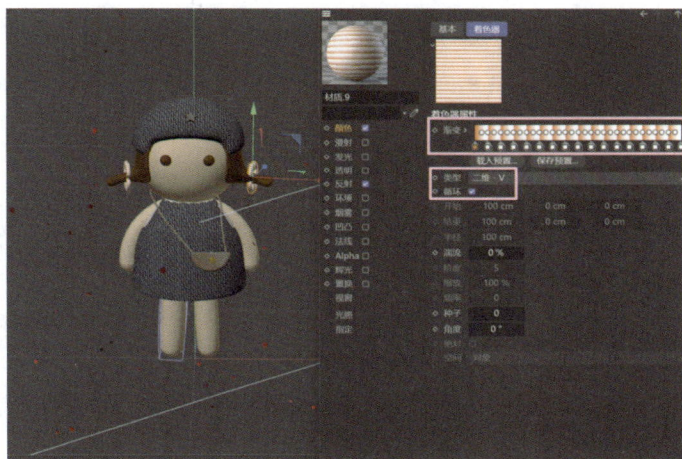

图　7-2-10

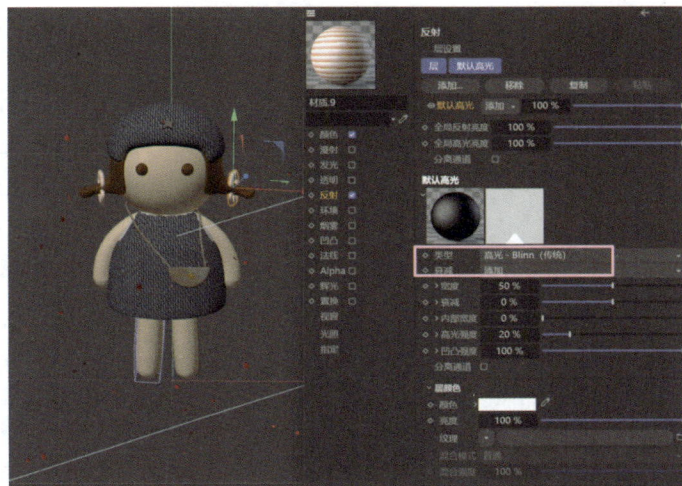

图　7-2-11

图　7-2-12

📖 预制布料的修改与应用

　　布料一般是用纱线 / 纤维纺织制作的，它们的表面会由于纺织结构形成一定的图案纹理，有着特征性的各向异性高光和反射，在这个模式下一般不需要使用材质的颜色通道。径向 / 纬向高光设置可以分别为经线和纬线设定漫射颜色，同理径向 / 纬向高光，非常适用于制作牛仔这种经纬线交错明显的材质布料。除了牛仔布料，还有许多预制布料效果，可以根据需要选择。

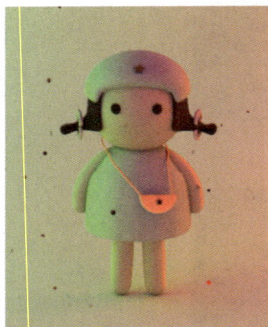

图　7-2-13

> ➢ **羊绒娃娃**（图 7-2-13）

　　① 观察材质质感。羊绒大衣娃娃的布料质感与前两个娃娃的材质相比反射度大幅降低。羊绒材质由于是中空的管状纤维，织物纹路密而轻薄，整体纹理紧密且富有柔软感。

　　② 制作娃娃本体材质。复制前文中娃娃身体的橡胶材质球，直接应用于娃娃身体。

　　③ 制作羊绒大衣材质。在新建材质球前，搜集或者通过 AI 生成相应的羊绒材质贴图，包括法线贴图和凹凸贴图，明确羊绒大衣的基本质感特征。新建材质球，启用颜色和反射通道，删除默认高光层，修改反射通道类型为 Ward，衰减类型为平均。适当拉高粗糙度数值至35。打开层菲涅尔，设置菲涅尔为绝缘体，预置为自定义，如图 7-2-14 所示。

　　④ 制作羊绒衣材质细节。启用凹凸通道和法线通道。对应导入贴图文件到相应通道中，修改法线通道的算法为相切，如图 7-2-15 所示。凹凸贴图通过灰度值提供表面高度信息，表现有限的凹凸感。法线贴图进一步优化光线反射的表现，增加材质的立体感和真实感。两者结合使表面纹理更加清晰，提升整体细节效果。

　　⑤ 制作斜挎包材质。此处的斜挎包可以使用层布料中的涤纶衬里预设，同样可以达到光滑纹理质感。勾选材质球中的颜色通道和反射通道，在反射通道中新建层类型为 Irawan 织物，衰减类型为平均。适当拉高反射强度至 70 以突显布料的光泽感，设置

图　7-2-14

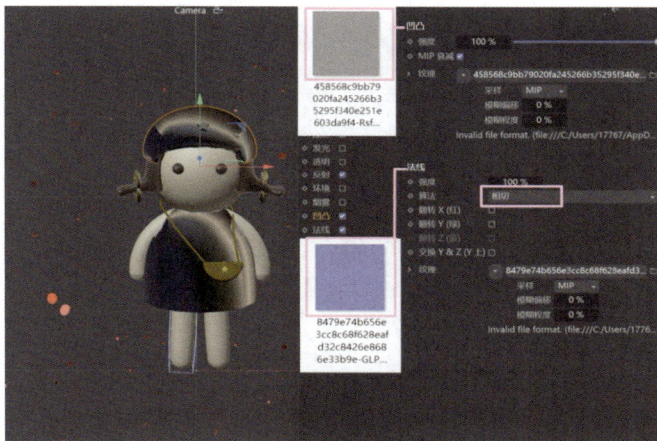

图　7-2-15

高光强度数值为 20，凹凸强度数值为 100。在层布料中选择预置为自定义，图案模式设置为涤纶衬里，如图 7-2-16 所示。

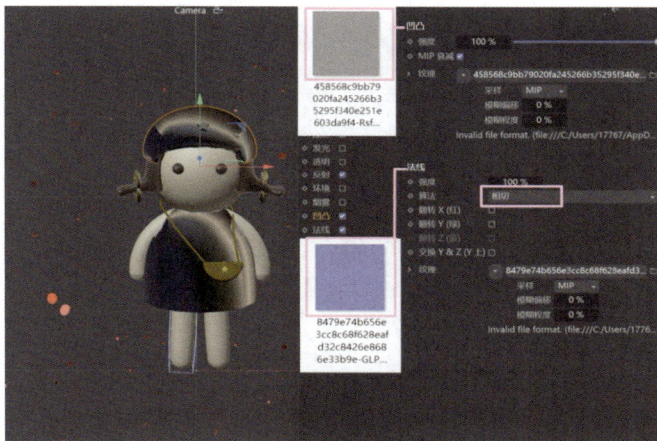

图　7-2-16

📖 PBR 贴图

PBR 物理基础渲染是一种用于尽可能地逼近真实世界物理特性的渲染方法。①PBR 并非固定规则，而是由一系列步骤组成的工作流程。该方法考虑了漫反射元素的轻微反射（即使是看似没有反射特性的对象，也会有一定程度的反射），因此通常使用多种贴图纹理结合。②纹理通常具有单独的颜色贴图和凹凸贴图。颜色贴图提供表面基础颜色信息。凹凸贴图通过灰度值模拟表面高度差，影响光影效果。法线贴图利用 RGB 三通道模拟表面法线变化，生成更加准确的光影效果。③后两种贴图不会实际增加几何体的多边形分辨率，而是在表面通过光影模拟创造细节的错觉。这种方法极大地提升了模型的渲染效率，同时保留了视觉上的真实感。

三、捏三个进阶娃娃

📖 樱花娃娃 IP 盲盒设计

在前面 R 层级娃娃的基础上，进一步以"游戏抽卡式"人物复杂度等级来划分，进阶的 SR 层级代表更高一层级的复杂度，在角色塑造上更为精细。首先，SR 层级角色的形状和结构更加复杂。设计中可能包含更多细节和复杂造型，进一步提升了角色的辨识度和个性化表现。例如，通过不同的体状与造型突出角色的独特性和鲜明性格，如动画片《飞屋环游记》中老爷爷的方形脸与小男孩的圆圆脸形成的鲜明对比，这种差异化设计增强了角色的视觉记忆点。

其次，更加细腻的面部表情和动作表现。SR 层级的设计不仅停留在基本情绪的传达，还可能包含丰富的表情变化和动态姿态。例如，笑容的层次、眼神的变化或肢体动作的细微调整，都需要设计师深入理解角色的情感表现和动态结构。再次，通过细节塑造提升角色的真实感，包括材质与纹理的精细表现，例如服饰的褶皱、表面的光影变化，以及角色的附属装饰品（如伴手礼或配件）的设计。本案例樱花主题的娃娃便通过增加服饰上的花朵纹理、柔和的渐变色调，以及一些细节的配件，如手持樱花伞或佩戴樱花发饰丰富整体造型。

最后，完整的 IP 设计是一种整体化思维，超越了单一角色的塑造，通常包括角色的故事背景，例如角色为何与樱花有关、成长经历或文化象征意义。个性特征如温柔、调皮、果敢等能与观众产生情感共鸣的特质，以及文化象征符号，通过樱花元素体现角色的主题性或故事中的文化属性，使角色更加吸引人且具有层次感。这里，我们为前面"缝"好的樱花娃娃设计了一款 SR 层级的盲盒系列，通过设计更多的姿态造型和布料服饰，进一步展现角色的多样性，增加不同材质的樱花服饰，搭配场景化的配件，SR 层级的樱花娃娃不仅提升了复杂度和表现力，还能够通过细节的丰富和情感表达呈现具有吸引力和收藏价值的盲盒 IP 系列。

📖 Octane 渲染器

在这里，我们通过前面已经"缝"好的基础樱花娃娃继续调整细节，并通过

Octane 渲染器为其赋予不同的布料，以更深入地理解进阶材质之于角色细节设计的应用，如图 7-3-1 所示。

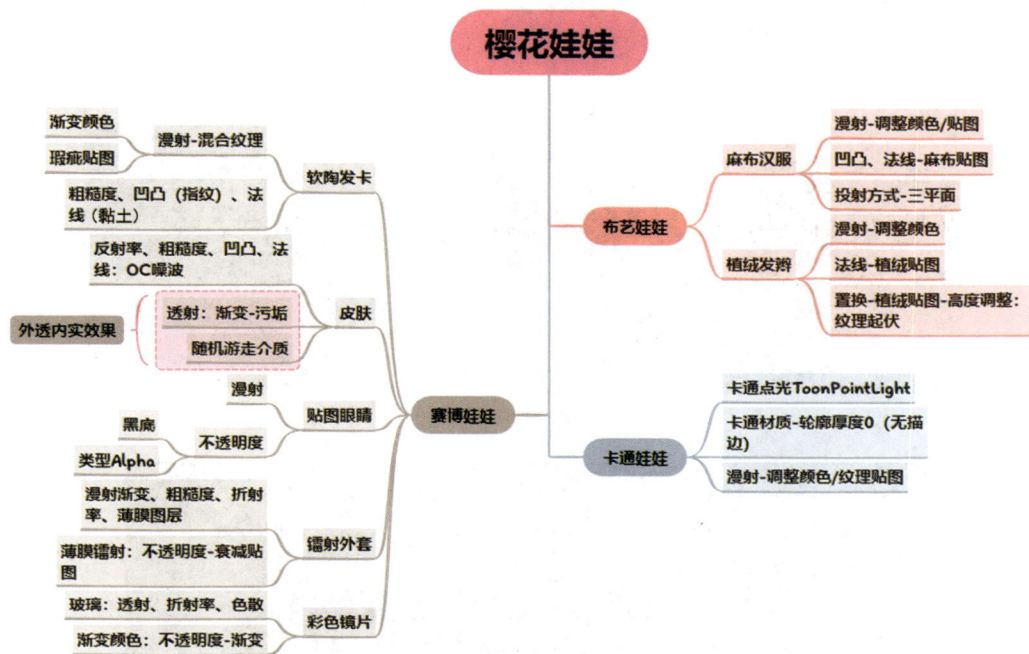

图 7-3-1

> **布艺娃娃（图 7-3-2）**

① 打开 Octane，为整体室内模型添加 ◑HDRI 环境光，导入适合场景的 HDR 灯光贴图，调整灯光的纹理强度和方向。为了使画面效果更立体，我们可以适当添加灯光辅助。在菜单栏选择对象/灯光，添加 ☀Octane 日光灯和 ▭Octane 区域光，调整灯光的纹理强度和色温，控制灯光的冷暖效果。将区域灯光的不透明度拉到 0，以隐藏 OC 渲染视图中的灯光物体，如图 7-3-3 所示。

图 7-3-2

② 创建一个 ●漫射材质球，制作植绒材质。打开节点编辑器，在"漫射"通道中连接"RGB 颜色"节点以设置材质的基础颜色。在"法线"和"置换"通道中连接植绒材质贴图，并通过连接"变化"及"纹理投射"节点来调整贴图的投射方式、大小和位置。其中"置换"贴图通常为灰色纹理，用于创建物体表面的起伏效果，"置换"的高度越高，物体表面的纹理起伏越明显。最后将制作好的植绒材质复制并修改颜色，分别应用于头发、发饰及皮肤各部位，如图 7-3-4 所示。

③ 创建一个 ●漫射材质球，制作服装的麻布纹理材质。打开节点编辑器，在"漫射"中设置为白色，在"凹凸"与"法线"通道中连接麻布的纹理贴图，连接"变换"与"投射"节点，修改贴图的投射方式与比例大小，再将材质球应用到上衣模型，如图 7-3-5 所示。

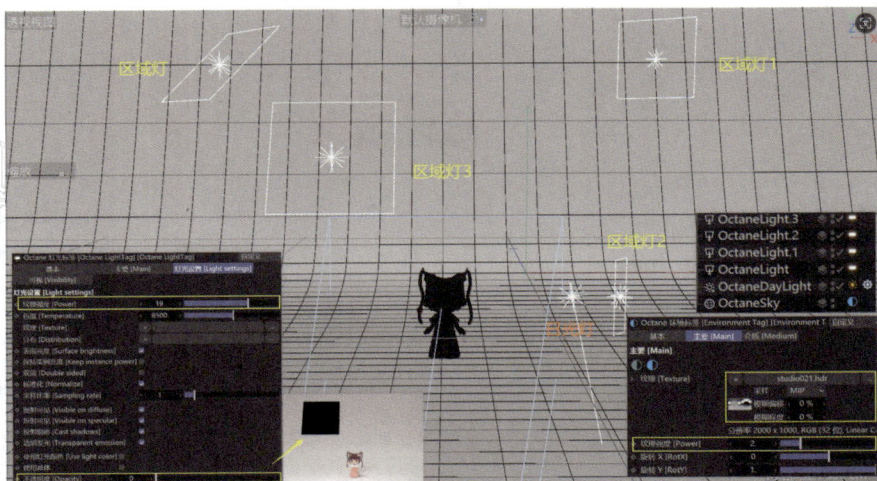

图   7-3-3

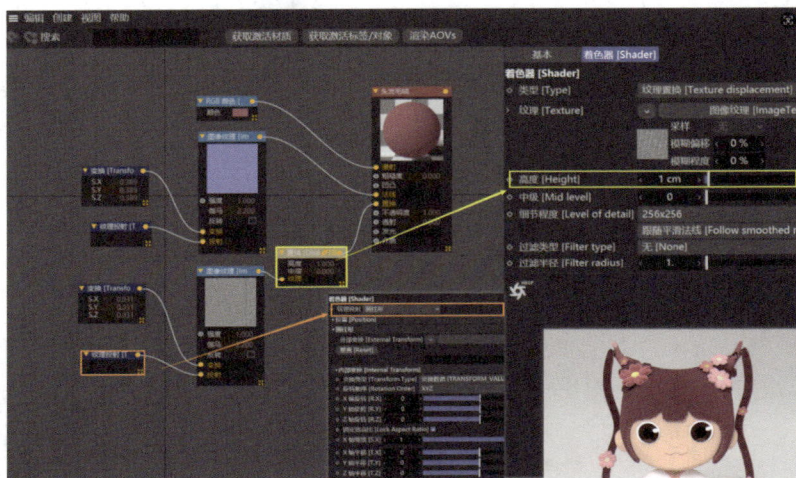

图   7-3-4

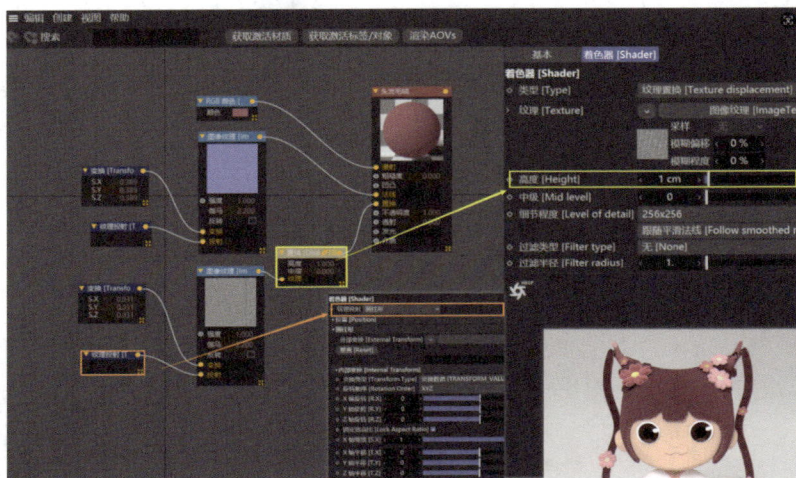

图   7-3-5

④ 复制该  漫射材质球，制作有祥云纹样的麻布裙子。复制前一步的麻布材质球，在"漫射"通道连接一张带有祥云图案的纹理贴图，添加"三平面"节点的投射方式，以优化纹理的接缝效果。调整"混合角度"参数，增大数值可使纹理接缝更加模糊。通过"变换"节点以改变纹理大小和位置。在漫射纹理贴图中连接"纹理投射"，并将投射方式设置为所对应的"三平面"。如果想改变贴图的颜色、饱和度、色相等，可以在中间连接"颜色校正"节点，如图 7-3-6 和图 7-3-7 所示。

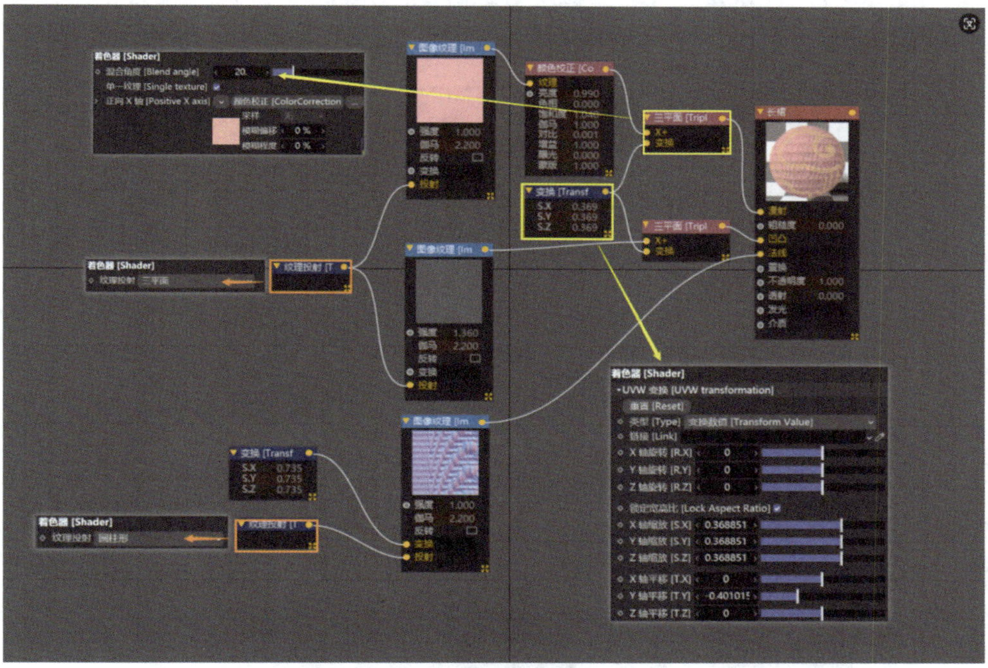

图　7-3-6

图　7-3-7

> **朋克娃娃**（图 **7-3-8**）

① 创建一个 漫射材质球并更改其"漫射"通道的颜色为玫红色，并将材质应用到头发模型上。再创建一个 光泽材质球，制作粘土发饰。打开节点编辑器，在"法线"

图 7-3-8

通道上连接粘土纹理贴图，并选择"三平面"投射方式，调整接缝自然度。接着在"漫射"通道上连接"混合纹理"节点，在"纹理1"中创建发饰颜色。通过"渐变"设置粉色和淡黄色，并连接"衰减贴图"，调整其最大值与最小值，模拟菲涅尔效果。在"数量"中连接纹理贴图，制作泛白点状的瑕疵，并调整投射方式为三平面。在"纹理2"中连接"RGB颜色"以设置瑕疵的颜色，如图7-3-9所示。

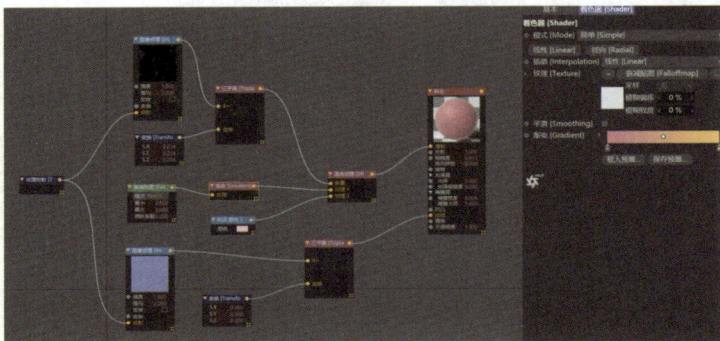

图 7-3-9

②在"粗糙度"通道上连接灰色粗糙度贴图，增加表面光泽的细微不均匀感。在"凹凸"通道上连接带有指纹的黑色贴图，模拟粘土的表面指纹。选择"三平面"投射方式，调整"变换"节点以控制指纹大小，如图7-3-10和图7-3-11所示。

图 7-3-10

图 7-3-11

数字三维设计从创意到创作

③创建通用材质球，制作皮肤纹理。首先在反照率（Albedo）上连接"渐变"节点，设置渐变的皮肤颜色，再连接"噪波"节点并调整其对比度，使其皮肤颜色更自然。同理，制作"粗糙度"及"凹凸"通道。通过提高"粗糙度"中"噪波"灰白之间的对比度，使皮肤表面呈现一定的凹凸效果，但不过于起伏。随后，通过"变换"节点调整纹理的大小和位置。在"法线"通道中，连接一张皮肤纹理的法线贴图，并选择"三平面"的投射方式，以避免接缝痕迹的出现，如图 7-3-12 所示。

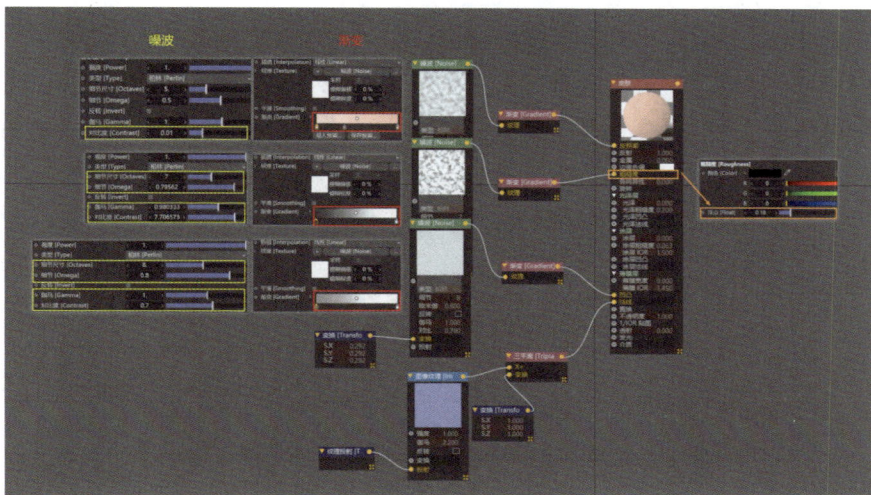

图　7-3-12

④将"污垢"节点连接到"透射"通道，勾选通用材质球"伪阴影"，使材质边缘更加通透，调整污垢强度与半径，并勾选"反转法线"。可以通过右击节点"独显节点"看到材质的通透效果有了渐变，但是此时呈现外实内透的效果。因此，在两端中间添加一个"渐变"节点，通过其反转黑白实现外透内实的效果。最后，在"介质"通道连接"随机游走介质"节点，并通过红色"RGB 颜色"节点调整介质半径，如图 7-3-13 所示。

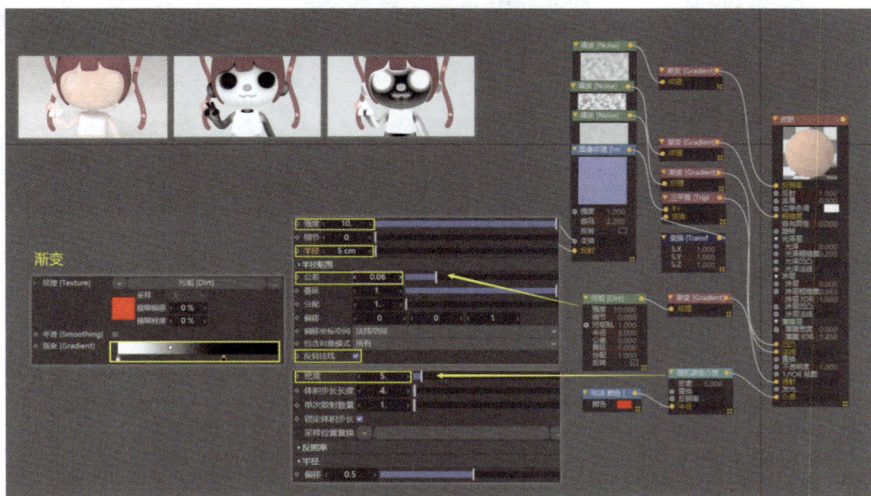

图　7-3-13

⑤创建一个漫射材质球，在"漫射"通道连接透明底的 PNG 眼睛贴图，在"不

透明度"通道连接黑白眼睛贴图，并将其类型设置为 Alpha。接着进入身体部分模型，通过菜单栏/选择/▣填充选择工具 [U~F] 选中眼睛部分的面，单击菜单栏/选择/▣存储选集，将制作好的眼睛材质球应用到身体部分模型上。单击眼睛材质球，将存储的眼睛部分选集，拖到其"选集"菜单栏。在▣纹理模式下调整贴图的大小和位置，进入眼睛材质属性精细化调整长度 UV 及平铺 UV 的位置。嘴巴部分的材质同理，如图 7-3-14 和图 7-3-15 所示。

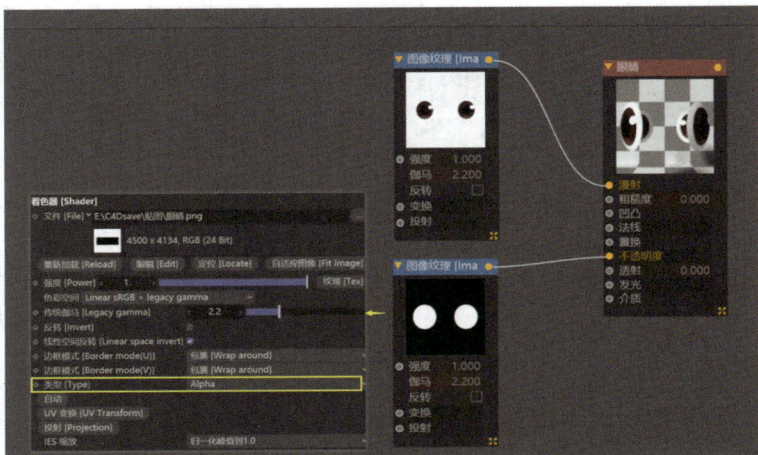

图　7-3-14

图　7-3-15

⑥ 创建一个▣光泽材质球，制作镭射外套，双击打开属性，将"粗糙度"浮点值调整为 0.1，"折射率"调整为 1，"薄膜图层"浮点值调整为 0.3。打开节点编辑器，在"漫射"通道中连接"渐变"节点，并设置多色渐变效果。而薄膜镭射外套只需要复制材质球，连接"衰减贴图"到"不透明度"通道，通过调整"最小值"控制薄膜厚度，如图 7-3-16 所示。

⑦ 创建▣光泽材质球，制作皮裙，在"漫射""凹凸""法线"通道连接对应的皮革纹理材质贴图，调整投射方式及纹理大小，并在"粗糙度"通道中调整浮点值，控制皮革光泽度，如图 7-3-17 所示。

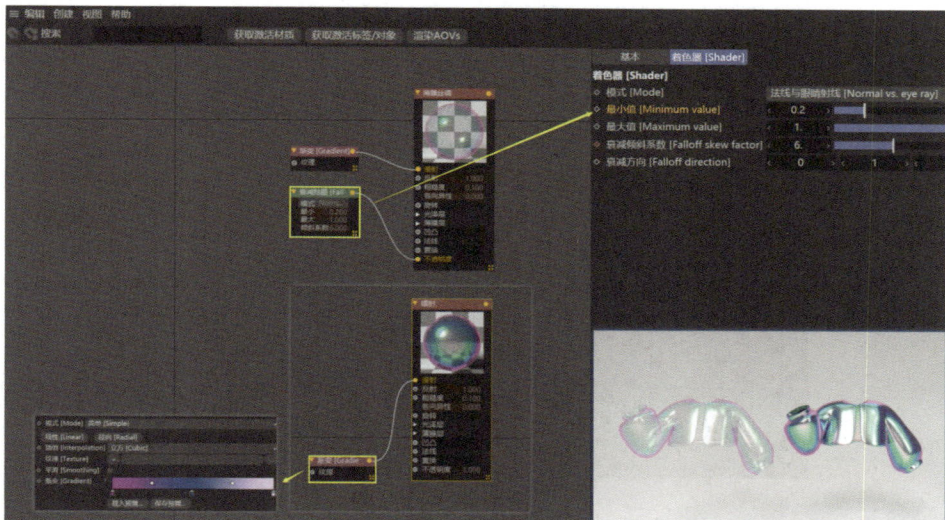

图 7-3-16

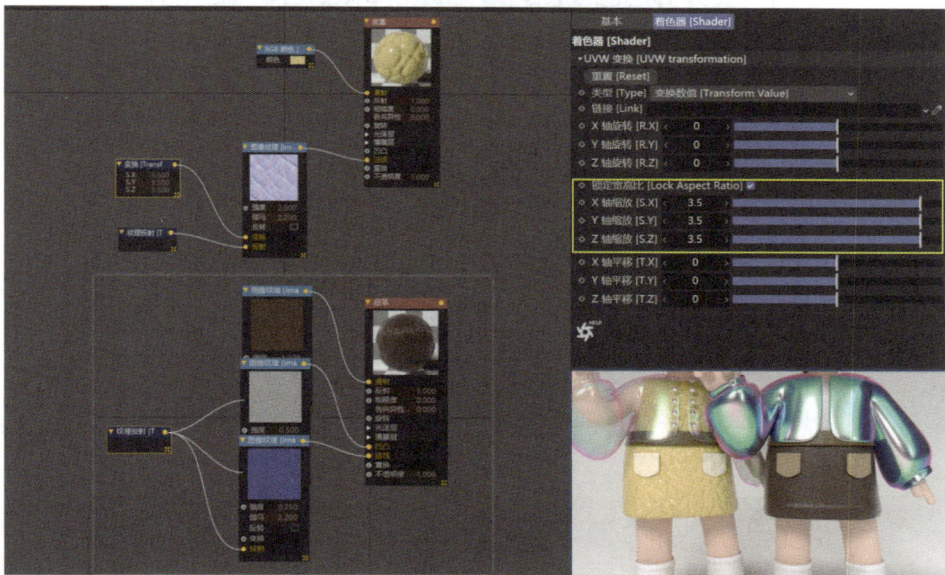

图 7-3-17

⑧ 创建一个 ⬤ 光泽材质球，制作金属材质。取消勾选"漫射"通道，在"镜面"通道中选择合适的金色或银色，将"折射率"调整为 1。提高"粗糙度"浮点值以表现磨砂金属的质感。将金属材质球拖到铆钉、镜框、纽扣等金属物体上。镜片部分则需要降低粗糙度，并提高一点折射率，如图 7-3-18 所示。

⑨ 创建一个 ⬤ 镜面材质球，制作彩色镜片。勾选"伪阴影"单选按钮，将"透射"通道颜色设置为纯白色，"折射率"为 1.4 左右，"色散"调整为 0.1，得到一个玻璃材质。接着创建一个 ⬤ 光泽材质球，制作渐变色彩，打开节点编辑器，在"不透明度"通道中连接"渐变"节点，将渐变类型调整为"二维 -V"，在渐变色条上选择"反转渐变"，调整渐变方向，最后将两个材质球分别应用于镜片上，如图 7-3-19 和图 7-3-20 所示。

图 7-3-18

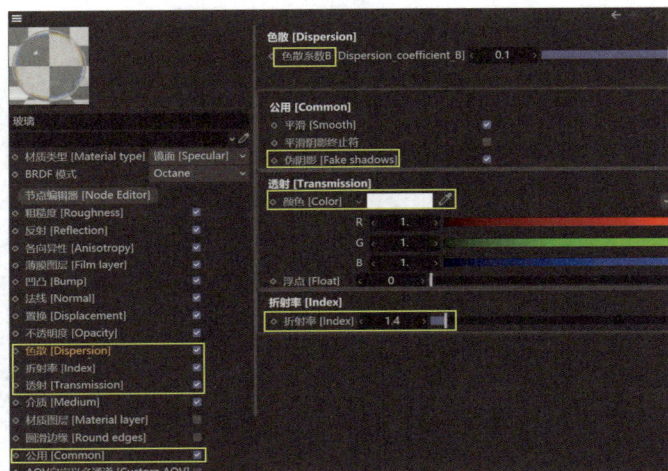

图 7-3-19

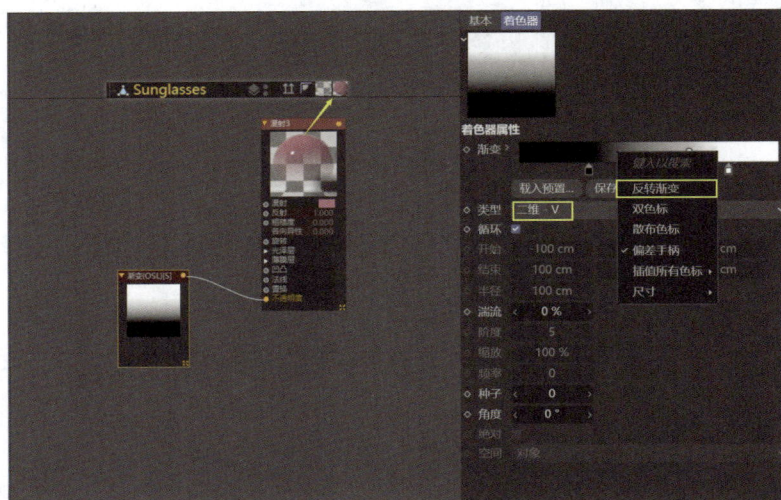

图 7-3-20

① 粗糙度贴图用于调整 3D 模型表面的光泽度，以实现对光照反应的精细控制。纹理图片中的深色区域使物体表面更粗糙，反光也较少。反之，浅色区域使物体表面更光滑，更有光泽。②随机游走介质可以更准确地捕捉细节和光的相互作用，以表现光照射在物体上的通透性细节及厚度。

➤ **手绘娃娃**（图 **7-3-21**）

① 在 Octane 菜单栏中选择对象 / 卡通灯 / 卡通点光（Toon Point Light），用于激活和支持二维材质的生效。调整灯光的位置和角度，以在二维画面上打出所需的光影效果，从而模拟手绘风格的明暗对比，如图 7-3-22 所示。

② 在菜单栏中添加材质 / 创建 / 卡通材质，双击打开材质球，在"卡通"通道中调整轮廓厚度为 0，去除描边效果，使材质更加贴合二维手绘的表现风格。在"漫射"通道中直接调整颜色，或在纹理选项中添加适合的花纹贴图，如图 7-3-23 和图 7-3-24 所示。

图 7-3-21

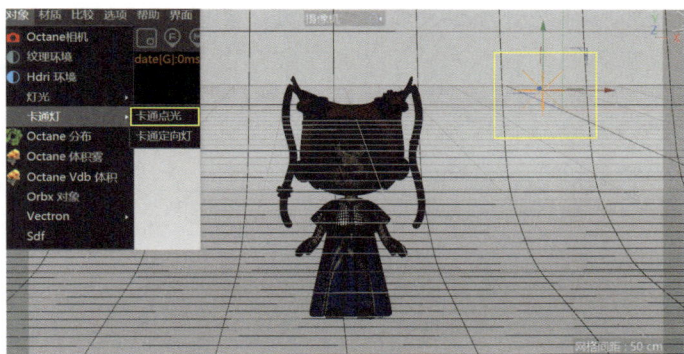

图 7-3-22

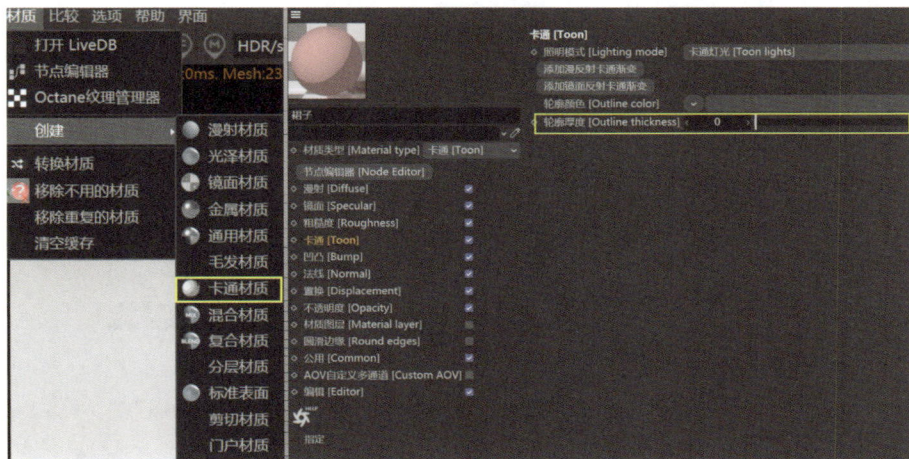

图 7-3-23

图 7-3-24

【本讲重点与创意练习】

在中篇部分，第五讲和第六讲分别对光影和材质的重要性进行了深入探讨。其中，第五讲重点关注光影，是渲染中最重要的因素之一，它直接影响场景的氛围和层次。逼真的光照模拟可以增强场景的真实感，创造日夜变化、不同天气条件或特定时间段的效果。阴影的处理为对象缔造体积感和空间感，通过光线与暗部的对比丰富场景的层次与细节，使视觉效果更加生动。第六讲重点关注材质，高质量的材质和纹理对于增强渲染图像的真实感至关重要。材质的精细度可以影响观众对物体表面性质的感知，如粗糙、光滑、透明或反光等特性。纹理的细节层次则赋予物体更丰富的视觉信息，如裂纹、污渍、花纹等细节。颜色在渲染过程中用于表达情感、指示功能或增强视觉引导。合理的颜色梯度和对比度能够突出主要元素，引导观众的视觉焦点，同时与整体设计和故事叙述相得益彰。

手作玩偶，不论是缝制、编织、刺绣，还是毛毡、泥塑上色，似乎都不仅仅是儿童的玩乐，很多大朋友也对此兴趣满满，在自媒体平台上直播制作玩偶，或者提供成套的材料和教程进行售卖。角色盲盒 IP 设计营销的多样方式如火如荼、层出不穷，尝试亲手创作一个角色娃娃 IP 吧。

📖 创意联想视觉练习参考

后篇　元素演绎

第八讲 ｜ 元素演绎：从大局观看画面构图

在视觉艺术和设计中，掌握从大局观入手布局是令作品富有吸引力的关键。大局观不仅关注画面整体的布局和规划，更强调对各个视觉元素之间的相互关系和影响力的综合考量。从大局观的角度出发，我们能够更清晰地理解如何引导观者的目光，组织和安排画面中的各部分，从而创造出既和谐统一，又具有视觉冲击力的作品。无论是在设计、绘画、摄影还是影视创作中，大局观都为创作者提供了一种宏观的视角，帮助他们在创作过程中有效地引导观众的注意力，突出作品的主题与情感。通过合理的构图布局，可以使画面形成自然的流动和呼应，从而提升作品的整体表现力和视觉层次。本章将深入探讨如何从大局观的角度理解画面构图的应用，揭示如何通过合理而艺术化的构图原则，优化分布层次、突出主题焦点、引导目光流动、平衡画面结构，并最终提升作品的整体表现力与视觉价值（图 8-0-1）。

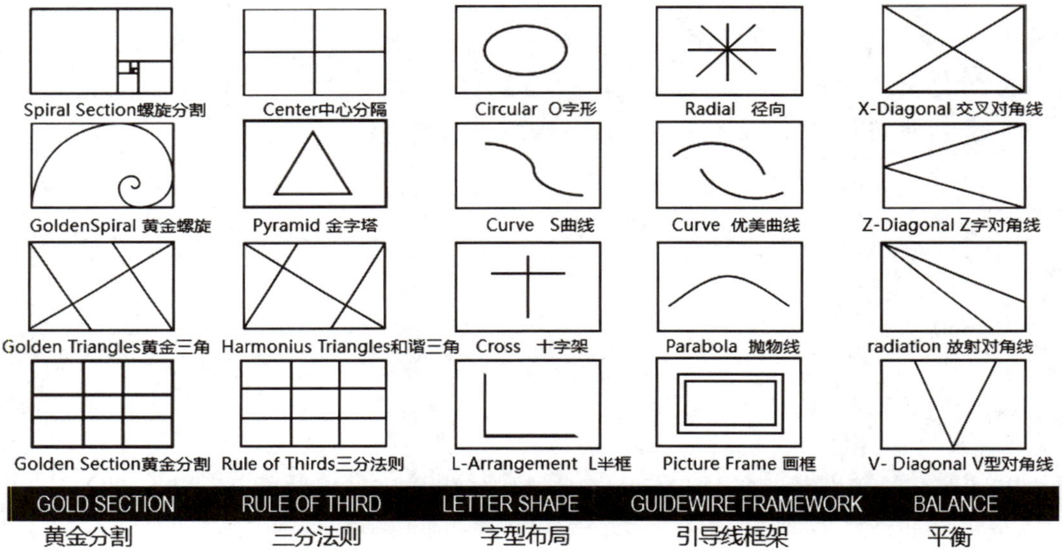

图 8-0-1

一、大局观与画面构图

📖 大局观

在视觉艺术和设计中，大局观（Holistic View）是指对整体画面进行全面、宏观的审视和把控，它为构图提供了一个宏观视角。通过从大局观入手，艺术家和设计师能够站在整体的角度，思考和斟酌作品的各部分，从而创造出和谐、有序又具有强烈视觉冲击力的作品。大局观不仅是画面构图的起点，更是贯穿整个创作过程的重要理念。

在应用大局观时，设计师不仅要考虑主体元素的位置、角度、大小、构图等，还需要考虑配角元素的辅助演绎、与主角的关系原则等。画面构图不是简单地将元素随机排列，而是有意识地对各部分进行安排和组织，以吸引观众的思维和注意力，并有效传达特定的情感和信息。因此，掌握大局观和画面构图的技巧是提升作品表现力的关键。

大局观强调整体性、系统性和关联性，是创造出强烈视觉冲击力和深刻内涵作品的关键。整体性是指艺术家关注整个画面的布局，而不仅仅是个别元素的表现。只有当所有元素和谐统一时，画面才能达到最佳效果。整体性的把控可以帮助创作者避免过分强调某一部分，确保视觉焦点自然且均衡地引导观者。系统性即大局观强调系统的思考方式，要求将画面的各部分视为整体系统中的组成部分。各部分之间相互依赖、相互作用，形成有机的整体。通过合理安排和协作，画面中的每一部分都能在整体构图中发挥应有的作用。关联性在于创作者理解并处理好各个元素之间的关系，确保它们在视觉、情感和信息传达上是连贯和一致的。

📖 三维画面构图

在传统的视觉艺术中，画面构图往往被理解为二维平面上的元素排列和透视感的处理。然而，随着数字三维设计技术的发展，画面构图的思考方式也随之发生了变化。在三维空间中，构图不仅涉及 X 轴和 Y 轴上的元素分布，还引入了 Z 轴——纵深维度，使得画面具有了立体空间的可操控感。例如，在电影《阿凡达》中潘多拉星球的悬浮山脉场景中，摄像机视角动态穿越云雾和悬崖，通过 Z 轴上的纵深变化创造了令人震撼的空间感和视野开阔的三维画面构图。通过摄像机的纵深移动和视角的切换选择，巧妙地引导观众的目光，从而增强了故事的叙事效果，成功地将观众带入了一个充满幻想与真实感的外星视觉奇观世界。

在数字三维设计的构图空间中，摄像机视角作为虚拟呈现最终画面的工具，也成为了构图的核心工具。摄像机视角的空间可以被视为一个四棱锥体，而观者则站在四棱锥体的顶端（图 8-1-1），在这个锥体视野空间内，设计师可以看到并控制该空间内所有可见元素的位置，所有元素也都处于设计师的掌控之中。设计师需要考虑如何在这个空间内安排元素，创造出具有吸引力的画面。这不仅仅是传统二维美学上的和谐与美观，更是为了引导观众的目光，辅助理解画面的观点、主题和情感。这种三维的构图方式赋予了设计师更大的创作自由，但也提出了新的挑战：如何在三维空间中合理安排元素，使画面不仅在视觉上吸引人，而且能够有效传达主题、情感和故事。

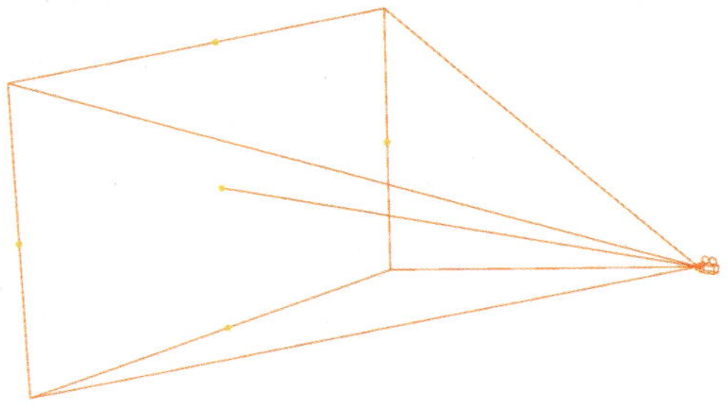

图 8-1-1

📖 Tips

设计与创作存在一定差异，与更为自由、个性的创作不同，设计通常追求明确的合目的性，尤其是命题类设计，它通常具有主要内容、明确方向和最终目的、围绕主题内涵为核心进行完整创作。因此，在进行设计时，必须具备大局观。从整体出发，确保各部分的关系和谐，传达特定的情感和信息，最终实现设计目标。

二、目光引导的重要性

📖 **视觉阅读顺序**

当我们看到如下画面（图 8-2-1）时，我们首先注意到的是什么呢？人的眼睛是否会被什么东西最先吸引呢？是否存在一定的顺序呢？

图　8-2-1

通常情况下，当我们观察一幅画面时，眼睛的注意顺序并非完全随机。人类的视觉系统是按照一定的顺序来处理图像的，通常以明暗、颜色、形状以及材质的顺序来阅读一幅画面，虽然这个过程极其短暂，但这与大脑中不同视觉皮层的处理方式有关。

首先，我们的大脑会优先处理敏感信息，因为明暗信息通常意味着光影，光影是视觉系统最先处理的内容。光影的对比度（亮度与暗度的差异）帮助我们迅速理解物体的轮廓和位置。明暗信息是通过视网膜的感光细胞（主要是杆状细胞）捕捉的，这些细胞对亮度和对比度非常敏感。因此，这意味着当我们看向一个画面时，首先感知到的是明与暗的对比，这有助于我们迅速理解物体的轮廓和位置，了解画面的基本构成。其次，颜色信息由视网膜中的锥状细胞处理，这些细胞对红、绿、蓝三种颜色敏感。因此，在处理完基本的明暗信息后，大脑会紧接着处理颜色信息，帮助我们识别物体和区分不同的对象。再者是形状，形状的识别是视觉系统更高层次的功能，涉及大脑中多个区域的协同工作。通过结合明暗和颜色信息，大脑能够识别物体的形状和结构。最后关注到的往往是"定睛一看"的细节材质，材质感知是视觉信息处理的高级阶段，它结合了明暗、颜色和形状的信息，帮助我们理解物体表面的特性（如光滑、粗糙、柔软等）。这种信息通常需要更长的处理时间，因为它涉及复杂的光反射和散射计算，如图 8-2-2 所示，在观察这个穿着类似西瓜皮花纹的小女孩时，我们最先注意到的可能是她身上明暗对比和鲜艳色彩，接着是形状轮廓，最后才会注意到更细微的材质细节，比如她身上金属质地的小包和发圈。

虽然视觉处理的顺序在不同的场景或条件下可能有所变化，但总体来说，人类感知优先处理明暗信息，然后是颜色，接着是形状，最后是材质。这样的顺序源于人们对视觉信息处理的神经科学理解，尤其是在低光环境下，明暗对比能够帮助我们快速感知物体的存在，而材质则更多地用于区分物体和理解其特性。因此，通过理解人眼

1 VALUE	2 COLOR	3 PATTERN	4 TEXTURE
明暗	颜色	形状	材质

图　8-2-2

识别画面信息的顺序，设计师和艺术家能够在构图时站在大局观的视角应用目光引导的一些技巧。通过画面构图的合理设计，引导观者的视线，强化画面焦点，增强叙事性和情感表达。

📖 目光引导

目光引导是画面构图中的一个关键要素，它指的是设计师或艺术家通过精心安排画面中的元素来影响观众的视线和关注点，从而突出重点，传达情感，强化叙事。良好的目光引导能使观者准确地捕捉到画面中最重要的信息，并且能够按照创作者的意图逐步理解整个画面的内容和意义，确保观者注意到作品的重点和细节。如图 8-2-3 所示，目光引导的常用技巧包括突显、对比、出入口、封闭、堆压等。

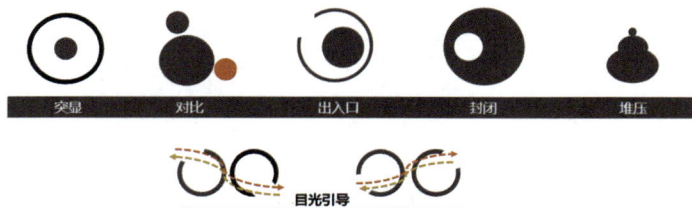

突显	对比	出入口	封闭	堆压

目光引导

图　8-2-3

突显与对比通过强调某一元素的亮度、颜色或形状，使其在画面中脱颖而出，成为观众的焦点。前者关注某一局部的独特性，帮助其在复杂的画面中获得优先注意；而后者关注不同部分之间的差异性，通过不同的亮度、颜色或形状来创造视觉冲击，从而使观众的注意力自然而然地转向差异显著的部分。

出入口通过画面的布局和元素的方向引导观众的视线进入画面，并引导其注意力顺利流动到其他部分。出入口的设计使得视觉路径具有引导性，可以使观众的注意力沿着特定的线路流动，进一步提升画面的整体叙事性和层次感。

封闭与堆压则是通过构图中的线条、形状和空间安排，形成封闭的或者横纵向压缩的视觉路径，使观众的视线自然地集中在关键部分，避免视觉的分散，使画面更为紧凑且有焦点。封闭的构图常通过元素的排列与空间的分割形成自然的视觉框架，从而将视线"限制"在某个特定区域；而堆压则通过纵向或横向的排列使观众的视线被引导向画面中的重要部分，避免了杂乱和无重点的分散。

进一步来看，除了以上图示的这些直观显性的构图布局技巧，还有很多有目的的隐形手段，这些手段通过构图中的线条、形状、颜色对比和光影变化等方式来实现目光引导，使得画面在层次和连贯性上得到了加强。

明暗对比是目光引导中最强大、最直接的工具之一。人类的视觉系统天生对明暗对比非常敏感，亮部通常会首先吸引注意力，而暗部则可以用于引导视线或者营造氛围，可以通过在画面中设置强烈的光源，或者利用光影的变化来突出画面中的重要部分。亮区通常成为画面的视觉焦点，而暗区则用于引导视线的移动或控制视觉流动。比如在伦勃朗的许多肖像画中，人物的面部被光源照亮，而背景通常较暗，这种明暗对比不仅突出了人物的表情和神态，还引导观众的视线集中在人物的面部。类似地，在电影《黑暗骑士》中，蝙蝠侠的形象经常被放置在强光和阴影的对比之中，使他的轮廓更加鲜明，增强了角色的神秘感和威严感。

颜色引导是视觉艺术中最具表达力的元素之一。颜色的对比、饱和度和亮度都可以用于目光引导。鲜艳的颜色往往比暗淡的颜色更容易吸引视线，而颜色对比（如互补色）可以用来突出特定的元素。使用对比鲜明的颜色可以突出画面中的关键部分，或通过暖色与冷色的对比来引导观众的视线。同时，颜色的渐变和饱和度变化也可以用于引导视线的移动。比如在电影《疯狂的麦克斯：狂暴之路》中，导演利用沙漠中的暖色调（橙色、红色）与冷色调（蓝色、灰色）形成鲜明对比，将观众的注意力集中在主角和重要场景上。这种颜色对比不仅增强了视觉冲击力，还帮助传达了电影的紧张氛围和情感张力。

线条形成的形状是引导视线的基础工具。人眼会自然沿着明确的线条和形状移动。通过使用对比强烈的形状或动态的线条，设计师可以有效地引导观众的视线。利用对角线、曲线或其他引导性线条来控制观众的视线移动，或者通过对比不同的形状来强调特定的部分。通过合理布局形状，可以营造出视觉上的流动感。比如在希区柯克的电影《西北偏北》中，导演使用大量对角线和动态线条来引导观众的视线，在经典的飞机追逐场景中，地平线和飞机的路径形成了强烈的对角线，使观众的视线自然跟随场景的动态变化，增强了紧张感和速度感。

材质感知引导涉及细节的展示，通过不同材质的表现，画面可以传达物体的质感和触感。材质的对比（如光滑与粗糙、透明与不透明）可以引导观众的视线，同时增加了画面的深度和真实性。通过在画面中对比不同的材质来引导观众的注意力，如高度光滑的表面反射光线通常会吸引更多的注意，而粗糙的表面则可以引导视线从一处过渡到另一处。材质的细腻程度也可以用于引导观众注意画面中的微小细节。比如在皮克斯动画电影《疯狂元素城》中（图8-2-4），不同元素的不同材质（如光滑的水元素、粗糙的木元素）

图 8-2-4

被细腻地表现出来。光滑的彩色玻璃材质反射出柔和的光线，吸引了观众的目光，同时，粗糙的背景材质则引导观众的视线在画面中移动，增强了画面的深度和现实感。

三、常见画面构图分析

如许多艺术理论家所指出的，二维构图是所有视觉艺术的基础。著名艺术教育家鲁道夫·阿恩海姆（Rudolf Arnheim）在其著作《艺术与视觉感知》中强调，二维平面上的构图是培养视觉组织能力的关键，这种能力是任何形式的视觉艺术创作的基础，无论是在绘画、摄影还是现代三维设计中。著名电影导演斯坦利·库布里克（Stanley Kubrick）在其电影中，无论是《闪灵》中的走廊场景，还是《2001太空漫游》中的宇宙空间，都依赖于经典的三分法和对称性等二维构图法则。库布里克通过对二维构图的深刻掌握，在影片中创造出震撼的视觉效果，同时赋予了场景强烈的情感表达和主题指向。特别是在《闪灵》的走廊场景中，通过精确的构图构建了强烈的不安感和紧张氛围；而在《2001太空漫游》中，简洁的对称结构展现了人类与宇宙之间的庄严对比。

这些经典的构图方式在二维平面上有效引导了观众的目光，同时为三维空间的设计奠定了基础。二维构图的基本原理，如黄金分割、三分法、平衡法则等，都是引导视觉注意力、建立空间层次和视觉平衡的重要工具。尤其是在面对三维设计时，虽然设计的最终形式呈现的是立体空间，但二维构图法则为三维空间中的元素布置和视线引导提供了必要的框架和方向。在进行复杂的三维构图之前，尽管我们最终需要在三维空间中进行设计，但仍然需要从经典的静态构图开始。这意味着，我们首先要在一个二维平面上理解和掌握构图的基本方式和技巧，然后更好地将这些经典方式应用到三维空间中。三维设计中的空间布局、视角选择和视觉流动等，都可以从二维构图的角度出发来优化和调整。

因此，理解和熟练掌握传统、经典的大局观构图对于三维设计至关重要，它不仅帮助设计师和艺术家理顺了视觉元素之间的关系，还能确保其创作出既富有冲击力又和谐统一的作品。通过将二维构图法则与三维空间的特点结合，设计师可以在三维空间中创造出更加生动、富有层次感和情感张力的作品。

📖 黄金分割法

黄金分割法是一种经典的构图法则，广泛应用于艺术、设计、建筑等领域。它基于数学中的黄金比例（约1:1.618），被认为是最符合人类审美的一种比例关系。这种比例在自然界和艺术中广泛存在，能够创造出和谐、平衡且视觉上令人愉悦的效果。心理学研究表明，黄金比例对于人类视觉系统来说具有自然的吸引力，在自然界中普遍存在，例如植物的叶序、贝壳的螺旋结构等。这种比例不仅看起来和谐，还容易被人类视觉系统接受，给人一种舒适的感觉。

在设计上较为常见的应用为黄金分割线、黄金分割点、黄金螺旋以及黄金三角。如图8-3-1所示，黄金分割线指在画面构图中用于确定视觉焦点的位

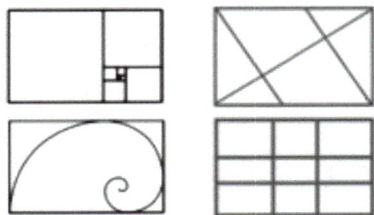

图 8-3-1

置。通过将画面按照黄金比例分割，设计师可以将重要元素放置在分割线上，使画面在视觉上更加和谐。黄金分割点指当画面被黄金比例划分为四部分时，分割线的交点就是黄金分割点。这些点被认为是视觉上最吸引注意力的位置，因此常用于放置画面的焦点或重要元素。黄金螺旋是一种由黄金比例生成的螺旋线，它从一个黄金分割点开始，逐渐向外延展。许多艺术作品和自然形态都展现了这种螺旋形态，具有强烈的视觉吸引力。黄金三角是由黄金比例构成的等腰三角形，通常用于构图中的对角线法则，以增强画面的稳定性和动感。黄金分割被广泛认为是人类视觉上最和谐的比例之一。这种观点在历史上得到了广泛的支持，从古希腊的建筑到文艺复兴时期的绘画，黄金分割法一直被认为是美学中的"完美比例"。

达·芬奇的《蒙娜丽莎》便是黄金分割法在绘画中的经典应用。蒙娜丽莎的脸部、手部和背景的安排都符合黄金比例。通过这种构图方式，达·芬奇成功地创造了一幅既和谐又神秘的肖像画。达·芬奇的另一幅名作《最后的晚餐》也使用了黄金分割法。画面中的桌子、耶稣的位置以及人物的排列都基于黄金比例进行设计，使得整幅作品在视觉上具有强烈的平衡感和和谐感。有趣的是，萨尔瓦多·达利也有一幅《最后的晚餐》，达利在其新版本的《最后的晚餐》中也运用了黄金分割和黄金三角，使得画面充满了神圣和几何的美感。不仅在绘画中，在建筑设计中也有黄金分割的应用，如罗马万神殿作为古罗马建筑的杰作，结构设计中也融入了黄金比例。建筑的圆顶和柱廊之间的比例关系使得整个建筑显得既宏伟又和谐，成为建筑史上的经典之作，如图 8-3-2 所示。

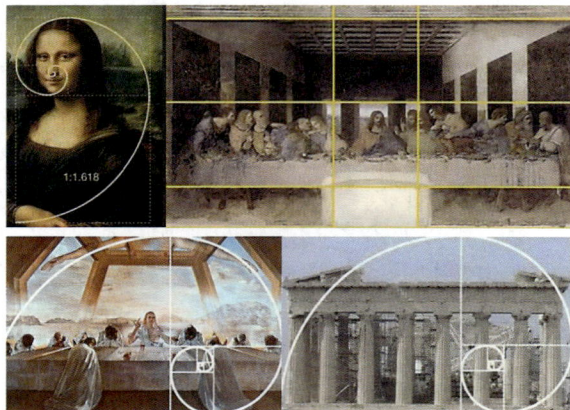

图　8-3-2

在现代数字三维设计中，黄金分割法同样可以有效提升设计作品的视觉吸引力和和谐感。设计师可以利用黄金分割法来设计三维空间中的元素，从而塑造美感并增强视觉效果。如在影视特效和游戏设计中通过黄金分割来设计场景中的关键元素，类似电影《指环王》系列和游戏《巫师 3》中的山脉、建筑物和人物等，使画面具有强烈的视觉吸引力，有效塑造美感，引导观众的视线，增强叙事效果。再如，在建筑可视化中，设计师可以利用黄金分割线来确定建筑物在场景中的位置，使整个场景看起来更加平衡和自然。

📖 **三分法**

三分法是视觉艺术和设计中最为广泛应用的构图原则之一，通过将画面的水平和垂直方向均分为三等份来形成九个相等的矩形或方块，进而将画面中的重要元素放置在这些分割线或交点上，以增强画面的平衡感、视觉引导和整体和谐美。三分法常与黄金分割、和谐结构相关，准确地说，三分法和黄金分割也可以算作一种和谐结构，相较于和谐结构宽泛的多样性，黄金分割和三分法更加精准，在应用时也有许多变体，如金字塔、和谐三角、中心分割（二分平衡对称）等，如图 8-3-3 所示。

图 8-3-3

但最为常见的基本概念为水平分割、垂直分割以及焦点位置。水平分割指将画面从上到下等分为三部分，形成两条水平线；垂直分割指从左到右三等分，形成两条垂直线，水平线和垂直线的四个交点便是画面的焦点位置，被认为是视觉上较为吸引人的位置。确定画面中主要元素或视觉焦点的位置，设计师和艺术家能够自然地引导观众的目光，使其首先注意到画面中最重要的部分，有助于强化主题、增强叙事性，并提高画面的视觉吸引力。

视觉心理学研究表明，三分法构图符合人类视觉感知的自然规律。眼睛和大脑更容易被位于三分线或交点上的元素所吸引，从而产生一种自然的美感。三分法使得画面中的重要元素不再局限于画面正中央的位置，而是通过偏离中心的位置设计，创造出一种动态的平衡构图。这种平衡使画面看起来更有趣、更富有张力，而不是显得呆板或过于对称。

三分法被广泛应用于风景摄影、绘画、电影构图和其他视觉设计领域，如摄影师安塞尔·亚当斯在拍摄广阔的自然景观时，常常将地平线置于画面的上三分之一或下三分之一处，增强了画面的深度感，观众能够更好地感受天空和地面之间更接近自然的视觉体验。再如在电影《切尔诺贝利》中瓦列里·列加索夫的最后一次演讲，列加索夫被置于画面的右侧三分线上。这一位置不仅引导观众的注意力集中在他的脸上和表情上，还增强了画面的紧张感。列加索夫在画面中的这种"偏离中心"的位置象征了他在体制内的孤立无援，也突出了他在讲述真相时的内心冲突，如图 8-3-4 所示。

图 8-3-4

📖 字形布局

字形布局是一种通过将画面中的元素按特定形状或字母排列的方式，利用几何线

条和构图形式来引导观众的目光，从而提升视觉引导力和叙事性。在字形布局中，常见的几何形状有 S 形构图、O 形构图、L 折线框、十字框构图等，可以有效地影响画面的视觉焦点、层次感以及情感传达，如图 8-3-5 所示。

图　8-3-5

S 形构图通过柔和的曲线引导视线，从一个画面角落向另一个角落流动，产生一种动态的视觉引导效果，它能够吸引观众的视线，带来视觉上的流动感和节奏感。O 形构图通过圆形的构图来引导观众的目光，形成一个封闭的空间，强调画面的中心或焦点，这种布局通常用来突出某个特定的视觉元素或人物。L 折线框通过折线框架来形成画面的视觉结构，通常用于引导视线转折流动，并增强空间感与层次感。利用十字框构图划分画面可以增强对比度并为画面带来动态感，通常用来强化画面的叙事性和情感张力。

字形布局的运用在电影中非常常见，能够有效地引导观众的视线，增强意图传达和画面感。在《教父》的黑帮会议场景中，桌子的圆形布局与围坐的角色形成了一个字母"O"的形状。这种构图方式通过目光的汇聚点，将观众的视线自然集中在对话的中心，强化了人物之间的紧张关系和暗示。圆形的 O 形构图象征着权力和密谋，并通过构图的集中性传递了强烈的压迫感，强化了电影的主题，如图 8-3-6 左图所示。再如电影《大白鲨》的经典海报运用了倒 V 字形构图与三分法则，创造了强烈的视觉冲击效果。倒 V 字形的鲨鱼占据画面的大部分空间，突出了鲨鱼的威胁感和恐怖感。海报中女子游泳的位置恰好位于 V 形的底部，这样的构图不仅增强了鲨鱼的危险性，同时让观众的目光自然地集中在人物和鲨鱼之间的紧张关系上，图 8-3-6 右图所示。

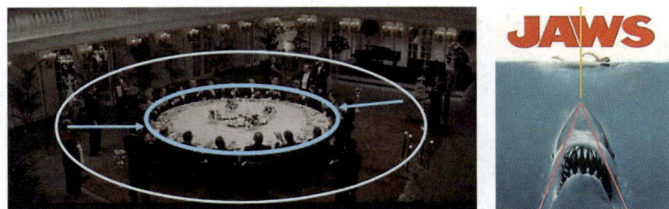

图　8-3-6

📖 引导线框架

引导线是指通过利用场景中的自然或人工框架（如窗户、门框、树木等）形成的线条或引导线来围绕设计主体或重要元素的构图方法，通过在场景中创造或利用这些引导线，设计师可以使观众的目光有序地聚焦在画面的关键元素或主题上。引导线的构图形式可以多样，包括画框框架、抛物线构图、曲线构图、径向焦点等，如图 8-3-7 所示。

图　8-3-7

引导线框架与字形框类似，区别在于引导线构图不依赖特定的字母或几何形状，而是借助场景中的实际元素，如建筑、树木、道具、光影等来形成视觉线条。这种方法通常利用自然元素或人工物体的线条，使观众的视线按照设计者的意图移动，如图 8-3-8 所示，利用楼宇、雪坡、彩灯和楼梯人群引导观众注意画面的焦点或主题。其中，最后一幅是著名摄影家布埃松的摄影作品。

引导线构图在三维设计中尤其重要，因为它能够有效利用三维空间中的深度、透视强调场景的空间感和立体感，创造出

图 8-3-8

引人入胜的画面，同时可以增加画面的趣味性和层次感。如在《星球大战：原力觉醒》的沙漠追逐场景中，引导线构图被巧妙地运用，通过沙丘的曲线和飞船的尾流将观众的目光引向追逐的方向和即将发生的碰撞点，不仅增强了画面的动感，也有效地传达了紧张的剧情发展。再如在《最后生还者》中，当角色在废弃的建筑物中移动时，利用破碎的窗户或门框将玩家的注意力集中在外部的风景或即将面对的敌人身上，不仅增强了画面的立体感，还加强了玩家对环境和潜在威胁的感知，提升了游戏的叙事体验。

📖 平衡法则

平衡法则与其说是构图方式，更多的是基于大局观构图的基本原则之一，它指的是在画面中通过合理安排元素，使得整个画面在视觉上达到一种稳定与和谐的状态。平衡感不仅仅是物理上的对称或等量分布，更是通过视觉元素的巧妙安排使观众在观看时感到舒适和自然。根据不同的对角线划分布局，有交叉对角线、Z字对角线、放射对角线、V字对角线等应用方式，如图 8-3-9 所示。

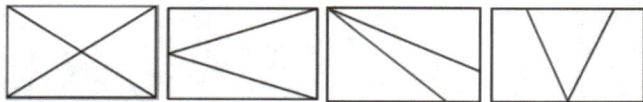

图 8-3-9

平衡法则可以是对称平衡，也可以是非对称平衡，更可以是动态平衡。对称平衡是指画面中的元素在某一轴线两侧呈现镜像对称的排列。这种构图方式能够产生一种稳定、庄重和秩序感，通常用于表现正式、宏伟或庄严的主题。在对称平衡的构图中，重要的元素被放置在画面的中央轴线两侧，左右或上下对称。这种排列方式使得画面在视觉上给人以平稳和安定的感觉。如巴黎的凡尔赛宫，其庭院和主建筑通过完全对称的设计来表现皇室的威严与秩序。

非对称平衡指的是通过不对称的元素分布，利用重量感、颜色、形状、纹理等差异来创造出视觉上的平衡。这种平衡方式更加动态和活泼，适用于表现复杂、自然或

现代的主题。在非对称平衡中，设计师通过对比和差异（如大小、颜色、亮度）来平衡画面各部分的视觉重量。例如，一个较大但较轻的物体可以通过一个较小但颜色浓烈的物体来平衡。非对称平衡强调的是视觉上的协调，而不是形式上的对称。如梵高的《星空》，画面中夜空上的月亮和星星虽然在大小和亮度上不对称，但通过它们之间的颜色和位置对比，形成了一种和谐的视觉平衡。在许多风景摄影中，非对称平衡常用于表现自然场景的动态平衡。再如图 8-3-10 左图，黑白桌面中线的分割形成了画面的强烈非对称平衡，右图的天空与草地的 Z 字对角线形成了平衡。

图　8-3-10

动态平衡是一种更为复杂的平衡形式，强调在画面中表现出运动感或变化的趋势。动态平衡通过不稳定的元素布局创造出一种视觉上的张力，使观众感到画面内的能量和动感，通常通过对角线、斜线或曲线的使用来表现，打破了静态的稳定性，但依然维持了视觉上的和谐。设计师可以通过改变元素的方向、大小或位置，使画面看起来富有变化和活力。如蒙德里安的抽象画作通过不同颜色和大小的矩形的排列，表现出了动态的平衡感。画面虽然没有绝对的对称性，但通过颜色和形状的对比，传达出了一种稳定中的变化。在动作电影的镜头设计中，动态平衡广泛应用于表现高速运动或剧烈冲突的场景。例如，《盗梦空间》中的旋转楼梯场景通过不断变化的视角和画面中的斜线，创造出一种强烈的动态平衡感，增强了画面的紧张感和冲击力。再如图 8-3-11 的摄影作品呈现出光线流动的动态平衡。

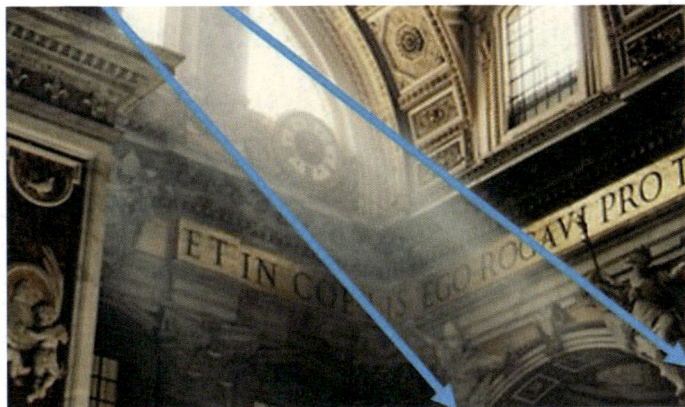

图　8-3-11

还有诸如色彩平衡、明暗平衡等更多涉及画面中具体元素关系的内容，我们会在后面的内容中介绍。

【本讲重点与创意练习】

●●●●●●●●●

本讲从大局观入手，探讨了画面构图及其核心要素，并深入介绍了目光引导的重要性，特别是在数字三维设计的环境下，构图不仅局限于传统的二维平面，它更涉及三维空间的操控，特别是 Z 轴的纵深关系，使得设计师能够通过对空间深度的调节来增强画面的层次感和视觉冲击力。

数字三维设计中，摄像机视角扮演着至关重要的角色，它成为画面构图的核心工具之一。在锥形空间中，设计师需要考虑的不仅是画面最终呈现的构图效果，还要关注实际的空间深度关系。摄像机视角的调整和元素在三维空间中的布局将直接影响观众的视觉流动和关注焦点。因此，设计师需要在这两方面上找到平衡：一方面要确保最终画面中的构图是和谐、引人入胜的；另一方面还要确保空间关系清晰，能够辅助故事的表达和主题的传达。

从常见的画面构图原理出发，数字三维画面构图不仅继承了传统的构图技巧，还加入了立体空间中动态视角的变化和纵深的调节，使得设计作品在视觉表现上更为立体和丰富。通过合理安排和设计，优秀的数字三维画面构图可以有效地引导目光，辅助观众理解画面的观点、主题、情感和故事，并且在视觉上强调设计意图，突显作品的核心元素。

观察你喜欢的优秀设计、绘画、影视或者摄影作品，并通过分析其构图布局来学习。

📖 创意联想视觉练习参考

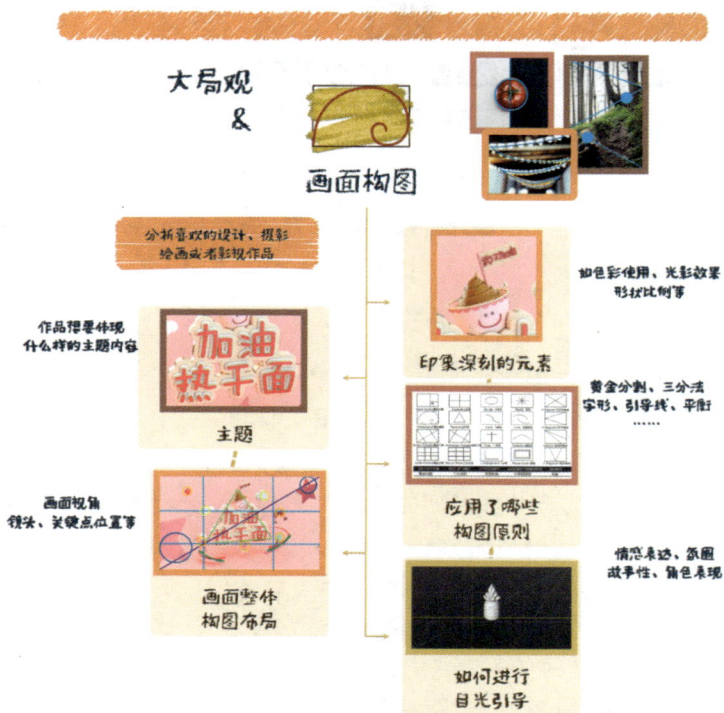

第九讲 | 元素演绎：从细节处看元素关系

在视觉创作中，整体布局决定了画面的宏观效果，而细节的处理则常常是提升作品质感和深度的关键因素。每一个元素的选择、排列以及它们之间的相互关系，都对画面的最终呈现产生了深远的影响。从细节入手，深入分析这些元素间的互动，不仅能够呈现更丰富的层次感，还能增强画面的和谐感和表现力，进而使作品在形式和内容上达到和谐统一。本讲将聚焦于画面中的微观元素，特别是如何通过精确处理这些细节来提升作品的视觉效果。我们将通过对各个元素的关系进行分析与考量，探索如何在设计中巧妙安排和调整画面中各元素的关系，使它们在整体构图中发挥最大的作用。无论是元素的节奏感还是一致性，还是元素之间的对称、突显与对比，如图 9-0-1 所示，这些细节都可以通过合理的布局和调整为作品注入更加生动和有力的视觉效果。

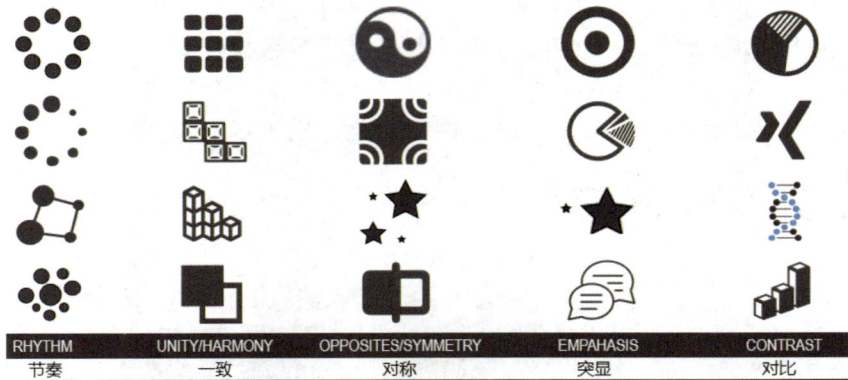

RHYTHM	UNITY/HARMONY	OPPOSITES/SYMMETRY	EMPAHASIS	CONTRAST
节奏	一致	对称	突显	对比

图 9-0-1

一、画面细节与元素关系

📖 细节的重要性

细节在视觉艺术中的重要性不可忽视，它们不仅增强了作品的真实感，还能传达深层的情感和信息。细节使观众能够通过视觉上的微小差异感知画面的复杂性和丰富性。细节与画面的真实感、深度感和沉浸感的塑造息息相关。细节能使画面呈现更接近真实世界，尤其在三维设计中，细腻的纹理和光影处理能够让虚拟物体看起来更具有真实感。深度感通过画面的细节层次表现，精致的前景与背景细节能够让画面看起来更加立体，更具有空间感。沉浸感则能促使观者更加投入作品中，尤其是在三维影视和游戏设计中，丰富的环境细节和精心设计的任务系统能极大地增强玩家的沉浸体验。

在传统艺术中，细节的表现通常通过绘画技法和材料运用来实现。如在伦勃朗的《夜巡》中，细腻的光影效果与人物细节使得画面充满了戏剧性和真实感，成功地将观众的注意力引向重要细节并深化了作品的情感。在建筑设计中，细节的处理不仅决定了建筑的美学效果，还能对功能性产生深远影响。例如，在现代建筑设计中，通过玻璃幕墙细腻的光影和反射效果，使建筑在视觉上更加现代化、富有吸引力，同时赋予空间更多的层次感。

细节不仅仅指塑造画面的微小差异感知，从元素关系的构图布局角度来看，细节还涉及单个元素的特征处理方式，以及元素之间的相互作用与视觉连贯性。这些细节包括元素的尺寸与比例、排列与间距、对比与统一、对称性与不对称性，光影、色彩和材质的设计，以及动态元素的处理。这些细节首先继承了二维平面构图的一些基本原则和技巧。在数字三维设计中，这些基本原则被进一步扩展和深化，并被赋予了更多的空间感与立体感；而在数字三维动画中，动态元素的处理则显得尤为重要，它决定了画面流动与情感传递的方式。

📖 数字三维设计的细节处理

在数字三维设计中，细节不仅体现在画面构图之外的元素状态与元素之间的相互关系，更通过纹理贴图、色彩变化、光影效果、模型微小特征等手段，直接影响作品的沉浸感与真实感。例如，表面质感的视觉纹理能为作品增添真实感，无论是光滑的金属表面还是粗糙的石墙，细腻的纹理能够让物体看起来更具触感，让观众感受到它们的物理属性。再如，色彩变化不仅可以突出画面的光影效果，还能有效增加画面的深度感。比如，通过色彩的渐变表现山脉的远近差异，从而传递出空间的深度与层次。微小的细节特征，如裂缝、褶皱和细节装饰，能够丰富作品的视觉效果，如《最终幻想》系列游戏中的角色和环境模型通过细致的纹理和光影效果，成功创造了一个逼真的虚拟世界，让玩家能够沉浸其中，为画面提供更多的层次和复杂性，使观众的视觉体验更加丰富。

📖 元素关系

元素之间的关系指的是画面中的各个元素如何与其他部分潜在地关联与互动，并共同传达特定的情感或信息。元素组织关系涉及画面中各个元素的相对位置、大小、排列方式以及它们之间的相互作用。合理的元素组织关系可以提升画面的视觉协调性，使各个元素形成和谐的整体，并增强画面的表现力。良好的元素组织关系不仅能够引导观者的视线，突出画面重点，还能增强视觉吸引力。例如，元素的位置决定了其在画面中的视觉重要性，画面的中心或者黄金分割点通常是视觉的焦点，因此将重要的元素放置在这些位置能够有效吸引观众的注意。再如，元素的大小对画面的视觉效果有重要影响，较大的元素（或色彩与材质视觉权重比例较大）通常会引起更多的注意，而较小的元素（色彩与材质视觉权重比例较小）则可作为画面中的细节补充。通过调整元素的大小，设计师可以控制画面的视觉层次和焦点。另外，元素的排列方式也会直接影响画面的整体效果。通常对称排列能够创造稳定、和谐的效果，而不对称排列则可以增加动感和视觉冲击力。

元素组织关系在不同领域的艺术创作和设计中都具有重要应用。在平面设计中，合理的元素组织可以引导观者的视线，使其聚焦于关注作品的核心信息。例如，将产品广告的图片置于画面中心，并通过色彩对比和元素大小突出其特点。在影视制作中，除了镜头构图，画面中的元素组织关系也对观者的情感体验起着至关重要的作用。例

如，《黑暗骑士》中小丑与蝙蝠侠初次对峙的场景，角色的对称安排强调了两者之间的对抗性，并突出了小丑的破坏性和蝙蝠侠的正义感之间的紧张关系。在现代游戏设计中，细节的组织和元素之间的关系同样决定了玩家的游戏体验。例如，环境细节和角色设计的关系可以增强游戏世界的沉浸感和互动性。

二、节奏感与一致性

元素的组织关系可以决定画面的和谐与冲突。例如，在一幅画中，将主体元素放置在画面的焦点位置，而次要元素则安排在背景中，这样便可以引导观众的视线，并有效地强调主要元素的直觉重要性。此外，次要元素之间的相对关系也同样重要，尤其是它们是否与主题表达意义相关，或者能够衍生出某种显性或者隐性关联。当画面元素较多时，元素之间的设计是否具备一定的节奏感，是否形成相互一致性，或是通过对称、对比或突显来传达特定的情感和意义，也是画面元素关系和谐与否的关键。

节奏感和一致性是画面元素组织演绎中的重要因素。节奏感是指画面中元素的重复和变化节奏，它影响着观众对画面节奏的感知；一致性则涉及画面中各元素之间的协调与统一，它能够增强画面的视觉连贯性。节奏感和一致性共同作用，决定了元素组织关系的冲突与和谐，从而塑造了画面的整体视觉效果。例如，很多电影海报通过一致色调和节奏感的元素布局来突出角色的重要性，同时增强动作场景的动态感。在现代网站设计中，一致的排版、颜色和图形风格常常用于创建视觉上的统一感，从而提升用户体验的流畅性和舒适感。

📖 节奏感

节奏感在视觉艺术中指的是画面中元素的重复、变化和排列所产生的视觉规律和动感。它通过有规律或不规律的重复元素引导观众的视线和感知，创造出有节奏的视觉体验。节奏感是个相对宽泛的概念，既有规律的节奏，也有不规律的随机节奏，既有重复节奏，也有排列变化，如图 9-2-1 所示。

规律的节奏指的是元素在画面中均匀和有序地排列，这种排列按照一定的规则重复出现。具备一致性、可预测性和稳定性，常见于建筑设计、平面设计中的网格布局等，例如，窗户的等距排列形成了一种规律节奏，使得建筑外观视觉和谐，整齐有序。与之相对的是不规律节奏，它指的是元素排列不按照固定的模式，而是具有变化和随机性，呈现出变化性、动感和视觉冲击力。这种不规律节奏常常出现在艺术作品的创意表达和动态设计中，尤其是在一些现代艺术画作中，颜色和形状的不规则排列可以产生强烈的视觉动感和节奏感。

图 9-2-1

重复性元素的设计能够产生不同类型的重复节奏和排列变化，从而影响元素之间的相互关系，进而形成不同的对比、凸显和平衡。如图 9-2-2 左图所示，路面上排布的一条条白色线条构成了一种规律的线条布局，这些白色线条呈现出整齐划一的节奏感。

而在人行横道上，零星经过的行人像点一样分布在这些规律的线条之间，增加了画面的随机感。当一幅画面中既有整齐划一的规律节奏，又有一些比较随机、零散的点状元素时，整个画面的视觉效果就会显得更加生动和富有层次感。再如，从希区柯克的作品来看，他常常将视线集中于窗户等结构物，许多作品围绕阳台、窗户展开，形成视觉上的节奏。例如，在图 9-2-2 中图中，我们可以观察到墙体首先形成了规律的平行线条的排列，而墙体上的窗户则是非常整齐的长方形，形状和大小一致，并且呈现出间隔性的排列。窗帘的颜色差异则相当于在规律的节奏中加入了随机的节奏，为整个画面注入了视觉趣味。另一个例子是图 9-2-2 右图的海报设计，用字幕和色块展现节奏感。在这种设计中，文字排版整齐，色彩选择一致，且选用了显眼的黄色来打破整体的规整，随机地被压在文字下方。虽然某些字母的排列方向或大小略有不同，但整体上采用了统一的颜色搭配（黑、白、黄）和横平竖直的布局，因此在视觉上并未产生凌乱感，反而强化了设计的节奏感。

图　9-2-2

📖 一致性

　　一致性指的是各个元素或部分在某一方面保持相同、协调或统一的特征（如图 9-2-3 所示），以确保整体的和谐和连贯。一致性确保画面的各部分在风格、色彩和主题上相

图　9-2-3

互协调，避免视觉的混乱和不和谐。一致性通常表现为色彩的一致性、风格的一致性或者元素的一致性。例如在品牌管理中，品牌信息形成一致性，广告、宣传网站、社交媒体内容都需要传达相同的核心信息。在设计一个品牌的视觉识别系统时，所有元素的风格和色彩保持一致，以加强品牌的识别度，避免了视觉上的混乱或不和谐。再如，在影视制作中，一致性对于叙事和视觉效果的连贯性至关重要，场景设计、风格色彩、人物表现等方面保持一致性能确保故事情节流畅，营造特定的氛围，如《盗梦空间》的场景布置和道具设计符合电影的梦境逻辑，而《布达佩斯大饭店》则通过特定的色彩和造型塑造影片的复古风格。在用户界面设计中，保持功能的一致性和布局一致性，通过遵循相同的设计风格规则，保持字体、图标和图像风格一致，提升用户的体验感。例如，苹果公司的产品设计语言的简洁性和一致的操作体验增强了品牌的识别度和用户熟悉感。

　　一致性与和谐和统一相关。相同元素构成统一，而类似元素形成和谐。统一是设计中所有元素在视觉和概念上的整合，涉及元素之间的关系和相互作用，其目的是使整个设计看起来像一个完整的、不可分割的整体。而和谐指的是设计中的元素在风格、

颜色、形状等方面形成一种自然、愉悦的关系，使得整体设计在视觉上显得统一而舒适。和谐性关注的是不同但类似或者相关元素的协调关系，通过相似性和对比性来形成不同的元素组合，创造视觉上平衡的效果，如图 9-2-4 所示。

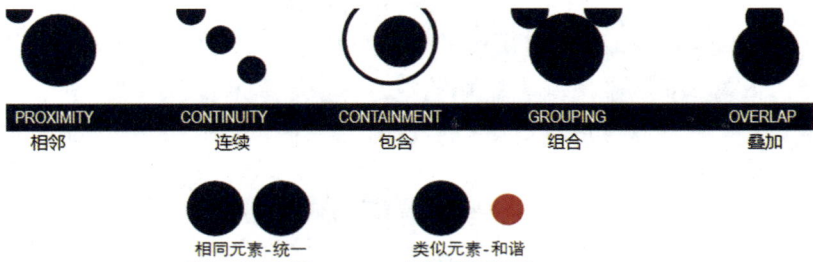

| PROXIMITY 相邻 | CONTINUITY 连续 | CONTAINMENT 包含 | GROUPING 组合 | OVERLAP 叠加 |

相同元素-统一　　类似元素-和谐

图　9-2-4

节奏感和一致性是画面细节构图的关键要素。节奏感通过元素的重复、变化和间隔来创造视觉上的动态感，使画面看起来生动而有序。而一致性则保证了画面的统一性和协调性，使各个元素之间相互关联，形成一个完整的视觉整体。两者的结合使画面既有变化又不失统一，增强了作品的视觉吸引力和表达力。例如周期性的变化（如通过规律色彩的窗户玻璃反射来创造视觉节奏感）增添了建筑外在设计的趣味，既打破单调又不失规律。再如，在虚拟人物设计中，衣饰纹理风格和图案色彩保持一致性，不仅增强了人物的辨识度，还可以帮助建立角色的个性特征。

三、常见画面元素关系原则

节奏感和一致性是画面构图中的两个关键细节要素，它们不仅塑造了视觉上的和谐与动感，还与许多其他画面构图原则密切相关。通过合理运用节奏感和一致性，设计师能够在画面中创建出更加鲜明的层次感和节奏感，从而增强画面的吸引力和表现力。它们共同作用，形成了对称和平衡、突显与对比的关系，并在此基础上进一步增强了画面的层次感、空间感和动态感。

📖 对称

对称是指画面中元素沿着中心轴线或点周围进行对称排列，而对称性则是指画面中的这些元素形成镜像对称的布局。对称通常给人一种稳定、和谐的感觉。在基于大局观的宏观层面，我们学习了构图布局的平衡法则，这是确保画面视觉稳定性和协调性的关键要素。平衡法则不仅适用于宏观整体布局，也在细节层面的元素组织中扮演着重要角色，它涉及对称关系和不对称平衡的应用，如图 9-3-1 所示，呈现了不同样式的对称关系。

图　9-3-1

对称平衡形式通过在画面中对称地安排元素来实现稳定性。通常给人一种宁静与和谐的感觉。对称形式可以是水平对称、垂直对称或径向对称。水平对称是元素沿水平中轴线对称，垂直对称是元素沿垂直中轴线对称，径向对称则是元素围绕一个中心点对称，形成放射状的结构。例如，在建筑设计中，正面对称的布局使得建筑看起来更加庄重和稳固。在艺术作品中，对称的构图使得观众的视线自然地集中在画面的中心点，形成视觉上的稳定感。例如，古希腊的帕特农神庙正面的对称布局使得整体结构显得庄重且均衡。

不对称平衡是一种不对称的对立结构，通过不同元素（如大小、颜色、形状）的不对称布局创造视觉上的稳定感。尽管看似不对称，但这种结构往往具有动态感，并能表现出运动和张力，通常用于动态场景中。例如，在电影《大白鲨》的海报中，大白鲨的形象与标题的布局形成了不对称平衡，增强了视觉冲击力和戏剧性。再如，在图9-3-2左图中，形状相似但大小不同的两个圆圈通过类似元素达成了画面权重的平衡。图9-3-2中间壁画的繁复元素通过一种统一的形式和一致性构成了画面的平衡，使整体呈现出径向平衡的美感。而图9-3-2右图中，卢浮宫的照片通过前方的三角水池和后面的建筑物，以相同的三角形元素构成了垂直方向上的垂向平衡，这种成像平衡与正方形和圆形的组合不同，它来自两个视觉上大小完全相同的形状元素，但在材质的选用上，分别采用了玻璃和水这种能够倒影反射的材质，得益于以上两点，画面达到了和谐的一致性，形成一个非常和谐的画面构图，类似的案例还包括水边的山体摄影，利用水面倒影得到和谐的画面构图。

图　9-3-2

在不稳定的对立结构中，对立关系具有一定的瞬时性和动态特征。这种布局通过对比和冲突的方式来吸引观众的注意力，创造出强烈的视觉效果。对立结构中的元素往往表现为不同的形状、颜色或大小，通过这些对比使得画面充满了张力和动感。

不稳定性往往能够传达复杂的情感和情境。结构的瞬时性能够快速吸引观者的注意力，并激发其的情感反应。例如，在亨利·卡蒂埃·布列松的摄影作品《决定性时刻》中，常常利用不对称的构图和瞬时的对比捕捉动态瞬间和情感张力，使得画面既富有戏剧性，又充满了动感。

📖 突显

突显是一种强调，指的是通过视觉手段使画面中的某个元素更加突出，突出其重要性，以引导观众的注意力。突显的目的性是明确的，让某个元素成为视觉上的焦点，通常用于强调画面的主旨或关键元素，使其更易被识别和记住，常见的突显方式包括通过整体布局位置封闭与分割、大小及前后遮挡关系等来引导实现，如图9-3-3所示。

可以通过多种元素来突出一个元素。例如，可以使用高对比度的明暗对比使元素突显，利用颜色对比（如暖色与冷色）来吸引视线，通过不同材质的对比（如光滑与粗糙）来引起注意，通过不同大小的元素来增强视觉吸引力，通过元素的特殊布局（如中心对称或偏离）来引导视线，通过位置变化将某一元素隔离孤立出来，以使其更为显眼，通过线条的方向和粗细来突出重点，使用独特的形状来引导视线，利用视觉上的轻重权重对比来创建突出效果，等等。如图9-3-4左图中，白色小蘑菇在画面中的排列形成线条感，凸显了画面当中的黄色叶子；而右图则通过画面组成元素感知明暗，使得画面中心最亮的白色部分成为焦点，黑色的线条形成了视线汇聚的引导。

图　9-3-3

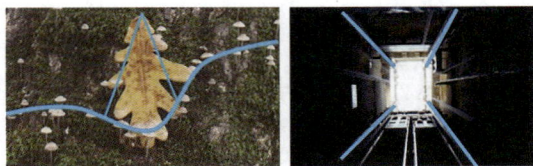

图　9-3-4

突显强调在传统设计与创作中很常见。例如梵高的《星空》通过夸张的色彩和旋转的笔触来突出夜空的动感。在数字三维设计中，由于基础设计元素的丰富，凸显的方式更加多样化。例如，角色设计通过使用高亮度和高对比度的材质纹理来突显角色，使其在复杂的场景中更加突出，从而提升角色的视觉识别度。

📖 对比

对比是指在设计中利用不同的元素属性，如颜色、明度、形状、尺寸等来创建视觉上的差异，使这些元素之间的区别更加明显。这种差异有助于突出特定的视觉效果，并增强画面的层次感和清晰度。创造差异是对比的核心，通过明显的差异化来提高视觉冲击力，使得不同的设计元素在视觉上更加独立和明确。

对比可以在多方面进行，包括颜色对比（如暖色与冷色）、明度对比（如亮与暗）、形状对比（如圆形与方形）、尺寸对比（如大与小）等。通过对比，可以改善视觉信息的识别性和可读性，使观者更容易理解和领会重要内容，如图9-3-5所示。

对比有助于区分画面中的主要元素和次要元素。例如，使用冷暖色对比来突出主要对象，或者使用明暗对比来增强深度感。传统设计中，如海报设计，黑白色的文字对比是提高文字可读性的常用方式，如9-3-6左图所示。在影视镜头中，如《肖申克的救赎》中的监狱场景，通过光影对比来突出角色的心理状态。在绘画作品中，如卡拉瓦乔的《圣母升天》通过强烈的明暗对比来突出人物和场景的戏剧性。在数字三维设计中，通过对比不同的设计元素，如材质上光滑的金属和粗糙的木材，可以使对象的某些部分更加明确突出，类似图9-3-6右图的设计。

图　9-3-5

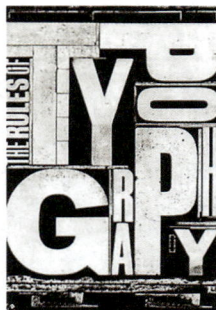

图　9-3-6

在视觉设计中，"目光引导中的突显与对比"与"画面元素关系原则中的突显与对比"有一定的区别，尽管它们都涉及通过对比和突显来增强视觉效果，但它们的应用场景、目的和方法各有不同。①目光引导的核心目的是通过视觉手段控制观众的视线流动，指引他们注意到画面中的特定元素。突显与对比在这里主要用于引导观众的注意力，使得某些元素成为焦点，并确保观众能按设计者的意图顺畅地从一个视觉点移动到另一个视觉点。突显通过使某个元素在视觉上更加突出来吸引观众目光，确保观众的视线停留在某个特定的位置。对比则通过不同的元素（颜色、大小、明暗等）来制造视觉上的差异，帮助区分不同元素，增强画面中的层次感，从而使得观众的目光能够按照设计者的安排流动。②在元素关系原则中，突显与对比的目的是通过元素之间的相互关系来增强画面结构的整体感、和谐感和表现力。这里，突显与对比主要用于强调元素的关系和增加视觉层次，使得元素之间的关系更加清晰，构建画面的和谐与冲突。突显在这种情况下更多的是为了突出画面中的主次关系，强调某个元素的突出性或对比性，以便在视觉上形成一个平衡的整体。对比则是为了增强元素之间的差异感，增强视觉冲击力，增强构图的动感、平衡或对称感。

📖 层次感

除了元素之间产生对称、突显和对比关系之外，数字三维设计因其三维空间、纵深等特性，还具有特殊的层次感。层次感是指在视觉设计中，通过空间、深度、对比等手段创造出画面中各元素的前后关系和视觉深度，使得画面看起来更有立体感和深度感。层次感使得平面设计具有三维效果，使观众能够感知不同元素之间的距离、关系和重要性，尤其对本身就存在 Z 轴纵深概念的三维空间元素设计至关重要。

层次感的主要影响元素在于空间关系，三维空间也分为前景、中景、背景。通过将元素分层次地安排在前景、中景和背景可有效地创造出画面的深度。例如，通过三维摄像机镜头焦距和光影变化，近处的对象清晰可见，而远处的背景则显得模糊，这种处理方式可以帮助构建画面的空间层次。

重叠与遮挡也是影响空间关系的重要方式，前景物体遮挡背景物体的一部分，可以有效地增强空间感和层次感。例如，在 3D 建模中，前景的物体可能会遮挡背景中的部分内容，从而突出前景物体的立体感。通过将不同的物体放置在不同的深度位置，并使用不同的细节层次和光影效果，能够有效地创建层次感。例如游戏中的战斗场景，前景的角色会有详细的纹理和清晰的细节，而背景中的环境则使用较低的细节水平和更大的模糊度。因此，层次感还受到细节与清晰度的影响。

另外，对比与大小比例也会塑造层次感，通过在画面中应用明暗对比，能够使元素看起来有更多的层次感。明亮的元素看起来会更靠近观众，而暗淡的元素则显得更远。高对比度的颜色可以帮助突出层次感，使得某些元素看起来比其他元素更靠近观众。前景的元素通常比背景的元素更大，通过将物体逐渐缩小并逐步模糊，可以创建远近感。

动态感在视觉设计和艺术创作中指的是通过设计元素的运动、变化和节奏来表现画面的活力和动感,它使得静态的画面看起来有生气,仿佛正在发生运动或变化,增强了观众的参与感和视觉体验。在数字三维设计中,三维动画是一个广泛的领域,而在一个静态画面中塑造动态感,则需要厘清动态感的关键要素。

动态感的关键要素涉及运动轨迹、透视与视角,以及前文提及的对比与变化、重复与节奏等。首先,运动轨迹的方向性可以明确地引导观众的视线。例如,斜向或曲线的线条可以使画面看起来更有动感。电影中的追逐场景通常利用快速的镜头移动和斜角构图来增加紧张感和动感。运动的速度感可以通过模糊效果(运动模糊)、渐变或快速的线条变化传达。例如,在赛车游戏的设计中,车辆的运动轨迹常通过模糊来表现高速感。

其次,透视的运用可以增加画面的深度感和动态感,不同的视角可以影响画面的动态感。例如,俯视和仰视角度可以增强运动的表现力。前面学习过,重复的元素可以创建视觉上的节奏感,从而增强动态感。例如,动画中的重复动作(如角色的步伐)会产生连贯的运动效果。通过元素的规律性和不规律性的节奏变化,可以增强画面的动感。

另外,不同形状和颜色的变化可以使画面看起来更有活力。例如,在动态的图形界面中,通过颜色和形状的变化可以增强互动感和动感。通过光线和阴影的变化可以使静态画面看起来有动感。例如,在影视制作中,光影的变化可以模拟时间的流逝或物体的移动。

【本讲重点与创意练习】

●●●●●●●●●

本讲从细节层面入手,探讨了画面元素之间的关系原则,深入阐释了节奏感、一致性以及常见的元素关系原则。在数字三维设计中,摄像机视角所呈现的空间通常是一个四棱锥体,这一空间构成了元素布局和关系处理的基础。在此空间中,元素之间的组织关系不仅涉及如何安排和处理各个元素的位置、大小、纹理、材质、形状和色彩等,还关乎如何通过这些元素的相对关系来形成视觉上的和谐与冲突。尤其是摄像机视野内的元素处于固定的位置和大小,但在细节层面,元素之间的关系是相对的。不同的元素通过相对位置和相对大小的变化,共同构建出画面内部的视觉层次和空间感。为了实现这一点,设计师必须综合考量各个元素的布局和排列,使它们之间既能形成自然的过渡,又能通过适当的对比、节奏、突出等手段,增强画面的吸引力和视觉冲击力。

在画面细节层面,元素之间的相互作用与协调尤为重要。相对位置的安排决定了元素之间的互动方式,可能是对称平衡,也可能是通过不对称来创造张力;元素的大小不仅影响视觉焦点的引导,还能够帮助形成空间的深度感。纹理、材质和色彩的运用则是细化元素关系的关键,它们可以通过明暗对比、冷暖色对比等方式增强视觉层次感和空间感。通过这些元素的组合与调和，可以创造出一个既具有层次感，又富有动态感的视觉效果。

节奏感、一致性和元素关系的处理是数字三维设计中不可忽视的要素，它们不仅决定了画面的和谐性，还影响到观众的视觉体验与情感反应。通过对这些元素细节层面的分析和设计，可以有效提升画面的表现力和视觉吸引力，进而增强整体设计的艺术效果和叙事能力。在前面学习的基础上，继续分析画面元素之间存在着怎样的关系。

📖 **创意联想视觉练习参考**

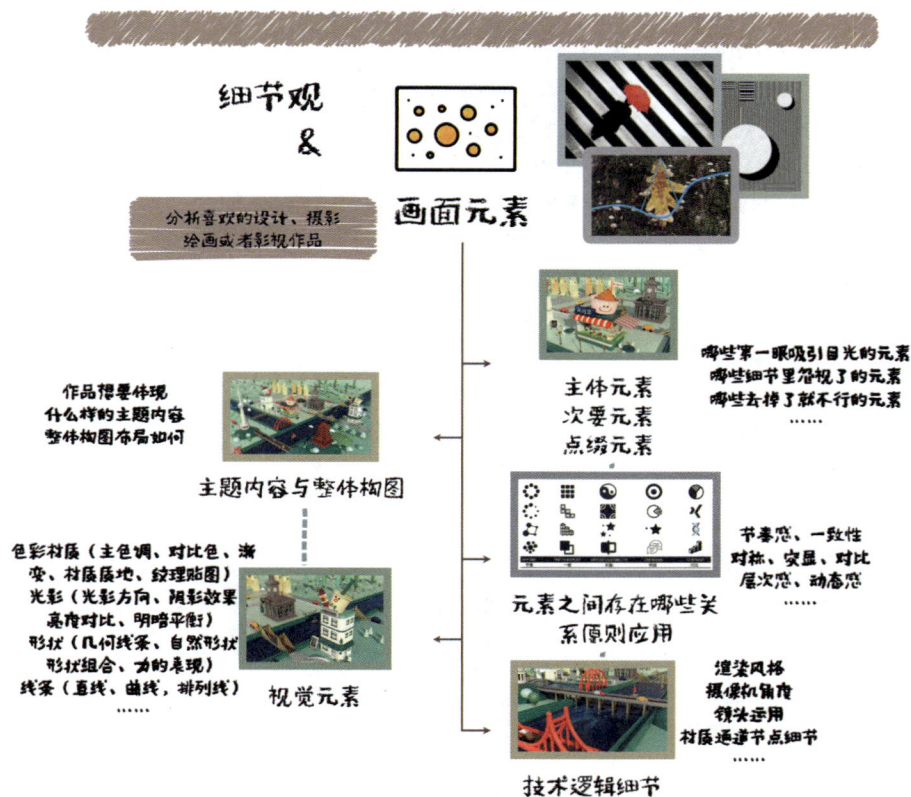

细节观 & 画面元素

分析喜欢的设计、摄影绘画或者影视作品

作品想要体现什么样的主题内容整体构图布局如何
主题内容与整体构图

色彩材质（主色调、对比色、渐变、材质质地、纹理贴图）
光影（光影方向、阴影效果高度对比、明暗平衡）
形状（几何线条、自然形状形状组合、力的表现）
线条（直线、曲线、排列线）
……
视觉元素

主体元素
次要元素
点缀元素

哪些第一眼吸引目光的元素
哪些细节里忽视了的元素
哪些去掉了就不行的元素
……

元素之间存在哪些关系原则应用

节奏感、一致性
对称、突显、对比
层次感、动态感

渲染风格
摄像机角度
镜头运用
材质通道节点细节
……
技术逻辑细节

第十讲 | 演绎实践：数字三维设计从创意到创作

在数字三维设计的学习过程中，从创意生发到最终作品呈现，每一个步骤都需要经过理论的理解和技术的实践。本讲将通过具体的案例实践，全面总结和展示数字三维设计从初步构思到最终创作的完整过程。通过对设计元素的初步演绎和元素的综合创作，理解设计思维路径的系统化逻辑，以期在实践中深化对数字三维设计的理解，同时提高创作的效率与质量。

一、设计元素初步演绎

在设计的初期，明确设计元素的层次和功能是至关重要的。通过将主体元素和辅助元素进行分类和细化，可以有效建立画面的层次感和视觉重点。

📖 主体元素

在设计中，主体元素是画面的核心焦点，可能同时包含一个或多个同级别的主角，或一个主角和其最重要的配角元素。

其中，主角元素通常占据视觉的主要位置。例如，在产品展示的三维设计中，产品本身就是主角，需要通过材质的细腻处理、精准的光影表现和突出的特定构图，使其在画面中更为独特，容易被识别。

主要配角元素是指支持和衬托主角元素，与主角元素有着紧密视觉联系的关键对象。例如，在一个情感场景设计中，主角可能是一个角色，而配角元素可能是与角色进行互动的无机物品、环境元素，或者具有类似指代含义的符号、图形、文字，这些主要配角元素需要在风格、色调和形式等层面与主角保持一致，同时强化对主题的表达。

📖 辅助元素

辅助元素是画面层次构建和视觉丰富性的关键要素，主要包括相较于主体之外的次要元素、点缀元素和填充元素。

次要元素为画面提供支持信息，为丰富内容而设置，它们的视觉重要性低于主体元素，但对于画面的整体构建起着重要作用。次要元素通常分布在画面其他视觉次级区域或画面次要层次空间，以平衡画面的视觉权重，同时与主体元素有一定意义关联，能够提供语境和内容呈现的支持，为画面提供更多的信息和层次，它们通常不占据视觉中心，但是能够增强画面的整体性、层次性和复杂性。

点缀元素可以提升画面设计精致度和趣味性的细节。通过细微的装饰性，这些元素可能尺寸较小或数量较少，但通过细微的装饰，可以有效引导观众的视线，增强画面的动态性和生动性。例如，墙上的小挂饰及其表面的纹理细节虽然不占据视觉中心，但显著提升了画面的整体质感和丰富细节。

填充元素主要用于填补画面空白，维持画面的完整性与平衡感。通过合理安排和分布这些元素，能够有效地利用视觉空间，确保整个画面结构和谐，避免产生视觉上的空洞或不协调的区域。填充元素通常较为简单，甚至可能是一些不引人瞩目的背景纹理、几何形状或基础图案，然而它们却在维持画面整体的构图和节奏方面发挥着不可忽视的作用。这些元素虽然不直接吸引注意力，但它们的存在和布置能够在视觉上提供支持，帮助画面中的主次关系更加清晰，并增强视觉的统一性和连贯性。

在实际的数字三维设计应用中，辅助元素不仅能够丰富画面空间信息，还能有效地平衡画面的视觉权重感。它们往往没有泾渭分明的划分，不论是点缀元素还是填充元素，都能通过补充画面空白区域，使得视线在画面中流动得更加自然，同时避免了过于单一或空旷的感觉。不仅是视觉上的感知，也能够增强设计的节奏感，使得整个画面在视觉层次上更加协调。而且，尽管这些辅助元素往往不占据视觉重要焦点，但它们的巧妙运用可以让设计作品看起来更加精致，提升整体的艺术感和空间感。

📖 字体设计

在设计与创作中，字体设计不仅仅是文字的单纯排列与装饰，还涉及文字的形态、结构、风格和表现方式等多维度的考量，成为准确传达信息、表达情感和塑造品牌精神的重要载体。尤其是在数字三维环境下，字体不仅具有平面设计中的图像形象化与文字字符化等信息载体作用，还肩负着空间和层次感的表现。字体的每一部分，包括字面、字面框、字身、字身框、骨架等，如图10-1-1所示，都在设计中扮演着至关重要的角色，影响着整个作品的视觉冲击力与信息传递效率。

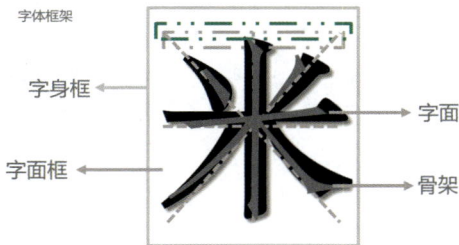

图 10-1-1

字面是字体设计中最直观、最具视觉冲击力的部分，代表文字的外形轮廓，是观众首先注意到的元素。字面不仅决定了字体的基本造型，还直接影响字体的个性与风格。在设计字面时，必须充分考虑其风格与整体画面的协调性。例如，在科技感的设计中，字面通常需要简洁、现代，以便传递清晰、高效的信息；而在传统风格的设计中，字面则可能需要更多的装饰性细节，以体现其文化深度与历史韵味。在数字三维设计中，字面不仅仅是一个平面的视觉符号，它还可以通过立体化、厚重感和体积感的呈现，化作字的外轮廓背板，为字体提供强有力的支撑，并增强字体的存在感和深度。

字面框是字面所在的虚拟框架，它帮助设计师在布局时保持文字的对齐和均衡。字面框的作用不仅是确保文字在排版中的整齐与一致，还增强了文字的可读性和视觉吸引力。在数字三维设计中，字面框的设计更加灵活，它不仅可以是文字周围的外部轮廓框架，还可以呈现为模型外轮廓背板的侧视厚度部分，或是倒角边缘的细节部分，从而赋予字体设计更多的层次感和空间感，提升视觉效果。

字身是字面的主体结构部分，它决定了字体的整体造型与风格。字身的设计要在美观与功能之间找到平衡，既要确保字体具有足够的装饰性和个性，又要保证其在各种应用场景中的可读性。字身的比例、笔画的粗细、字形笔画走势的曲线与直线之间的关系，都需要精细调整，以提升字体的视觉表现力。在数字三维设计中，字身的调整不仅体现在平面上，还涉及立体化、阴影效果等方面，使字体呈现更多的空间感和深度感。

字身框进一步细化了字身的结构，它为字体在不同尺寸和变形下保持一致性提供了保障。尤其对于需要在不同平台和媒介上使用的字体，字身框的设计至关重要，它帮助字体在放大、缩小或旋转时依然能够保持清晰的视觉效果，避免字体因变形而失去原有的风格和辨识度。在数字三维设计中，字身框也可以作为字身的侧面层次，增强设计的复杂度和精致感。

骨架是字体设计的基础结构线，它定义了字体的基本比例、笔画的方向和整体结构。骨架的设计决定了字体的造型逻辑，它影响字形的稳定性、对称性以及整体的和谐性。在数字三维设计中，骨架不仅决定了字体的造型，还能通过其线条的曲直、笔画的粗细变化，传递不同风格的情感表达。骨架设计是字体呈现中的核心元素，是字体最具辨识度和艺术性的部分。

> **趣味美食标语**

本节案例"加油热干面"就是通过结合武汉的城市文化精神，将字体设计与图像化元素巧妙融合，体现了字体设计在视觉表现上的无穷潜力。首先，多层次的字面、字身、骨架及字面框、字身框形成了一个主体元素组，以文字符号形式占据画面中心位置（三分法网格中心），通过字符意义构建武汉特有的文化韵味；热干面的形象则成为配角元素，被设计在金字塔构图的顶点，通过与字体的互动进一步增强了标语的情感表达。

其次，在每一个网格的黄金分割点上分布着与主题意义相关的辅助元素，如意味着庆祝的干杯、象征着平安的苹果、代表希望的小树、照亮前路的路灯、同舟共济的小船等。与字体形成呼应，共同构建出一个既具有趣味性，又充满情感力量的画面。通过这些元素的精心搭配，字体设计不仅仅是传递信息的工具，它更是创意表达与文化传递的载体。

另外，分布在画面对角线的两颗五角星成为纵向拉伸画面景深的重要点缀元素，零星的银色金属材质水滴和白云点缀了整个画面，弧形的曲线条拖住了画面中间厚重的字组。最后，整个画面填充了象征着温馨、可爱、充满希望的粉色背景。这种创作方式打破了传统字体设计的界限，将字体与图像相结合，让文字不再是孤立的符号，而是成为视觉与思想的共鸣（图10-1-2）。

① 确定创作主题，以武汉精神为主题，凝练特色美食为载体来呈现这一主题。在这个过程中，文字组（字符和形象）成为画面的核心元素，放置在中心位置，并通过意义相关的点缀元素来丰富画面的层次感。这些点缀元素与主题密切相关，并分布在画面的不同位置。首先在 Ai **Ai** 中设计出基本的标语样式，使用偏移路径工具为文字添加三层路径，分别调整偏移值，形成多层次的视觉效果。将文件存为 Adobe illustrator 8 格式，在 C4D ● 中导入文件，导入时取消勾选连接样条（图10-1-3），导入完成后将文字解组（Shift+G）并重新梳理为三组样条线（图10-1-4），分别作为字的字面、字身和骨架。

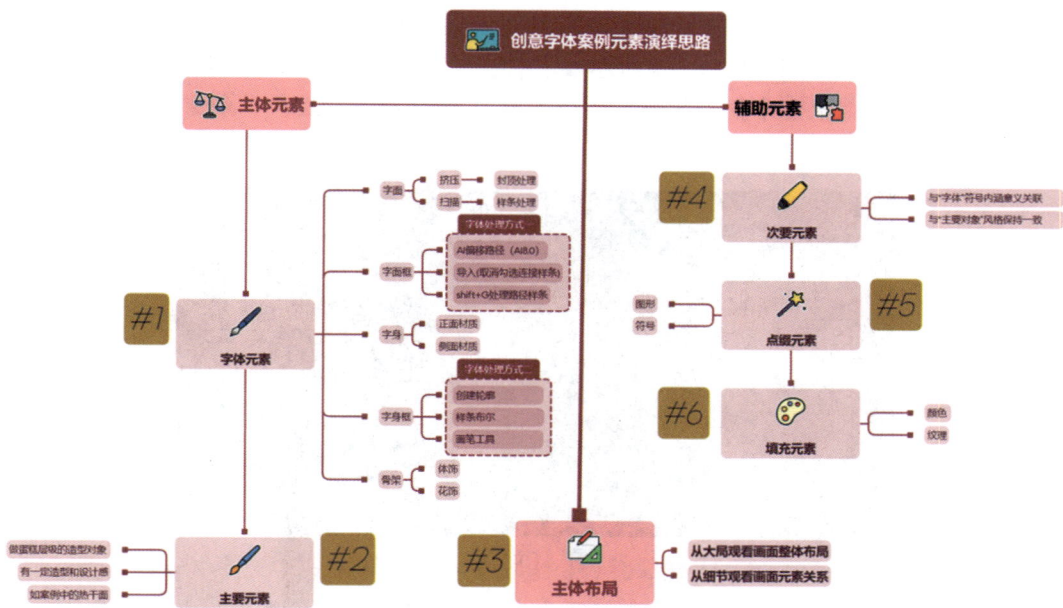

图　10-1-2

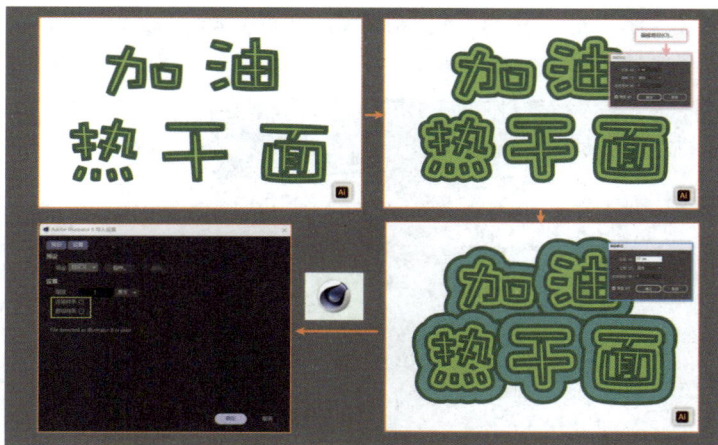

图　10-1-3

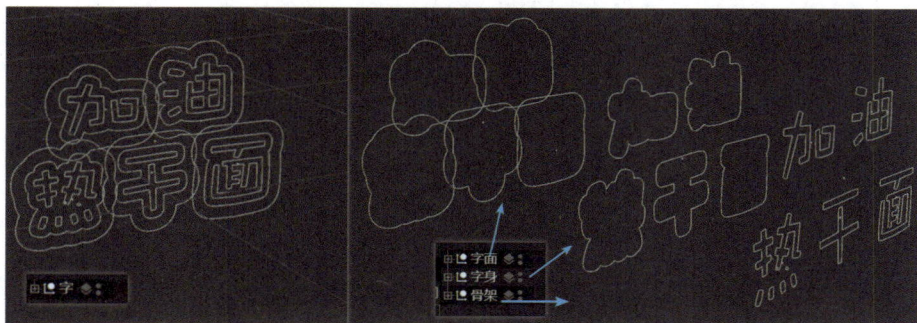

图　10-1-4

② 制作主要元素字体模型。为字身框路径添加挤压 ⬛，调整偏移值并勾选封盖，

调整倒角大小，复制一层，分别调整为较小倒角层和较大倒角层，增强字体的立体感和层次感。同理。挤压制作字面框和字身框，并调整偏移值，制作相应的倒角效果。最后制作骨架，对骨架路径进行挤压。字体组共计 5 层，完成所有细节调整后，编组字体模型，完成字体标语的制作（图 10-1-5）。

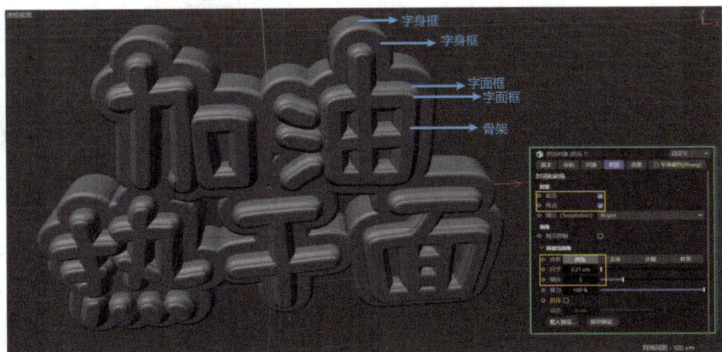

图　10-1-5

③ 为字体搭配主要配角元素。除了文字，配角元素也是本案例的重要组成部分。为了呼应主题，选用做蛋糕建模中制作的热干面作为标志性配角元素，代表武汉特色美食。导入之前制作的热干面文件，进行尺寸调整，并放置在文字的上方，形成一个三角形的构图结构，这一设计不仅使画面更具立体感，还强化了主题的表达（图 10-1-6）。

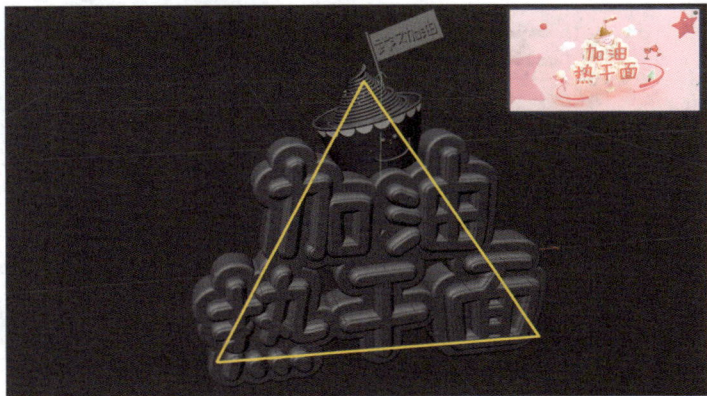

图　10-1-6

④ 基于大局观，对画面元素进行演绎构图。新建一个摄像机并启用合成辅助，勾选对应构图辅助线进行辅助构图。本案例综合应用了三种构图方式，第一种是主体元素的三角形构图，主体元素（如文字和热干面）排列成三角形，形成稳定的视觉中心。第二种是九宫格构图，在九宫格交点位置放置一些次要元素。以引导观众视线。第三种是对角线构图，通过两颗五角星对角线的放置设计，拉出画面的景深，近景虚化，增加立体效果和空间感（图 10-1-7）。

⑤ 从元素组织关系的细节入手，搭建其他辅助次要元素。为丰富画面，添加了多个与主题相关的次要元素。例如，字体下方的小船象征着"同舟共济"；路灯寓意着指引和希望；苹果代表平安吉祥；小树象征生命力和生机；两个酒杯形成立体的"干杯"姿势，寓意胜利与庆祝。通过这些元素，画面整体呈现温馨、喜悦的情感倾向（图 10-1-8）。

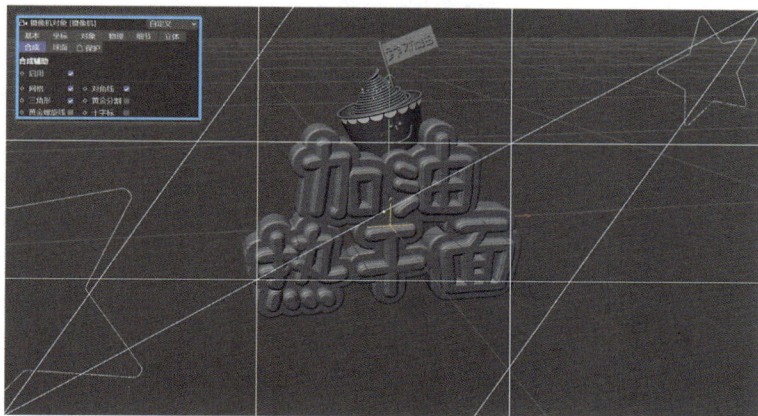

图　　10-1-7

图　　10-1-8

⑥ 为画面添加点缀元素。为了让画面更加生动，添加了一些点缀元素。首先使用球体和融球功能制作云朵。其次，绘制样条并添加圆环进行扫描，做出雨滴，修改起点半径与终点半径以调整雨滴形状，为雨滴添加克隆，将模式改为网格，并添加随机效果器。另外，制作字体下方的圆弧，新建圆弧与胶囊，为胶囊添加样条约束，将圆弧拖到样条约束的样条属性一栏，调整样条属性。最后，复制五角星分布在画面对角。添加摄像机，调整视角，确保画面具有理想的透视感和深度（图 10-1-9）。

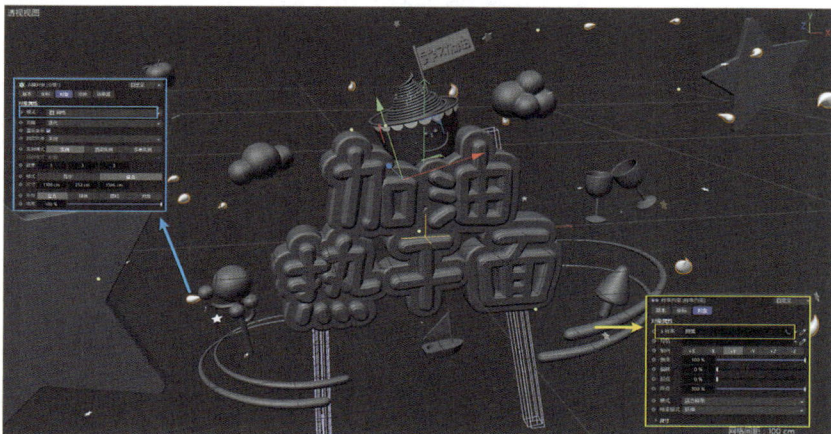

图　　10-1-9

⑦ 配色与材质设计。在配色方面，选用了粉色作为画面的主体色系，占据了超过80%的比例，营造温馨、柔和的氛围。根据色环的理论，使用了互补色（如浅绿）、平衡色（白色）以及相邻深浅色（如红色、米色、棕色）进行搭配，进一步增强画面的和谐与美感。对于材质设计，采用了多种材质球，包括深粉色塑料、磨砂金属、石膏、玉石板等材质，通过这些材质的组合，赋予每个元素独特的质感。在实际操作中可以使用材质球快捷复用，这里可以直接使用材质部分讲到的常见材质球，将材质球 ⬤ 复制到工程文件里进行对应属性的色彩修改即可。这里我们选用这些颜色类似的材质进行对应的材质设计（米色塑料、金属色、红色玻璃、白色玉石板）。字体骨架为深粉色塑料材质 ⬤，复制塑料材质 ⬤ 并修改颜色，将材质球应用到骨架上，第二层字面框选择磨砂金属材质 ⬤，第三层字面框选择石膏材质 ⬤，第四层字身框选择玉石板材质 ⬤，第五层侧边框选用光滑金属材质 ⬤。热干面使用塑料 ⬤ 和石膏材质 ⬤，玻璃杯使用玻璃材质 ⬤，雨滴使用不锈钢材质 ⬤，其余元素均使用塑料 ⬤ 和石膏材质 ⬤（图 10-1-10）。

图　10-1-10

⑧ 添加填充元素，进行渲染与最终调整。为使画面更加真实和细腻，最后为背景添加了合适的颜色，并通过灯光 ⬤ 设置来增强立体感。在渲染 ⬤ 时，调整了视角和灯光，使得画面具有更丰富的光影效果（图 10-1-11）。

图　10-1-11

📖 多种字体处理方式

除了案例中使用到的路径偏移法，还可以在 C4D 中通过轮廓扩展法完成字体的制作。①创建一个文字样条 ⬤ 编辑文本内容，复制一层文本并转为可编辑对象 ⬤，在点模式下 ⬤ 使用创建轮廓工具 ⬤ 向外拖以创建一个轮廓。②在正视图中使用样条画笔工

具 ![icon] 沿外轮廓内边缘进行绘制，注意要在新的样条层上绘制，而不是在之前的样条层绘制。③为绘制好的新样条层 ![icon] 与之前的样条层 ![icon] 添加样条布尔 ![icon] 工具，调整样条布尔 ![icon] 属性模式以得到想要的效果，在出现的折角处直接删除多余的点，添加挤压 ![icon] 并调整倒角大小，完成字体制作（图10-1-12）。

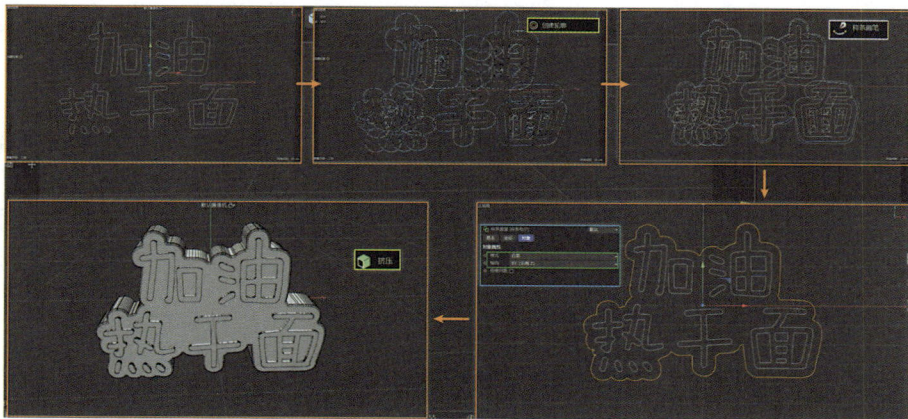

图 10-1-12

二、设计元素综合创作

📖 初步布局

初步布局阶段是整个设计过程中至关重要的一步，它涉及将前期设计的各个元素进行空间上的安排和调整，进而建立画面的初步结构。在这个阶段，设计师需要反复推敲并试验不同的构图方式，目的是找到一种最能传达设计意图、符合设计主题的布局形式。通过合理的布局，设计师不仅能有效引导观众的视线，还能突出画面中的主题和焦点。如图10-2-1所示，通过精准的布局安排将观众的注意力集中在画面的主要元素上，同时确保其他元素作为辅助视觉信息，不至于分散观众的注意力。

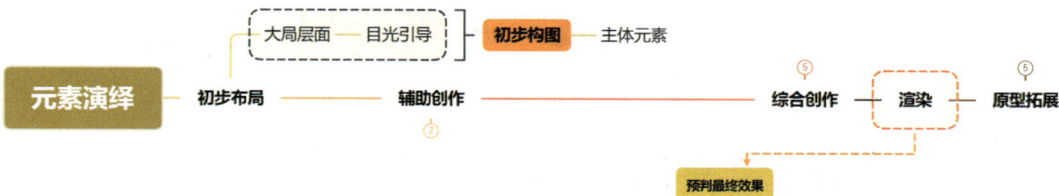

图 10-2-1

📖 辅助创作

在初步布局完成后，进入辅助创作阶段。这个阶段的重点是创作与主体元素相协调的辅助元素，这些元素不仅要在视觉风格上与主体元素保持一致，还需在画面布局中找

到合理的位置，以增强整体画面的层次感和复杂性。辅助元素的加入可以丰富画面的视觉效果，为设计增添更多的细节和情感。通过精心安排这些元素，设计师能够在确保视觉和谐的同时，形成一个统一的视觉语言体系，使画面在视觉上更加立体和有深度，如图10-2-2所示，通过合理安排辅助元素可以提升画面的整体效果，增强其视觉吸引力。

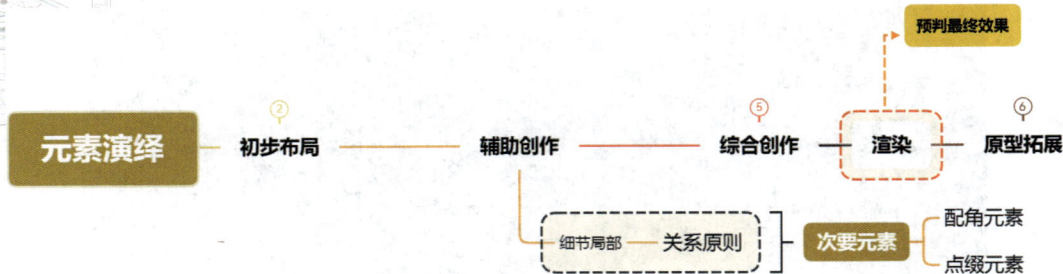

图 10-2-2

📖 综合创作

综合创作是设计流程的最后一步，也是最关键的一步。在这一阶段，设计师将所有设计元素整合在一起，调整它们之间的关系，优化色彩、光影效果，并通过细节的精雕细琢来加强画面的视觉焦点。通过综合创作，设计师可以确保画面达到最佳的平衡，使得每个元素都能在整体构图中发挥应有的作用，从而有效传达设计的主题和情感。如图10-2-3所示，通过综合创作优化画面，使得所有元素在构图上和谐统一，确保整个画面呈现完美的视觉效果。

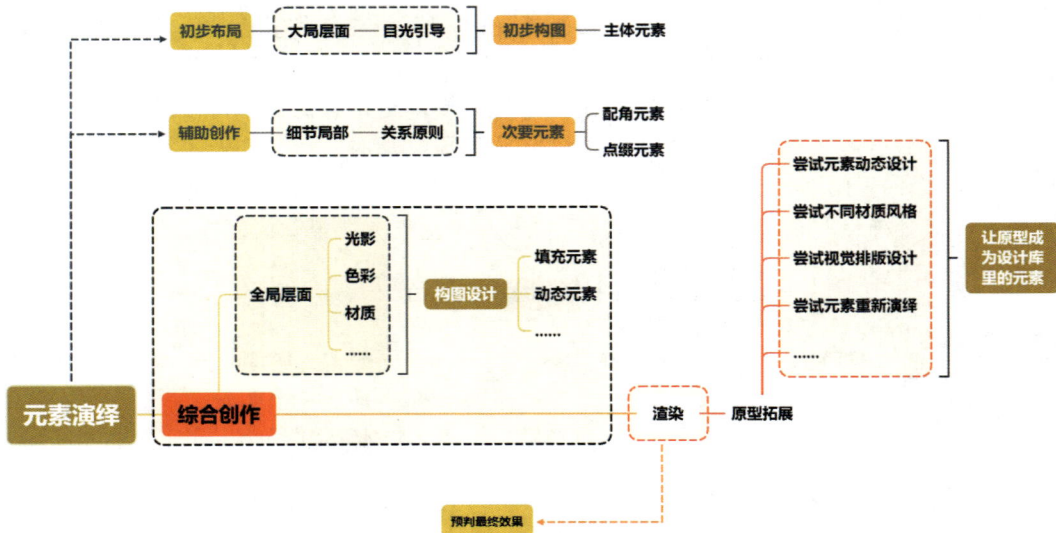

图 10-2-3

> ➤ 特色创意建筑

在设计与创作过程中，空间场景设计不仅仅是关于美学的呈现，更是一种将艺术与技术深度结合的创作实践。特别是在三维设计中，通过不同元素的巧妙组合与精心布局，能够构建出具有情感共鸣的虚拟世界。本案例通过具体的城市文旅元素，如热干面、长江与黄鹤楼等，引导观者进入一个融合文化符号和现代创作技巧的艺术探索过程。从构图到光影，从材质到细节的处理，每一个环节都蕴含着对视觉表达和文化情感的深刻考量，不仅呈现了在三维环境中实现创意生发，更实践了数字设计与创作中的一些技术性解决方案，厘清如何借助工具和技巧丰富视觉表现。

初步布局

① 在前面章节通过搭积木、缝娃娃、做蛋糕和捏橡皮等建模思路制做了许多小元素。这些元素结合布光、颜色、材质等设计知识，通过构图布局和元素演绎，形成了一套完整的作品。设计的生发来自主题和关键词的多维诠释和联想。在面对"武汉"文旅这个主题时，联想到了英雄城市、热干面、长江、黄鹤楼等关键符号，并将这些符号通过多维度的设计与联想进行结合，参照现实，搭建一个符合武汉特点的场景构图布局。设计中参考了武汉的地理布局，特别是长江与汉水交汇的 Y 形结构。在模型中，我们通过将这一形状转化为设计的基础构图，最终形成了 Y 形布局的设计图（图 10-2-4）。

图　10-2-4

② 新建项目。若针对动态项目的需求，可以在工程属性栏 ⚙ 中修改帧率，并对项目整体工程进行适当缩放。同时，可以在待办事项中写下思路步骤，厘清工程要点或者形成小组合作共识。另外，为了保证作品中物体的布局和场景的稳定性，可以在视图设置中调高安全框的透明度，这样可以避免物体超出视角范围。除此之外，可以为场景设置多个摄像机视角 📷，利用焦距和光圈的调整进一步优化画面的效果。在摄像机合成属性栏中，开启网格辅助线可以辅助精确调整场景布置（图 10-2-5）。

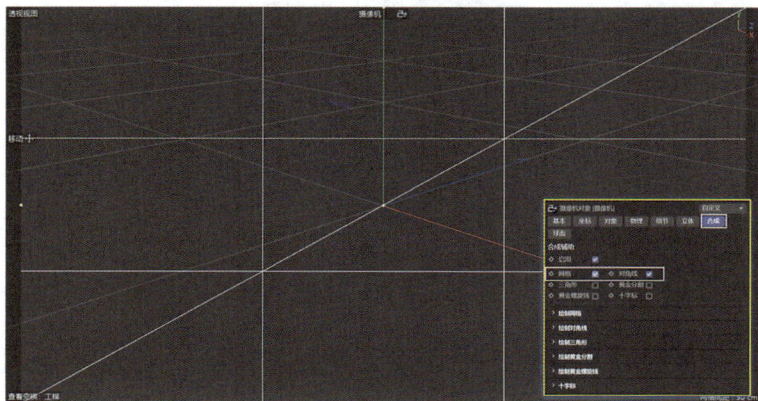

图　10-2-5

③ 参考画面辅助。在场景的构建中，可以通过建立基本的几何体模仿长江和汉水的形态，形成两条江交汇的主构图（图 10-2-6）。为了区分两条江水的颜色，分别将立方体属性 ⬛ 调整为水的颜色，复制立方体 ⬛ 做出两江隔开的三块地面区域。对画面进行固定，右击摄像机 📷，选择装配中的保护标签 🚫，确保不会因误操作而移动。

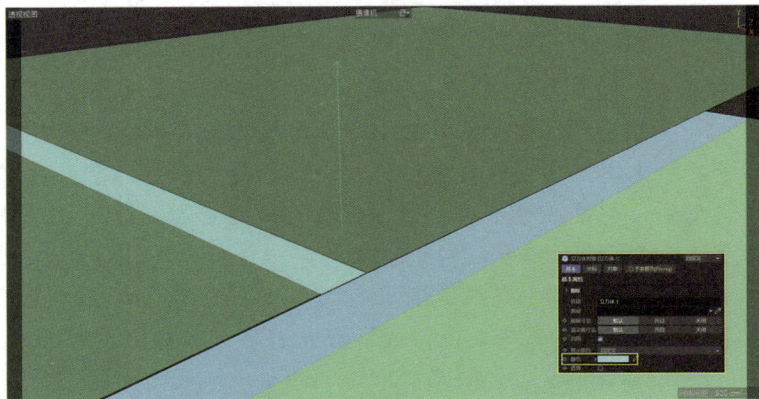

图 10-2-6

④ 主体元素的布置。在将主体元素放置到画面中时，我们首先考虑主次关系，逐步将建筑、美食、文化符号等对象引入画面。每一件物品的布置不仅要考虑其本身的视觉冲击力，还要考虑与其他物品的关系，确保整个场景的层次感和和谐性。考虑到每个元素的复杂度，将前面做好的主体建筑物复制到工程文件中，对一些计算量较大的物体进行优化处理，右击选择当前状态转对象 🔄，减少系统负担。通过 PSR 转移工具 ↪ 调整位置，在放置时需要注意各物体之间的距离，结合画面结构与遮挡关系进行布局摆放，同时调整相机视角，以达到最优的视觉效果。主体物放置结束后，可以将做蛋糕、缝娃娃以及搭积木制作的模型元素（积累个人的数字资源库）加入画面，丰富画面的细节（图 10-2-7）。

图 10-2-7

📖 辅助创作

创作中不仅需要主体元素，也需要一些辅助元素来点缀画面。在完成基础构图后，接下来是对画面的细节进行丰富，以确保场景的完整性和活跃感。例如，在设计英雄城市的小场景缩影时，可以参考真实世界的结构，除了主题元素之外，还可以放置一些道路、桥梁、车辆、江河上的船只、云朵、点缀的绿植等对象让画面变得鲜活起来（图 10-2-8）。

① 桥梁系列设计之一。以晴川桥为例，在制作前参考了真实世界的结构，利用管道、方体等几何体元素来建立桥梁的基本形态，再通过晶格工具和变形器来调整细节，使桥梁的结构和质感更加真实。新建管道🛢️，调整为横向，勾选切片，快捷键 N～D 显示样条线，添加晶格🔷为管道🛢️的父级，在属性栏调整管道🛢️参数与晶格🔷参数。同理，新建立方体📦并添加晶格🔷以做出桥面（图 10-2-8）。

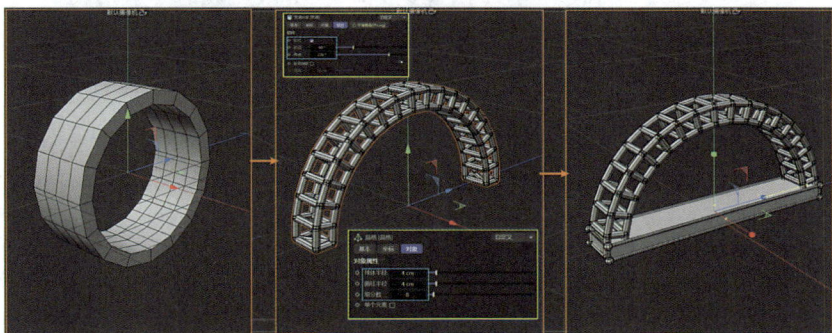

图　10-2-8

② 桥梁系列设计之二，通过运动图形、变形器与域实现辅助元素的制作。新建圆环⭕，调整方向与尺寸，勾选切片。新建立方体📦并内部挤压📦做出桥面，添加倒角📦使边缘更柔和。新建圆柱体🛢️制作栏杆，调整尺寸后添加克隆⚙️并修改克隆属性，为克隆添加简易效果器📱，让克隆对象整体在拥有一致性的基础上产生一定变化。取消勾选简易效果器参数中的"位置"变换，勾选"缩放"，调整 Y 轴使桥架的高度触及桥梁顶端。为了使桥架高度呈曲线渐变变化，在简易效果器的"域"中双击添加"球体域"以控制高度变化的衰减，通过缩放球体半径调整桥架的高低位置（图 10-2-9）。

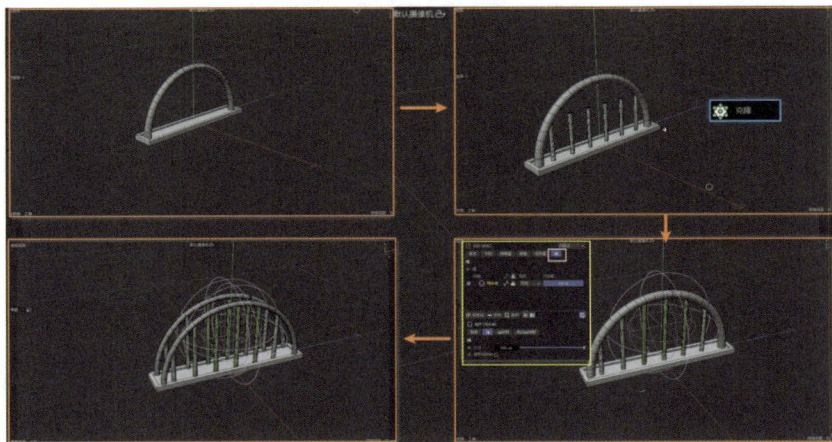

图　10-2-9

③ 桥梁系列制作之三，通过变形器、多边形建模制。新建立方体📦并添加 FFD 变形器◻️，控制江汉桥的路面拱起。制作二七大桥的桥架部分时，可以在线模式🔘下通过循环切割🔶并向下移动挤压形成桥墩支架结构。另外，注意为立方体添加倒角变

形器（图 10-2-10）。

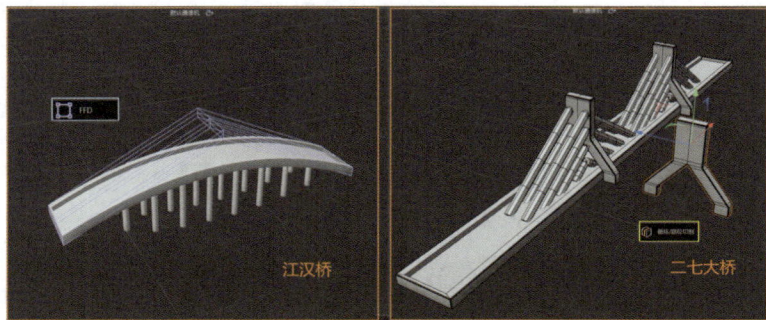

图　10-2-10

④ 云朵系列之一，通过融球与减面制作模型。创建三个球体，为了使球体连接处更光滑，可以为球体添加融球，调整融球对象属性中的外壳数值和编辑器细分使球体融合得更自然。如果需要制作低面体云朵，可以添加减面并调整减面强度来降低三角形数量，使其更适合低多边形渲染（图 10-2-11）。

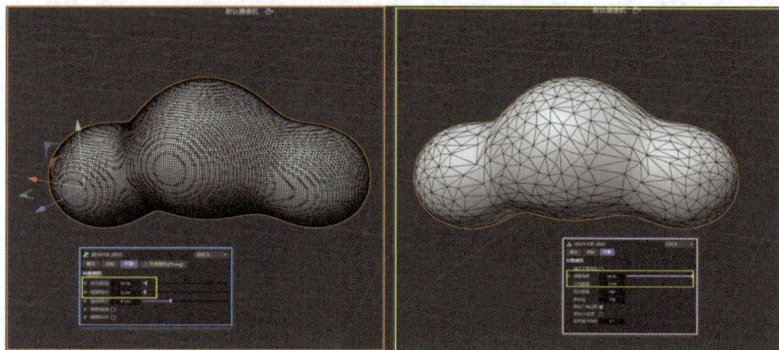

图　10-2-11

⑤ 云朵系列之二，通过体积建模制作。新建三个球体和一个立方体，将多个对象放入体积生成中，通过体积生成对象属性中的"加"和"减"来实现多形态或者半边云朵的效果。添加体积网格将体素转换为可渲染的实体，通过调整体积生成中的体素尺寸来控制物体的分段数（图 10-2-12）。

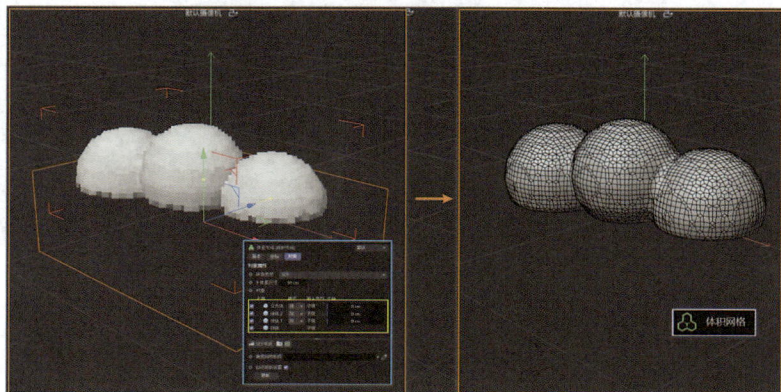

图　10-2-12

① 数字资源组织。可以将所需的预设文件放置在 library 文件夹下的 browser 中；插件放入 plugins 文件夹；脚本放入 library 下的 scripts 文件夹，通过这样组织数字资源结构，可以快速访问并使用预设和脚本，提高效率并丰富场景细节。

② 资产浏览器 🔳。在摆放好主要场景元素后，可以通过 C4D 的"窗口"菜单打开资产浏览器。这样可以快速将所需的元素拖放到场景中，进一步增强场景的丰富性和细节。

③ 晶格 ✤ 工具主要用于在不改变对象原始几何形状的前提下，对其进行复杂的变形和控制。

④ 简易效果器主要影响物体的位移、缩放和旋转，它们适合为场景添加节奏感或动态效果，如物体的移动、震动或动态变化，使用这些效果器可以让原本静态的物体更加生动。

⑤ 融球 🟢 工具可以将多个对象，通常是球体或其他几何形状，融合成一个连续的形态。这个工具非常适合制作有机结构或复杂的复合形态。

⑥ 体积生成 ✤ 用于将对象转换为体积格式，这样可以操作对象的内部结构，并进行像雕刻、修改形状等有机操作。适合制作复杂的、具有细节的模型，比如地形或流体表面。

⑦ 效果器（Effectors）是用于影响对象或对象组的动画工具，它可以控制对象的不同属性，如位置、旋转、缩放、颜色、透明度等。效果器通常与克隆器（Cloner）对象配合使用，用来控制多个克隆体的变换，并实现复杂的动画效果。多个效果器可以叠加使用，每个效果器控制物体的不同属性。通过调整每个效果器的强度和混合模式，可以创造复杂的动态效果。效果器的强度和影响幅度可以通过参数进行调整，大多数也可以通过动画曲线来控制其影响力的变化，从而使动画更自然。

⑧ 域（Fields）是 C4D R21 版本中引入的一项新功能，是一个更为强大且灵活的工具，用于控制对象在空间中的位置、变形、动画等。与效果器不同，域不仅仅是影响物体的属性，更强调通过"场域"来影响整个场景中多个对象的状态，甚至是控制物体之间的关系。域的技术逻辑是通过在空间中创建一个"场域"，然后使物体在这个场域内受到不同类型的影响。域可以控制位置、透明度、缩放、旋转，甚至是物体的颜色等属性。它们能够在空间中"传播"影响，创建更复杂的动态效果。效果器的核心作用是通过对物体属性的控制来创造不同的动态效果。域能够为场景中的每个物体提供不同的影响力，以精确地控制每个物体的动画效果。例如，可以根据距离某个点的远近来逐步变化物体的属性。域可以影响多个方向（如 X、Y、Z 轴方向），并且能够根据具体的设定影响物体的多种属性，不仅限于位置、旋转等。相比效果器，域可以在空间中通过"力量场"与多个对象进行交互，实现更复杂的动态效果。域较之效果器的区别在于效果器是针对特定对象或克隆体进行操作，而域则是针对场景中的区域或空间进行影响。在 C4D 中，效果器和域常常结合使用来创造更为复杂和灵活的动画。在粒子系统、布料模拟等中，域和效果器的结合可以帮助模拟出更自然、真实的运动过程。

📖 综合创作

项目综合创作的过程，包括场景的构建、材质的应用、细节的调整以及最终渲染

的设置，它涵盖多方面的技术要点和技巧。

① 画面留白和元素填充。对于画面留白或较空位置的处理方式有两种。第一种是通过色彩、材质及光影作为辅助元素参与画面构图来增强细节。第二种是通过添加更多填充元素使画面疏密得当、平衡和谐。具体操作通过为山脉通过创建贝塞尔 来调整点位模拟起伏。江水表面的起伏变化通过添加置换变形器 并调整"噪波"来实现。主体元素与配角元素在场景中放置处理好后，添加摄像机 、灯光 、简单的白模材质 后，可以渲染 观看整体白模效果并修改完善（图 10-2-13）。

图　10-2-13

② 整体背景色的设定。在上色之前可以先整体进行材质覆写，为画面整体设计背景或环境氛围色。进入材质覆写栏，打开材质球的颜色通道，使用吸管工具吸取参考图中的颜色。应用材质球到材质覆写的自定义材质处并修改模式为"包含"，让整个画面在渲染时呈现预想的效果（图 10-2-14）。

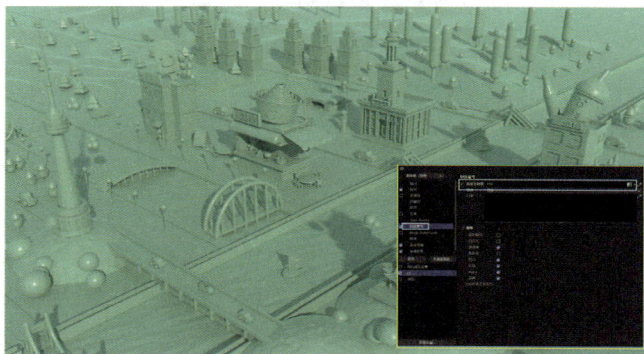

图　10-2-14

③ 材质的设置与调整。以早餐摊为例，可以通过复制前面章节的基础材质简化操作。使用类似橡胶的塑料材质，并通过增加粗糙度来模拟磨砂质感，修改颜色后保存并应用到白模上。在固定镜头后，可以开启双屏模式，灵活查看镜头的两边情况，也可以选择其他机位的摄像机视角进行查看。同理，完成其他材质设置。复制材质球后，更改颜色并应用（图 10-2-15）。

④ 在设置颜色时，应避免使用纯白或纯黑，适当调整颜色的亮度，避免画面出现死黑或曝光过度的情况。在应用材质时，可以双击材质球进入指定栏，在右侧的对象栏中选择需要上材质的对象，按住 Shift 键并单击进行多选，然后将材质拖入指定栏完成上色，从而提高工作效率。

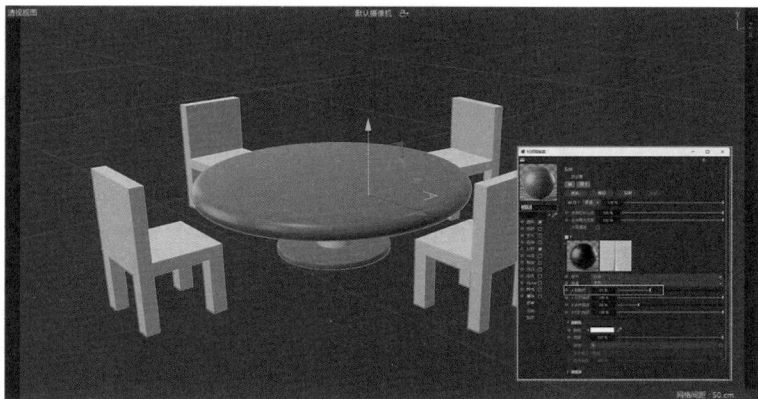

图　10-2-15

⑤ 广告牌材质设定。在选择需要应用材质的对象时，可以按住鼠标中键全选对象集合，右击材质球并选择应用 ，使所有选中的对象都应用相同的材质。

针对广告牌中间部分的材质贴图处理，可以通过选中广告面新建一个材质球 ，单击颜色通道的纹理部分导入贴图，并应用材质使贴图覆盖在对应面上。应用贴图后，可以对贴图的显示比例进行微调，在属性面板中将投射方式改为"立方体"，并调整偏移值，或者在对象面板中选中材质，右击选择"适合区域"以自动调整贴图位置（图 10-2-16）。

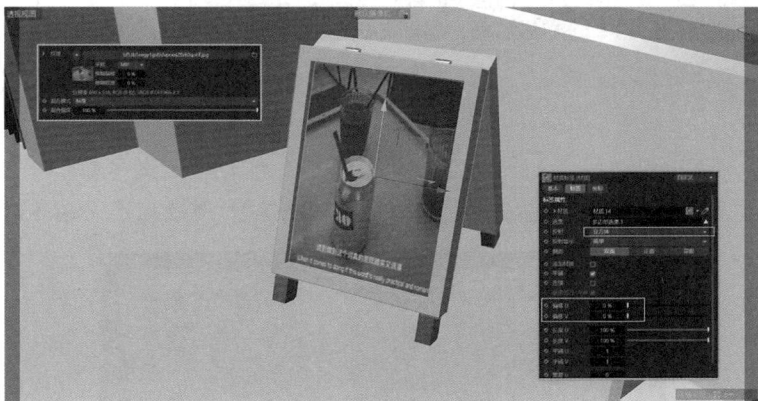

图　10-2-16

⑥ "来过早"招牌板和街边小店的外延桌面采用可透光并带有折射效果的玻璃材质，招牌板由透明玻璃与金属材质组成。复制玻璃材质后调整颜色，设置模糊值为 10，粗糙度为 10，并将吸收颜色改为蓝色，吸收距离缩短至 20，以获得类似毛玻璃的质感。对于"来过早"招牌的文字部分，选择金属材质，并将反射通道的粗糙度调整为 20，以使其质感更加光滑。店铺建筑物墙体使用白色石膏材质，屋顶使用墨绿色塑料材质，店铺顶部一圈黄色围边装饰可视为夜晚发光的灯带材质，但由于场景设置为白天，这里仅对颜色和粗糙度做了微调。对于店铺外延的上层绿色玻璃板，将吸收颜色修改为苹果绿，垫板则复制塑料材质并调整粗糙度，店铺下层的材质处理同理（图 10-2-17）。

⑦ 制作店铺内部的墙纸效果。新建材质 表现纸张的质感，取消勾选反射，在颜色通道纹理部分导入海报贴图，将颜色设置为类似牛皮纸的颜色，混合模式选择"正片叠底"，使颜色略显泛黄。如果让质感更贴近日常物品，可以勾选并调整凹凸通道，模拟油墨印

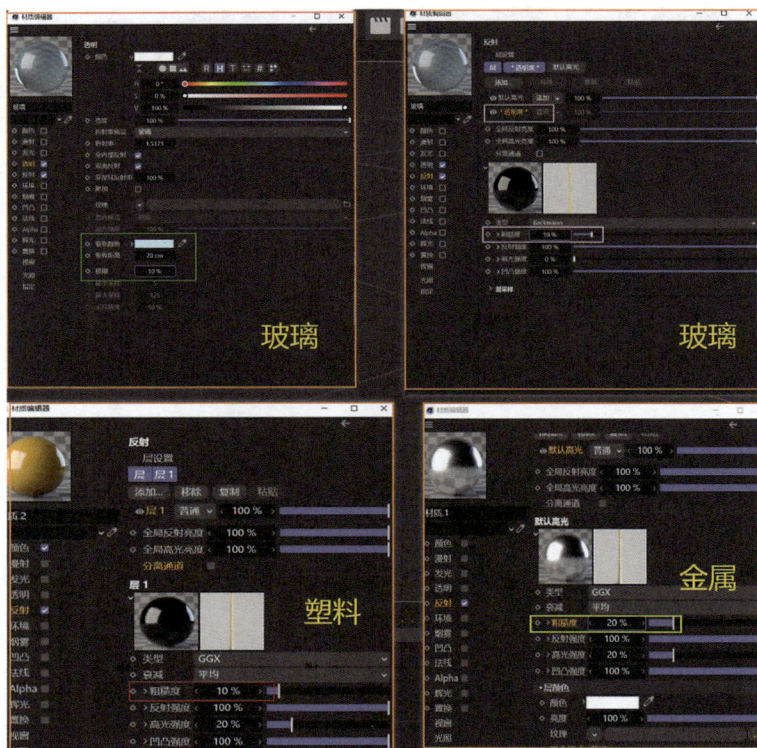

图　10-2-17

刷后纸张细微凹凸的效果,在整体卡通风格化下贴近写实风格,但又避免过多的写实细节。进入面模式后,选中店铺正对的面并应用贴图材质,在右侧的属性面板中修改投射方式为"立方体"。最后,稍微调整贴图的偏移值,完成墙纸材质的应用（图 10-2-18）。

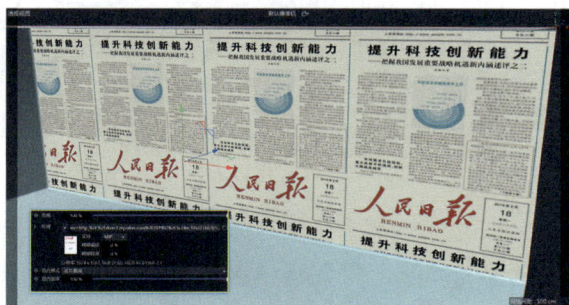

图　10-2-18

⑧ 遮阳棚材质制作。在颜色通道的纹理设置中,将模式修改为"渐变",并在着色器属性中将插值方式调整为"步幅"。设置色标的位置为 50%,并分别修改左侧色标为橘红色,中间色标为白色。右击渐变栏,新增多次双色标的渐变效果。应用材质后,如果发现花色的朝向与参考图不一致,则可以在颜色通道着色器属性的类型中调整朝向,将投射方式改为"二维 -V"（图 10-2-19）。此外,也可以在右侧的属性面板中调整投射方式,完成后进行偏移值的微调。另一侧的遮阳棚材质同理。选中模型对象,打开 UV 贴图纹理模式█,在右侧的属性面板中,将投射方式改为平直,按 R 键旋转到

适合的位置，调整偏移值使其图案位置合适。如果对象已被转为可编辑对象 ，可以选中所有对象，使用连接对象并删除 ，将其变为一个对象后再应用材质。

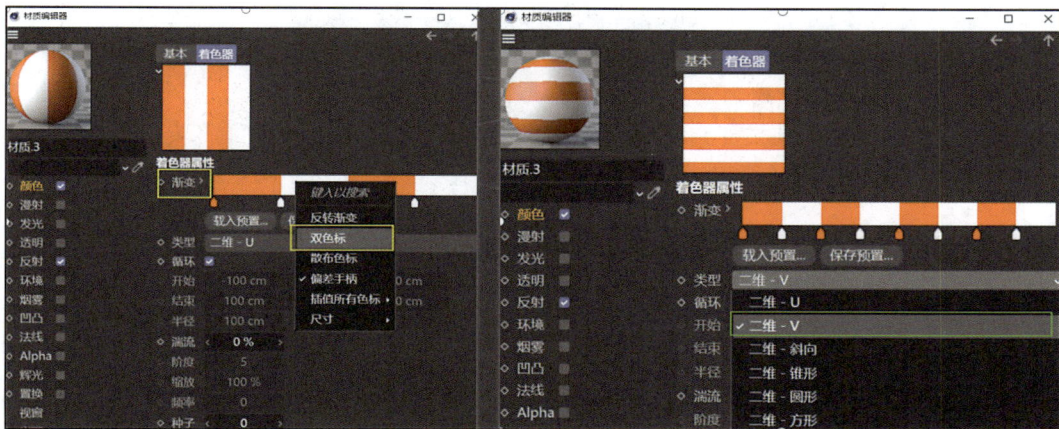

图 10-2-19

⑨ 侧边招牌的磨砂金属材质。顶部的热干面装饰整体采用轻塑料材质，在制作碗的材质时，选择一个较浅的粉色，取消勾选反射通道，以更突出纸碗的质感。花边的材质为浅白色的花边。旗帜同样应用浅粉材质球，小旗杆是西瓜红颜色，旗帜上文字标语"热干面加油"为橙色，最后选中葱花和萝卜干，应用绿色和橙色（图 10-2-20）。

⑩ 其他食物材质制作。从最左侧的元素开始依次上材质。为鸡蛋仔和小熊玩偶使用轻塑料材质球，并选择合适的颜色进行应用。西瓜的果肉部分微带反射效果，设置为亮红色。玻璃杯里面装着红色的草莓汁，给杯身上一个纯透明的玻璃材质，里面的填充物是粉红色，如图 10-2-21 所示。

图 10-2-20

图 10-2-21

⑪ 豆皮的材质制作。豆皮本身呈黄色，在设置颜色时，添加一个纹理贴图。这是

一个 PBR 贴图，需要在凹凸通道中加入凹凸纹理，在法线通道中加入法线纹理，以展现豆皮表面褶皱的细腻感。此时，纹理较为硬朗，但为了突出食物的柔软感，可以在发光通道中启用次表面散射效果，微调路径长度为 2cm。糯米的质感类似 3S 半透明的玻璃材质，使用次表面散射效果（类似玉石材质）。豌豆由于表皮有皱起的质感，可以继承豆皮材质的凹凸法线，修改颜色后将混合模式调整为正片叠底，删除颜色通道中的纹理贴图，并取消勾选发光通道。葱花和碗直接继承之前热干面中的葱花和纸碗材质，而筷子则使用木纹材质，取消勾选木纹材质中的置换通道（图 10-2-22）。

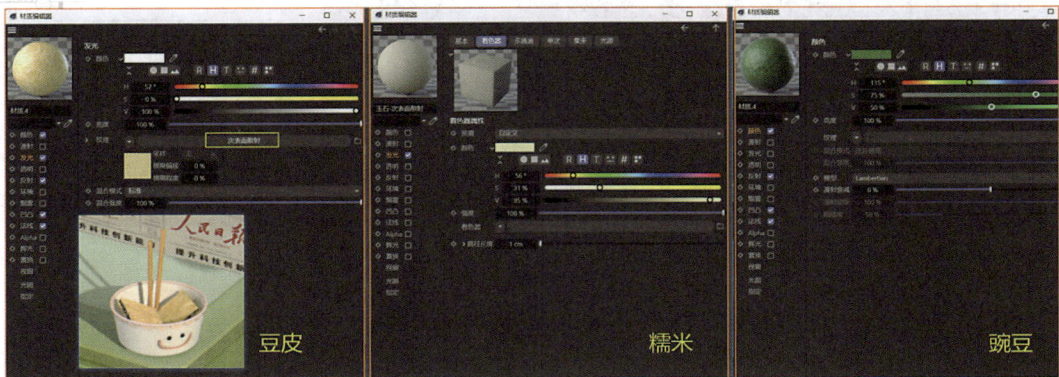

图　10-2-22

⑫ 店铺右侧面的小面包装饰。外圈使用焦棕色，而内部区域则选用类似小麦的亮棕色，以达到层次分明的效果。表情区域沿用之前的表情，眼泪部分应用水的材质，勾选透明通道，并在折射率预设中选择"水"材质，使其看起来更逼真。店铺前方的路灯是玻璃材质，灯杆是金属材质（图 10-2-23）。

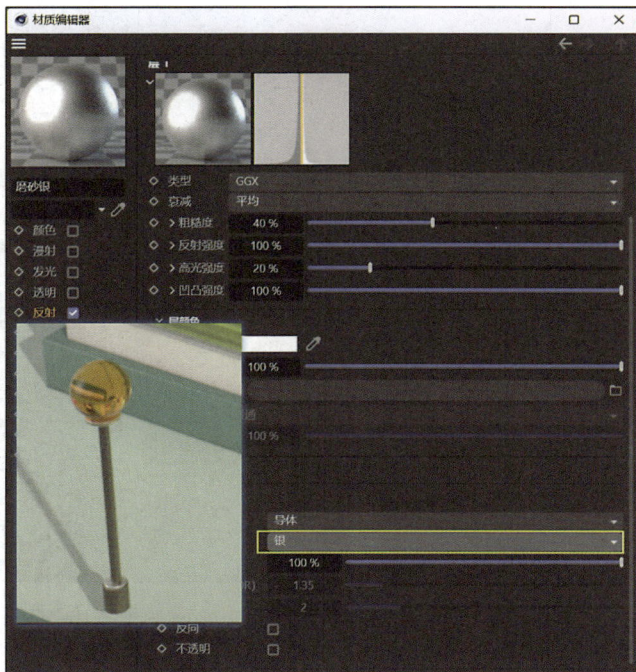

图　10-2-23

⑬ 地标建筑体材质制作。江汉关一楼大厅的外墙面制作为玻璃质感，让光可以透进来。进入面模式选中玻璃面后，单独上玻璃材质，墙面的外围栏则是偏深灰的金属材质。黄鹤楼除了最上方的牌匾外，整体是统一的木纹材质。电视塔选择了大理石的贴图，避免颜色纯白（图 10-2-24）。

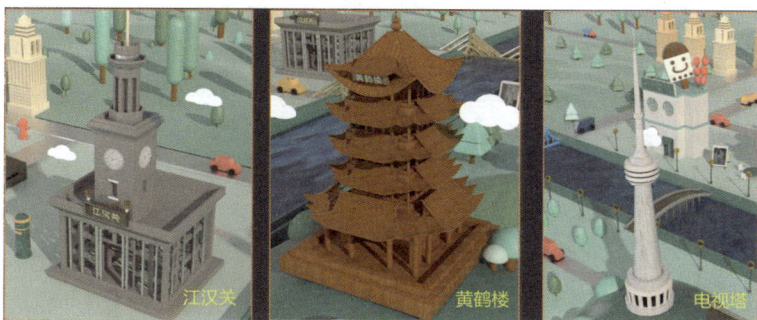

图 10-2-24

⑭ 长江材质制作。水面材质需注意将颜色通道纹理修改为菲涅尔，菲涅尔可以简单地理解为光打上去后物体正面和侧面有一个颜色渐变。远处山峰也使用了类似的菲涅尔效果，使景物看起来更加自然。街道旁的克隆小树通过随机效果器带有权重变化，给克隆对象应用多重着色器，实现更丰富的色彩层次，新建一个材质，打开颜色通道的纹理，选择 MoGraph（运动图形）中的多重着色器。在多重着色器中，单击纹理栏并新增一个颜色，返回上一层后可以继续添加新的颜色，这样可以实现小树的多样化色彩效果。小蘑菇也可以采用类似的设置，使得每个蘑菇的材质色彩在整体场景中更加丰富多样（图 10-2-25）。

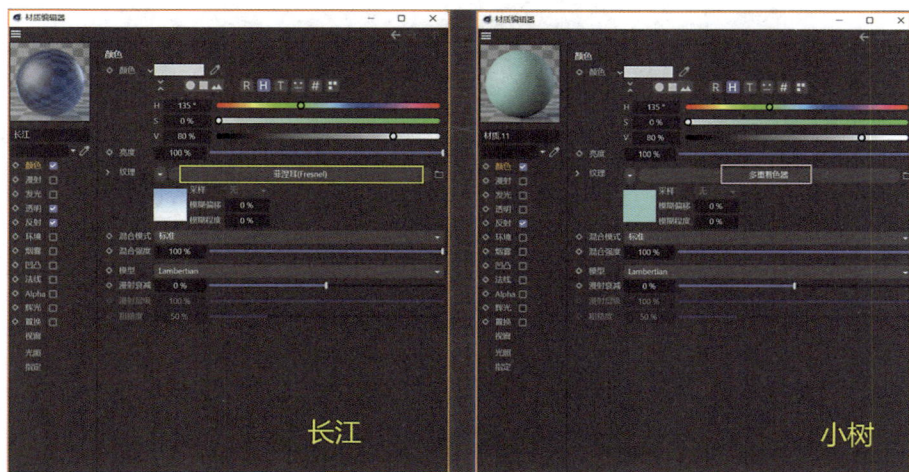

图 10-2-25

⑮ 渲染前，通常会对多个对象设置不同的镜头。利用镜头的特性，如光圈设置、特写范围以及周围景深的变化来产生丰富的视觉效果。在设置完镜头后，单击对象面板边栏中的"场次"选项，解锁该功能并将其拖曳出来，添加到场次中。在"活动摄像机"里选择一个新的视角，使用相关工具进行微调，确保画面效果符合需求。

选定新视角后，新建一个摄像机，并在右下方的属性面板中将摄像机的焦距设置

为 135mm。修改最终的视角范围，并使用吸管工具设置对焦对象。在属性面板的物理栏中，将光圈值调小至 0.2，点亮摄像机并重命名该摄像机。

点亮摄像机后，在场次栏中创建一个新的场次 ，这个场次就是刚才设定的新视角。按照顺序点亮场次栏中的每个场次，便可依次切换不同的摄像机视角。使用此功能时，确保启用自动场次 ，以便快速切换不同场次。为了避免摄像机视角在操作过程中发生意外移动，可以给每个镜头新增一个保护装配标签 ，确保摄像机设置的稳定性和准确性。

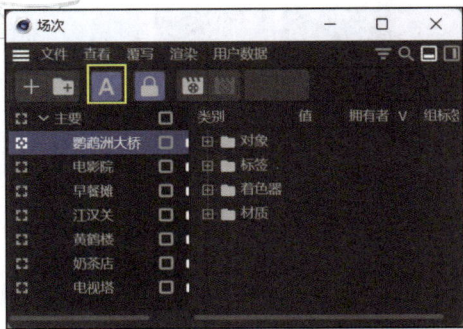

通过这些设置，可以有效管理和切换不同的摄像机视角，获得不同的视觉效果（如景深、焦距等），为渲染结果带来更多的层次和细节（图 10-2-26）。

图 10-2-26

⑯ 在完成摄像机和场次的调试后开始渲染。打开渲染编辑设置 ，指定渲染器为物理模式，在下拉物理栏内勾选景深，单击保存栏，选择渲染结果的保存位置。在保存时修改文件名为 $take，这是为了让软件按场次顺序自动命名每一帧输出的文件。渲染过程中，每一张图片都会以场次顺序依次保存，以避免原文件被覆盖。完成设置后，单击渲染到图片查看器 即可。还可以单击滤镜，激活滤镜以优化画面效果，得到最终的渲染图（图 10-2-27）。

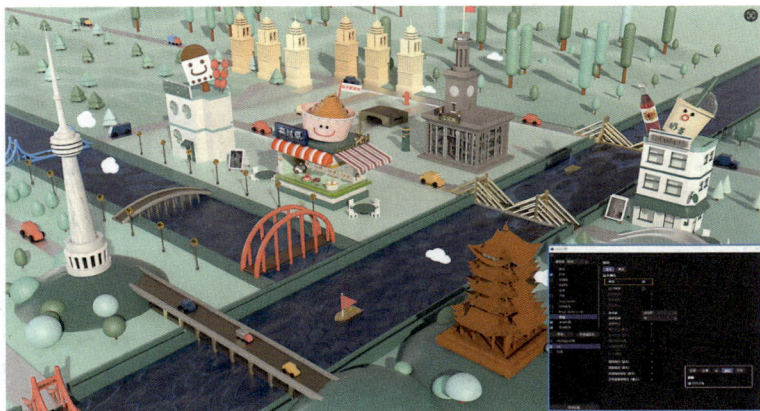

图 10-2-27

📖 Tips

在这个案例中，①创建地形时，可以创建地形 ，通过调整地形对象中的分段、深度、褶皱等数值有效地制作出有层次感的地形。②在全场景材质设计时，配色的比例和氛围色至关重要。使用配色参考图和色彩搭配工具可以参考 COOLORS、IN COLOR BALANCE 等配色网站，通过配色参考图思考最终需要呈现的氛围、情绪或质感，通过调整色块比例，确保主色调、点缀色和过渡色的协调性，进而营造出和谐的视觉效果。

三、数字三维设计思维路径

优秀的数字三维设计作品不仅仅依赖于技术的熟练掌握，更需要通过系统的设计思维和策略性的方法论，将抽象的概念具象化为具有视觉表现力的作品。设计思维路径是从创意到创作的系统化过程，它帮助设计师在创作中保持逻辑性与创造性之间的平衡，使设计更具目的性和一致性。在前面的章节中，我们初步探讨了数字三维设计的智能创作流程，本节将更进一步剖析从创意到创作的具体设计思维路径是如何贯穿整个流程的，从而提升作品的表现力和感染力（图 10-3-1）。

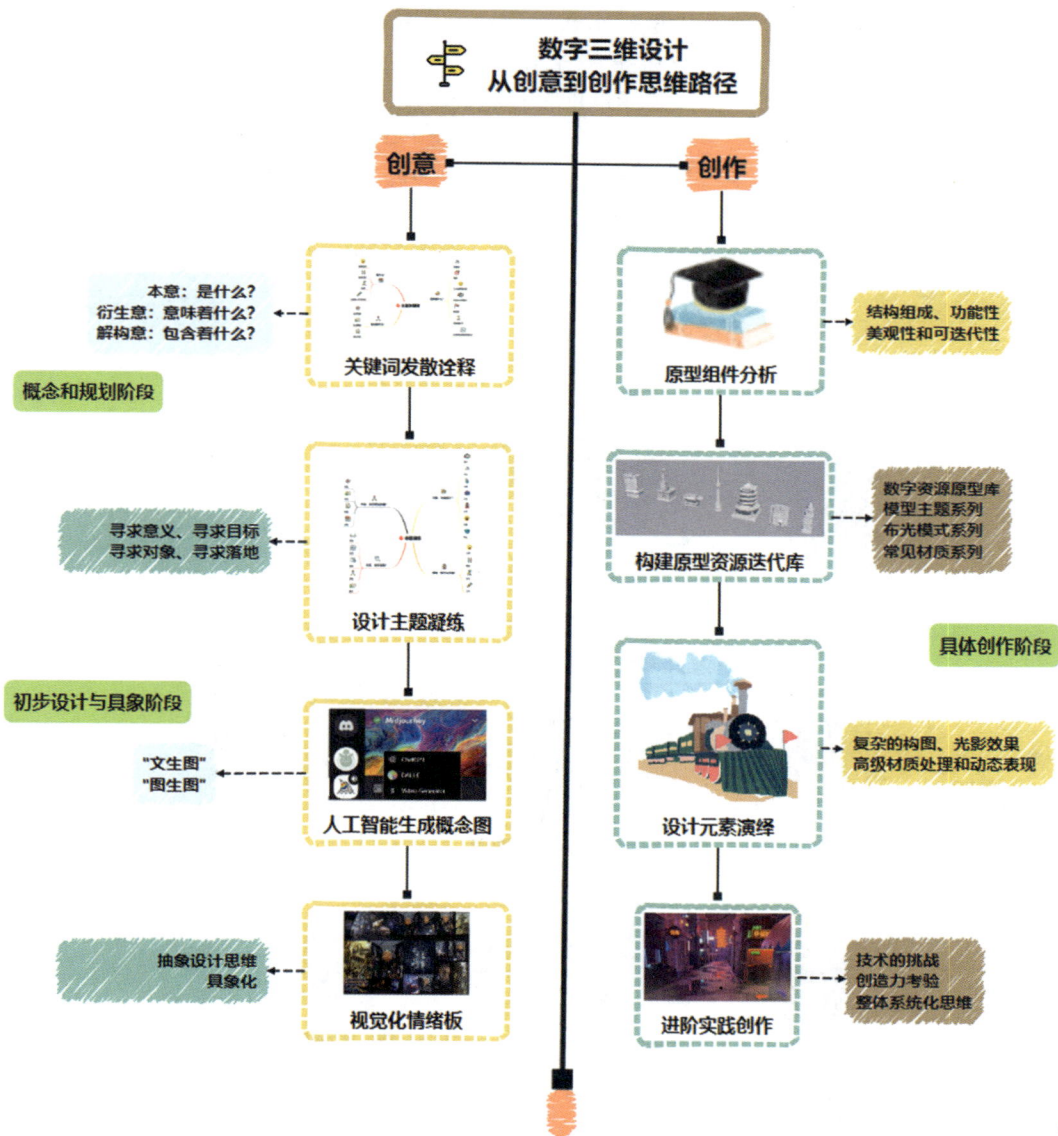

图　10-3-1

在概念和规划阶段，设计师需要全面思考设计主题如何呈现，通过关键词发散诠释、设计主题凝练、人工智能生成概念图以及视觉化情绪板等方法来辅助创意呈现。

首先，关键词诠释是通过多种思维方式（发散思维、横向思维、精益思维、辨析思维等）围绕主题关键词展开创意联想，这一阶段重点围绕三个核心问题展开：是什么？意味着什么？包含着什么？这些问题分别对应主题的本意、衍生意以及解构意层面。通过不断追问和延伸，可以将主题扩展诠释为一系列丰富的设计元素和表达内容。从"城市记忆"这一关键词出发，可以联想到历史、文化、文旅等衍生意义，并进一步具体化为具体的设计元素：如历史可以用老旧砖瓦纹理来表现，文化可以用古建筑或传统纹样来体现，而文旅则可以用对比强烈的几何形状、渐变色彩或多样材质来表现。这一探索过程不仅帮助设计师挖掘出关键词背后的丰富内涵，还为设计提供了多样化的概念表现形式，在早期阶段为设计提供多样化的方向。

其次，设计主题凝练可以将前期发散的创意集中凝练，将其转化为明确的问题集合，作为整个设计过程的核心指导。这个过程实质上是一个逐步明确设计目标的过程，涉及意义的寻求、目标的设定、对象的定位以及创意落地的策划。例如，设计师需要回答为谁而设计？在哪个领域应用？改善了哪些问题？通过什么形式表达？这一过程不仅将创意导向具体的创作，同时确保设计过程的方向性和一致性，从而避免盲目性，使得设计能够紧扣主题并有效传递核心信息（图 10-3-2）。

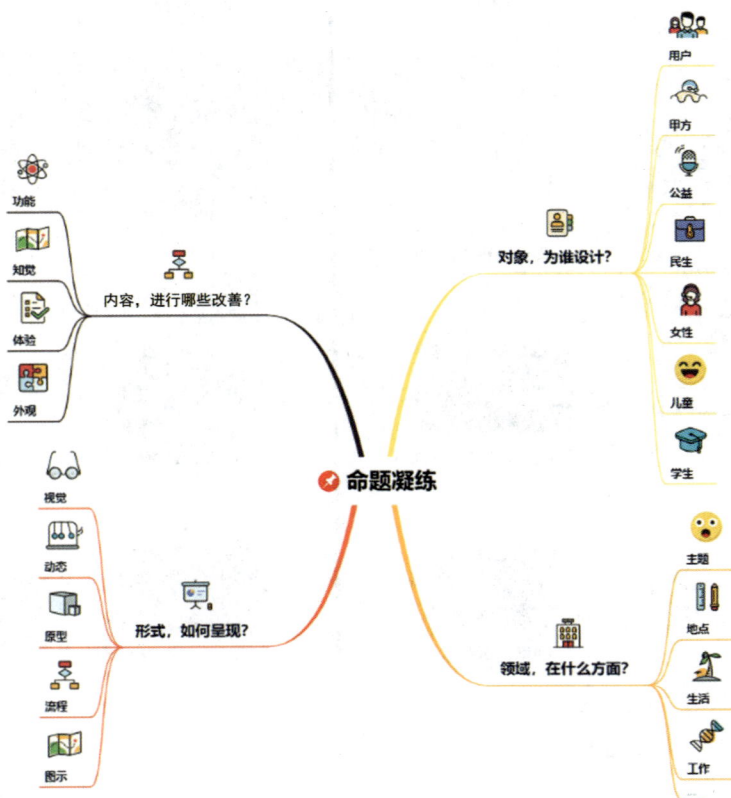

图　10-3-2

再次，通过前两个步骤，设计师不仅能够更好地厘清设计的逻辑脉络，还能为后续的创作打下坚实的基础，使创意真正从概念转化为可执行的设计语言。在前期的初步设计与建模阶段，可以通过 AI 介入形成人机协同智能共创，人工智能生成概念图分为两个层次，一层为基于文字大语言模型驱动生成，整合关键词诠释和设计主题凝练的内容，通过自然语言描述来辅助生成概念图，也就是我们常说的"文生图"形式。这种形式需要学会训练与人工智能对话的方式，通过引导式描述、假设身份、明确目标、给出需求、变换语气、预设逻辑提纲与规范格式等来逐步训练。

另一层是基于图像大语言模型驱动生成，通过初步草图、模型原型来辅助生成概念图，也就是"图生图"形式。这种方式不仅可以生成批量的概念图，还能通过大量的对风格、形式的学习训练出类似固定风格预设集合的小模型。当然，人工智能生成的辅助不仅仅单独体现在概念图的生成上，也可以穿插使用在关键词诠释和设计主题凝练的环节来辅助思路。

例如：假设你是一个手作玩偶设计师，我是你的个性化定制客户，我需要你设计一套面向年轻大学生群体的奶茶主题系列玩偶，你应该从哪里入手？写一份完整规划的简要提纲给我。

更进一步，也可以假定目标受众更具体的特征（大学二年级学艺术的女生）、核心定位与主题核心价值观（创新潮流、品质陪伴、多元功能、社交分享）来进一步追问。

或者赋予人工智能假设的多元身份来引导训练对话，如"衍生品设计师、品牌营销人、用户体验设计师"。通过人工智能生成为设计提供更多的可能性、创新思路和视觉素材，助力设计师在创意探索过程中发现新的灵感和方向。

最后，视觉化情绪板是设计初期的一个重要工具，用于整合和展示灵感、风格以及设计方向的视觉集合。情绪板通常以拼贴形式呈现，包含多种元素，如图片、颜色、字体、材质、结构图、灯光效果等。它是一个将抽象设计思维具体化的过程，通过收集初步草图、模型原型、概念图、材质预设和配色参考等内容，构建出一个清晰的设计基调和框架。情绪板的创建可以帮助设计师在创作过程中始终保持风格一致性，并为后续的设计决策提供视觉上的灵感和方向。

情绪板作为设计的参考，不仅是灵感的汇集，更是一个设计验证和调整的工具（图 10-3-3）。它可以帮助设计师在早期阶段评估创意的可行性，确保最终作品能够准确传递预期的情感和氛围。如图 10-3-4 所示，本节案例的视觉化情绪板包含材质参考图、实景拍摄照片、灯光效果图、布局结构图等关键内容。这些参考材料不仅强化了创作的连贯性，还为具体细节的表现提供了有力的支持，使创意得以高效落地。

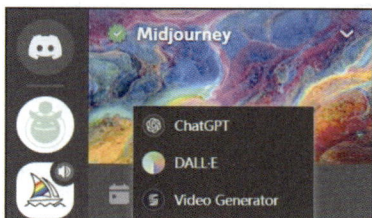

图　10-3-3

图　10-3-4

📖 创作

在具体创作阶段，设计师需要从多个层面深入实践，包括模型设计、灯光与摄像机视角、材质与渲染、后期动画与模拟、剪辑与合成，以及场景与交互等环节。通过系统化的分析和执行流程，确保设计的完整性与创造力。具体可以分为以下三个关键步骤。

首先，原型组件分析。在这一阶段，设计师需要对创作中涉及的基本原型组件进行详细的解构和分析，包括对组件的结构组成、功能性、美观性以及其可迭代性的研究。这一步骤有助于明确设计的基本构成元素，确保后续工作具有更强的逻辑性和可操作性。例如，针对一个建筑主题设计，需分析建筑的比例结构、装饰细节、材质特性，以及如何通过优化和调整让其具备可延展性。通过这一分析过程，设计师能为后续的创作奠定坚实的基础，使得设计更加高效且具有实际应用价值。

其次，构建原型资源迭代库。通过分析阶段的积累，设计师可以逐步建立一个自我的数字资源原型库。这不仅是资源的收集，更是对资源的分类和管理。原型库可以涵盖以下内容。

模型主题系列，如物件、食品、角色、建筑等常用模型。

布光模式系列，包括不同场景的灯光搭建模板，例如自然光、夜间光效、室内灯光等。

材质表现系列，如常见的材质（如金属、木材、织物）以及与主题相关的特定材质（如粗糙金属、毛玻璃等）。

同时，通过人工智能生成符合需求的材质纹理和通道贴图，可以进一步丰富资源库的深度。比如，通过 AI 生成逼真的布料褶皱纹理或食品表面材质，使模型更加生动和精细。在实际创作过程中，这些资源可以被快速调用，并通过迭代优化实现设计细节的精雕细琢，大幅提升创作效率和效果。

最后，设计元素演绎与风格多样化。设计元素演绎是一个从基础到高级的综合实践过程。通过反复迭代和优化，设计师可以熟练掌握基本设计原理，并将其运用到更复杂的场景中。在这个过程中，设计师需要关注很多方面，包括风格探索，通过尝试不同的材质、光影处理和构图形式，寻找最佳的风格表达方式；元素组合，将不同的设计元素进行创新组合，使其在整体构图中达到高度协调与美观；动态表现，通过动画、模拟等技术为静态作品注入活力。例如，为一栋建筑添加天气变化或时间流逝的动态效果，为角色设计添加行走或表情变化的动态细节；光影和材质的高级处理，通过复杂的光影效果（如反射、折射、全局光照等）和材质细节（如纹理的微观处理、透明与折射效果）提升作品的真实感与表现力。

这一阶段的目标是确保所有设计元素在整体作品中具备一致性和高级表现力。这不仅是对技术的全面掌握，更是对设计师的创造力与艺术修养的考验，可以帮助作品达到更高的艺术水准。

➤ 进阶夜景建筑

① 灵感来源与场景搭建。

以武汉得胜桥 36 号夜摄黄鹤楼实景为创意灵感，构建一个赛博风格的黄鹤楼 3D 夜间场景。在此过程中，借助前文制作的建筑模型重现武汉的古老街道和小巷。通过

Octane 材质设计还原建筑斑驳破旧的历史感，同时利用鲜艳的霓虹灯光营造现代、神秘的夜晚氛围，使场景在体现黄鹤楼全貌的同时融入武汉的独特魅力和历史沉淀，如图 10-3-5 和图 10-3-6 所示。

图　10-3-5

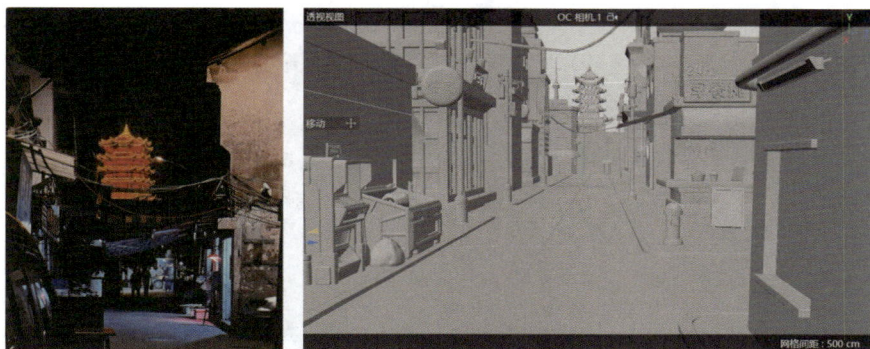

图　10-3-6

② 灯光搭建与体积雾制作。

为工程场景添加 HDRI 环境光，导入合适的 HDR 灯光贴图，这里我们使用灯光鲜艳、明亮的夜间环境光贴图。调整纹理强度和位置后，添加 Octane 区域光，在"灯光设置"的"纹理"选项中添加"颜色"纹理并选择合适的颜色，调整光线亮度，为黄鹤楼的后方区域打光。

单击 OC 菜单栏 / 对象 / Octane 体积雾，在"生成"选项中调整体积雾的尺寸，让其覆盖场景的中后部分。为了节省计算机计算量及避免卡顿，可以调大"体素"的大小。然后在"介质"选项中单击"体积介质"进入调整体积雾的"密度"与"体积步长"设置，如图 10-3-7 所示。

③ 摄像机与后期处理

添加 Octane 相机，单击右边的 进入摄像机并调整位置。打开 OC 相机标签，在"薄透镜"选项中调整"光圈值"制作景深效果。进入"摄像机成像"选项，勾选"启动摄像机成像"，将"饱和到白色"调整为 1，使画面、灯光颜色饱和度"泛白"，避免灯光色彩过于鲜艳。接着进入"后期处理"选项，勾选"启用"，轻微调整"辉光强度""眩光强度""截止"等，对画面进行精细微调。最后为相机添加一个 保护标签，避免在调整过程中移动相机视角。通过对打光、体积雾、相机的调整为整个场景增加空间感及层次感，如图 10-3-8 所示。

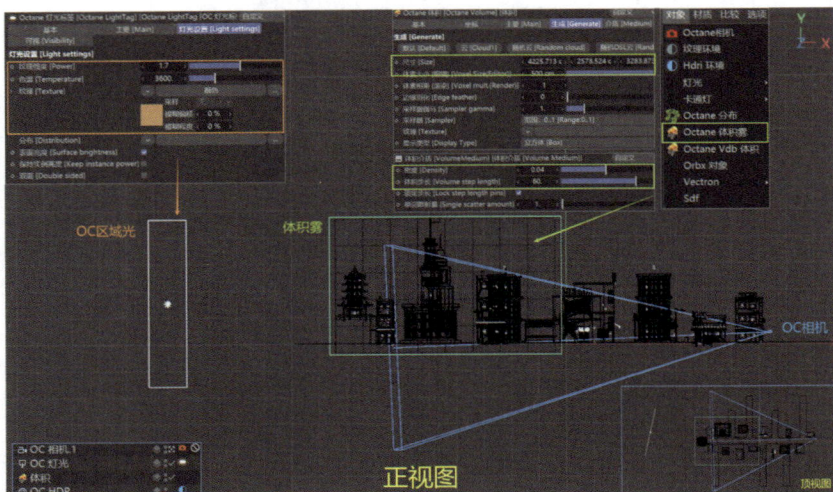

图　10-3-7

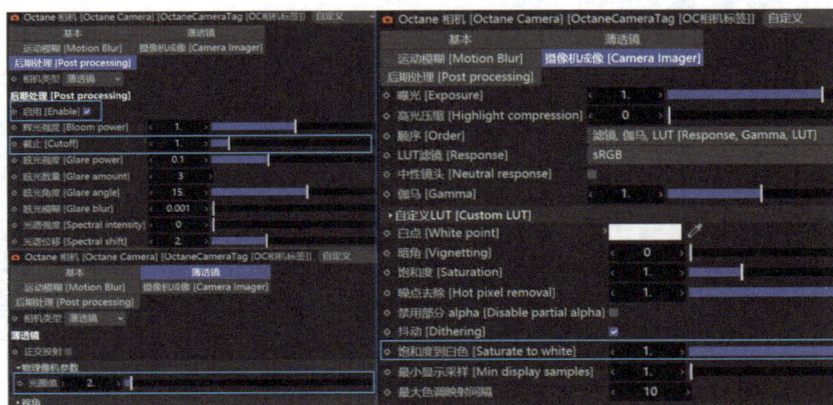

图　10-3-8

④ 地面复合材质制作。

创建  复合材质球制作下雨后的水泥地面，在"材质1"中添加一个"子材质"节点制作干性水泥路面。为该材质节点通道添加对应的贴图，连接"变换"节点并调整以改变纹理的缩放比。由于水面部分底层也是水泥路面，因此在"材质2"的"漫射"通道中同样连接"材质1"中的漫射贴图，并在中间插入一个"颜色校正"节点以降低亮度。

为材质2遮罩添加一个"噪波"节点以控制路面效果。"噪波"中的白色部分则代表材质2效果，黑色部分则相反。提高"噪波"的对比度、细节比例使两种材质对比更清晰，噪波效果更明显，再调高 Omega 的数值使噪波效果更为复杂。将"噪波"节点同时连接两个材质的"凹凸"通道以增加细节层次，如果发现凹凸的正反有误，则可以在中间添加"反转"节点来反转效果。在材质2的贴图纹理与"漫射"通道之间添加"颜色矫正"节点并提高其亮度，以此增加水面亮度，如图10-3-9所示。

⑤ 材质数值的降低与优化。

由于 OC 凹凸贴图的数值相对较大（默认在 1000 左右），导致 OC 在运行时计算量也相对较大，因此我们可以利用"相乘"节点降低 OC 高对比度凹凸贴图的数值。将"相乘"

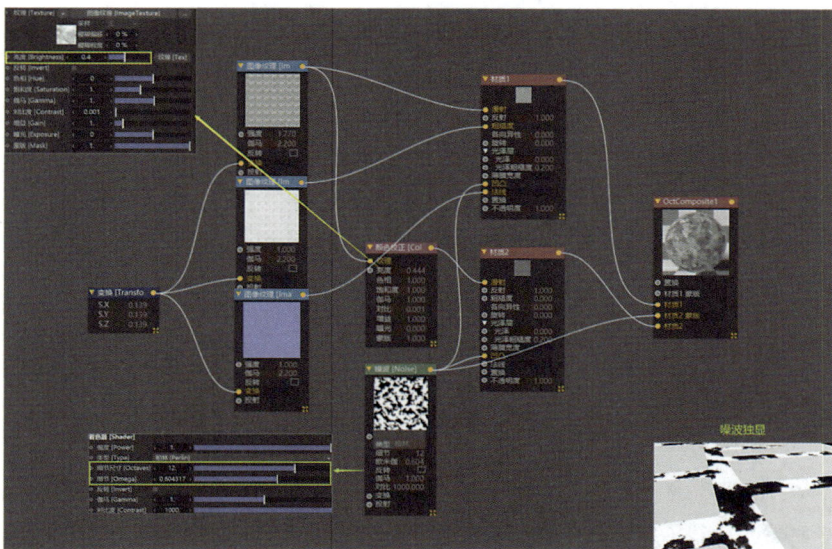

图　　10-3-9

节点放在材质的凹凸通道与噪波之间，再将"相乘"节点的纹理 2 连接一个"浮点值"节点。通过与小于 1 的小数相乘来降低凹凸贴图数值并减少计算量，如图 10-3-10 所示。

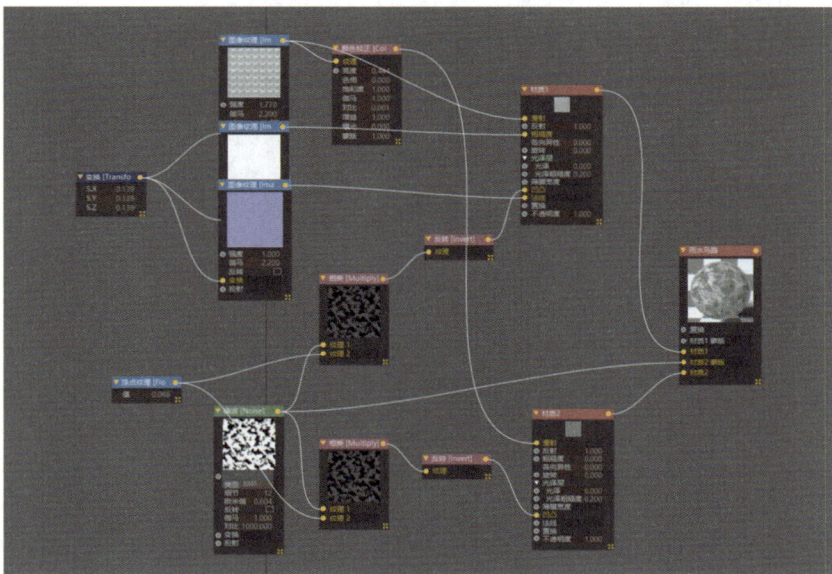

图　　10-3-10

⑥ 制作生锈金属材质。

创建 混合材质球，制作生锈的金属，为其材质 1 和材质 2 添加两个光泽材质球 。材质 1 制作金属材质，材质 2 添加锈迹贴图。为混合材质球的"强度"通道添加一个"噪波"效果，通过调整其对比、伽马等数值控制两种材质的分布状态与强度。最后为"噪波"添加纹理投射节点，选择适合物体的投射方式，如图 10-3-11 所示。斑驳的墙面和破旧的砖石的制作原理类似。

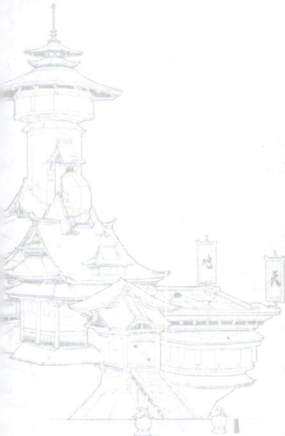

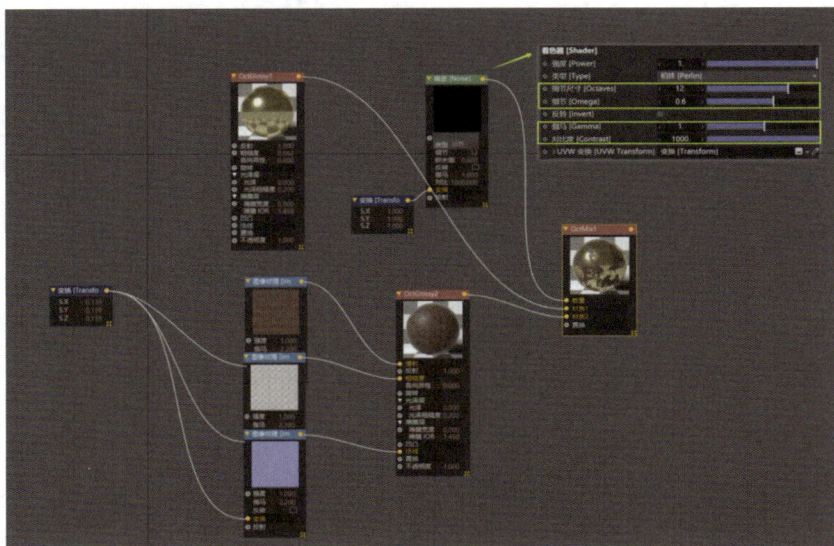

图　10-3-11

⑦ 发光材质的制作。

创造🔘漫射材质球，制作发光材质，取消勾选"漫射"通道，在"发光"通道添加"黑体发光"。勾选表面亮度，在其中的"纹理"中添加"RGB 颜色"并选择合适的颜色，最后根据需要调整"功率"，如图 10-3-12 所示。

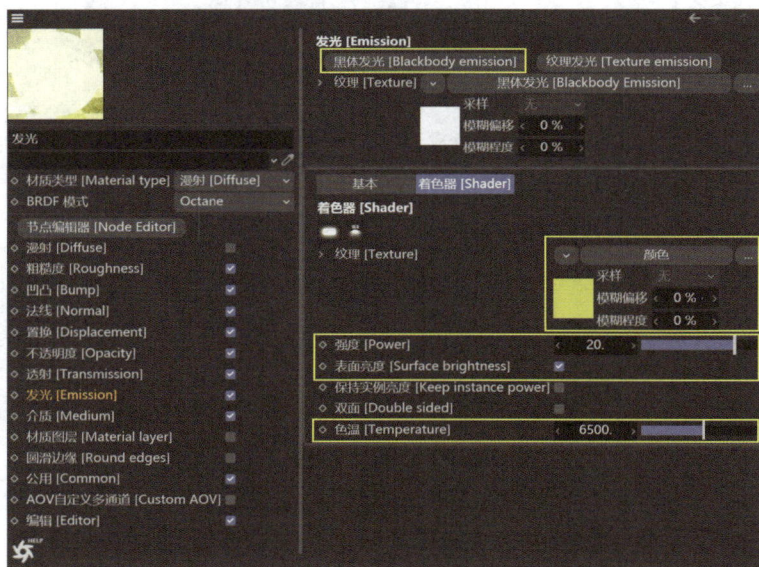

图　10-3-12

① 灯光中的"表面亮度"可以控制不同光源下场景的亮度。取消勾选"表面亮度"选项，光源越小，亮度越高，且光源颜色会随大小改变。勾选"表面亮度"，光源越大，亮度越高，且光源颜色不会随大小改变，如图 10-3-13 所示。

② 体积雾中的"体素大小"用于控制体积雾的精度，数值与精度成反比。数值越小越精细，且计算量越高，可能会造成严重卡顿。因此在操作过程中，可以先将"体

素大小"相对提高。"体积步长"用于控制体积雾的粒子质量,数值与粒子质量成反比。数值越小,粒子质量越高。

③ 在 OC 摄像机标签中取消勾选"自动对焦",再通过 Ⓕ "选择对焦"工具对焦,并可以通过调整光圈、光圈纵横比等实现不同的景深效果。

④ 除了通过"相乘"节点将贴图与浮点结合以减少计算量之外,还可以连接两个纹理贴图,以叠加其黑色部分,创造类似纹理正片叠底的效果。

> **进阶 AI 拓展**

在数字设计的不断演进中,AI 技术不仅仅是一个工具,更是创作过程中人机协同的共创智能体,推动了设计领域的技术创新与艺术表现的突破。传统的数字三维设计非常依赖于艺术家与设计师对于模型、材质渲染以及动画的技术实现,而随着 AIGC 的介入,这一过程正在发生根本性的变革。AI 不仅能够实现快速的图像生成和风格转换,它还通过人机协作交互的模式,为创作赋予了更多层次的趣味性和无限的可能性。例如本案例,通过 AI 生成"为建筑穿上毛茸茸的外套"这一创意,呈现设计师与 AI 的共创拓展效果。AI 不仅实现了技术层面的拓展,更为创作的趣味性和创新性带来了极大的启发,就如同前面章节"像做蛋糕一样建模"给特色食物加上富有表现力的可爱表情一样,为原本严肃、无机感,甚至是冰冷的建筑物被赋予了柔软、亲和、斑斓的季节"个性"。这种方式不仅拓展了传统设计的框架,也为未来更多有趣和富有创意的设计开辟了新的道路——AI 在未来会成为创意生成过程中的共创智能体(图 10-3-14)。

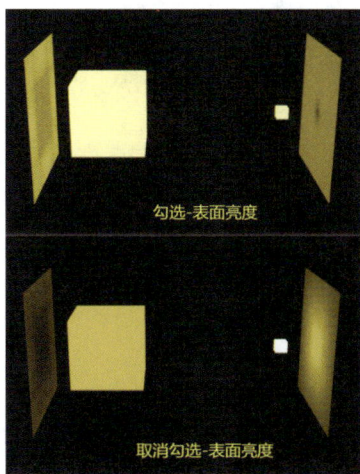

图 10-3-13

图 10-3-14

① 明确创意和画面需求。

明确画面主体元素及目的。在生成图像之前,人类作为创作和设计的需求主体,需要先明确创意要点和设计需求。为武汉设计文化旅游宣传图,以标志性地标建筑为核心,通过数字三维设计与 AI 创作技术的结合,展现武汉独特的城市魅力。设计的目标是将黄鹤楼、江汉关、电视塔等这一系列历史文化符号与现代艺术手法相融合,打造出一种具有吸引力和亲和力的视觉效果。通过将"毛线"这一材质元素与建筑体结合,

赋予其柔软的织物质感，使其既富有温暖的触感，又能表达出武汉的文化底蕴。

　　初步确定画面构图及风格。在画面构建上，首先明确较为鲜艳的建筑体毛绒适宜搭配简约的纯色背景，避免多余元素的干扰，确保观者的视觉焦点集中在建筑体上。通过选择暖色调的配色方案，整个画面呈现出温馨和谐的氛围，这不仅突出了建筑体的立体感，也让整体设计看起来更加亲切和具有人文气息，甚至是生活气息。毛线质感的细腻纹理在设计中成为关键元素，其柔软和温暖的外观与建筑严谨的线条形成了鲜明对比，展现出武汉作为现代与传统交融的城市的特质，如图 10-3-15 所示。

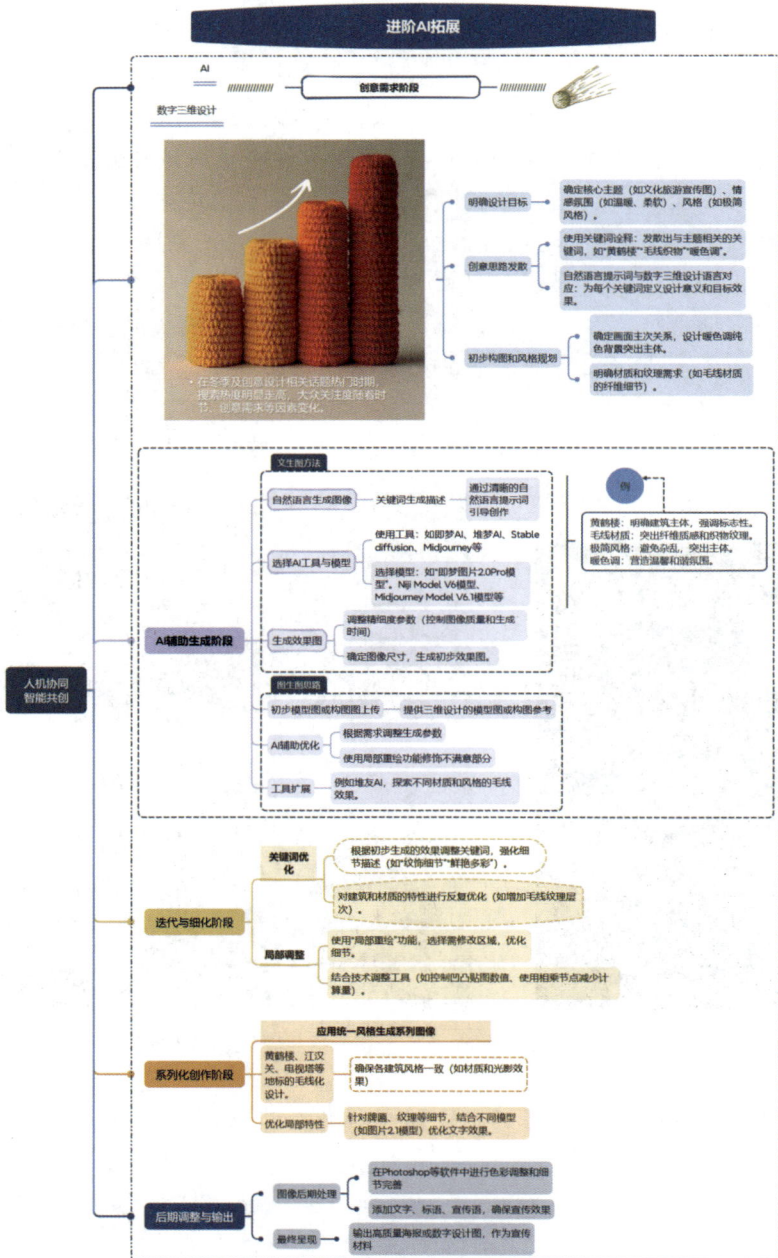

图　10-3-15

此外，通过 AI 生成的图像处理技术，我们能够精准控制细节表现，从毛线的纹理线条到整体光影的层次变化，都力求展现细腻而又真实的效果。通过这一创意设计，我们不仅展现了黄鹤楼的雄伟与传统，更以一种全新的视觉语言，让这些历史悠久的建筑焕发出新的生命力和亲和力，使其成为吸引游客和市民的文化亮点。

② 自然语言关键词与设计概念相对应。

明确 AI 工具与技术。本案例通过即梦 AI ✈ 的图片生成功能模块进行，即梦 AI（JiMeng AI）是由北京即梦科技有限公司开发的一款基于人工智能的图像生成工具。即梦 AI 的研发团队由人工智能领域的技术专家、深度学习工程师和创意设计师组成，致力于将先进的人工智能技术与创意设计相结合，推动创意产业的数字化转型。

对应输入清晰的关键词描述。AIGC 介入数字三维设计在于以人类自然语言的关键词来描述设计作品的关键概念，在这里以案例中的黄鹤楼为例，具体步骤如下，打开即梦 ✈，单击 AI 作图中的图片生成 → 图片生成 功能模块。编写生成描述，输入清晰具体的关键词描述，确保图像符合创意需求，如图 10-3-16 所示。

关键词	设计意义	目标效果
黄鹤楼	明确建筑主体，突出标志性地标	确定生成效果为黄鹤楼的建筑形象
建筑	强调建筑的整体结构与形态	强调建筑的形式和细节
毛线材质	赋予建筑"毛线"的特殊质感	突出毛线的织物感，展现其独特的纤维质地
毛线织物	细化建筑表面细节，强调毛线纹理与结构	强调毛线的纹理和立体感，增加细节表现
极简风格	保持设计简洁清爽，避免视觉杂乱	保证画面简洁，突出主体建筑
暖色调	统一色调，使画面更加温暖、和谐	营造柔和、温馨的视觉氛围
纯色背景	背景简洁，突出主体建筑，避免干扰	使建筑主体成为视觉焦点，背景简洁
高清	确保图像清晰，细节表现更加丰富	提升图像质量，确保图像精细度和可辨识度
写实	强调图像的真实感，确保建筑与毛线质感自然融合	使图像更具真实感，表现材质的细腻感
细节	强调细节的处理，如毛线的纹理、建筑的雕刻和装饰	突出建筑的精致细节，提升图像的层次感

图 10-3-16

③ 选择图片生成风格模型并调整参数。

选择适合的图片生成模型来实现效果，这里使用了"图片 2.0Pro 模型 ✦"。图片 2.0Pro 模型（Image 2.0 Pro Model）是即梦 AI 平台提供的一种深度学习模型，专注于图像生成和图像处理。该模型通过结合自然语言处理（NLP）和图像生成技术，能够将用户提供的创意描述转化为风格多样、构图合理的效果图。

调整精细度参数，精细度越高，图像质量越高，但生成时间可能会相应增加。选择适合的图像尺寸，单击立即生成 立即生成 ◆1 即可生成效果图（图 10-3-17）。

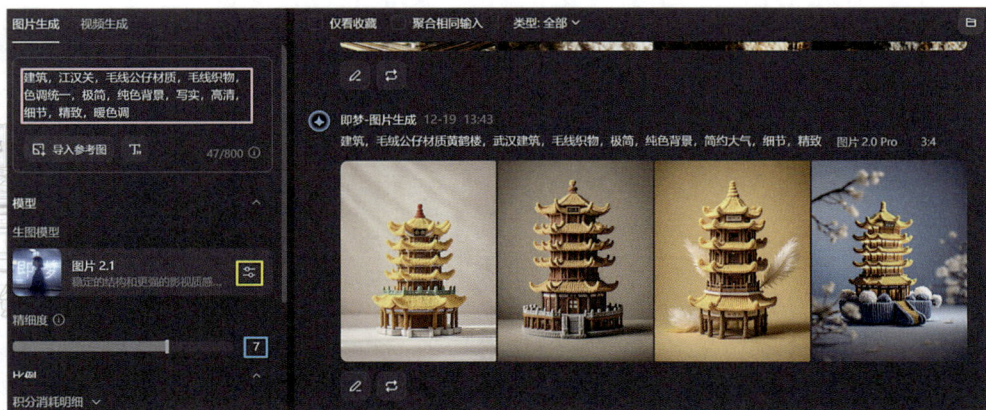

图　10-3-17

④ 局部调整和优化生成效果。

根据初步生成的效果进一步调整关键词。如果某些细节不够理想，可以通过强化描述来进行优化。本案例初步生成的黄鹤楼细节表现不足，可强化建筑特征描述，例如"纹饰细节"来细化建筑的细节。针对毛线效果不够突出，可添加"鲜艳多彩""层次感强"等描述词，提升毛线材质纹理的表现力，直至生成满意的效果图。通过"局部重绘🖌"对生成效果图中的不满意部分进行修饰，选择需要修改的区域，输入相应的文字描述进行细化，可反复多次优化，直至生成满意的效果图（图10-3-18）。

图　10-3-18

⑤ 创作系列案例图并进行后期完善。

应用同样的步骤创作其他武汉特色建筑（如江汉关、电视塔）的"毛茸茸"外观效果。江汉关的制作步骤同黄鹤楼，调整制作黄鹤楼的关键词，将黄鹤楼替换为江汉关，为确保江汉关与黄鹤楼的毛线材质效果风格一致，关键词需保持统一（图10-3-19），同时根据需求对不满意的部分进行优化。在制作江汉关的牌匾部分时，可使用图片2.1模型，更好地生成文字效果。制作龟山电视塔时，调整关键词，明确生成的主体是"武

数字三维设计从创意到创作

汉龟山电视塔"，根据需求对不满意的部分进行优化调整（图 10-3-20），直至得到满意效果。最终版本下载 📥 后，可在 Photoshop 或其他图像设计软件中进一步调整色彩和细节，添加宣传语文字，完成海报制作，确保整体画面更加完善。

图　10-3-19

图　10-3-20

📖 Tips

这一设计方案不仅为武汉的城市形象注入了更多的创意元素，也展示了现代科技与传统文化的完美结合，充分体现了 AI 赋能下的创新设计思维。在未来的文化旅游宣传中，类似的创意将成为推动城市品牌塑造和文化传播的重要手段。

在本案例中，除了上述展示的文生图思路，还可以使用图生图思路。例如，使用堆友 AI 来制作不同风格的毛线效果。①打开堆友网页，选择 AI 反应堆，根据创意需求选取合适的底层模型和增益效果，添加画面描述词，上传我们通过三维软件设计的初步模型图或者整体构图参考图，为 AI 提供直观的参考方向来进行图生图，根据需求调整生成参数，以得到想要的效果。②单击局部重绘 🔄，根据画面需求对不满意的部分进行修饰。③结合相关设计软件制作最终的海报效果图（图 10-3-21）。

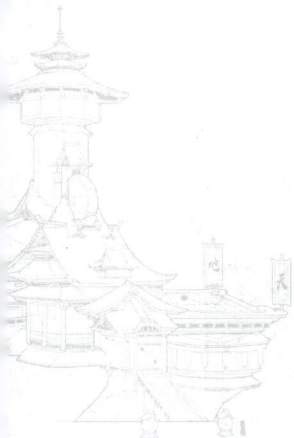

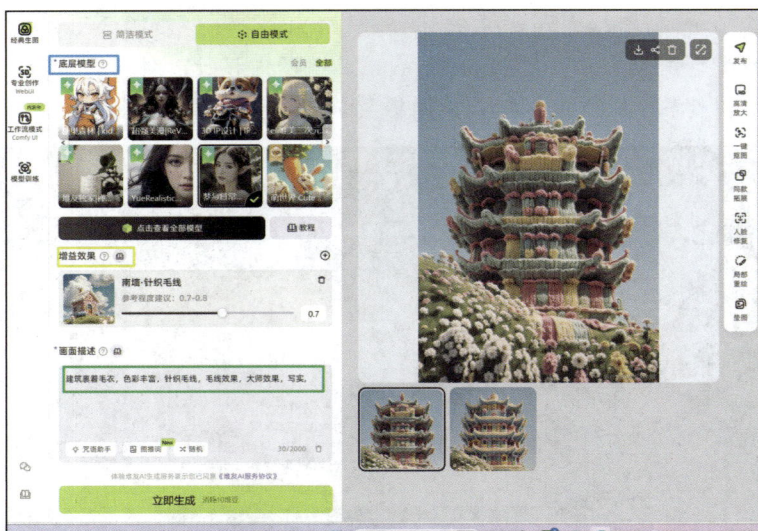

图　10-3-21

【本讲重点与创意练习】

●　●　●　●　●　●　●　●　●

　　本讲通过设计思维演绎实践介绍了数字三维设计从创意到创作的思维路径，全面呈现了数字三维设计从概念构思到最终创作的完整过程。通过对设计元素的初步演绎和元素的综合创作，应理解设计思维路径的系统化思维，以期在实践中深化对数字三维设计的理解，并提高创作的效率与质量。尝试完善自己的原型资源库并通过设计元素演绎完成一幅完整作品。

📖 创意联想视觉练习参考

如何为_____，设计_____的_____，
并以该_____设计进行_____，形成完整作品
方案？